Lehrbuch In-Memory Data Management

W0192688

Hasso Plattner

Lehrbuch
In-Memory Data
Management

Grundlagen der In-Memory-Technologie

 Springer Gabler

Prof. Dr. Hasso Plattner
Potsdam, Deutschland

ISBN 978-3-658-03212-8   ISBN 978-3-658-03213-5 (eBook)
DOI 10.1007/978-3-658-03213-5

Die Deutsche Nationalbibliothek verzeichnet diese Publikation in der Deutschen Nationalbibliografie;
detaillierte bibliografische Daten sind im Internet über http://dnb.d-nb.de abrufbar.

Springer Gabler
© Springer Fachmedien Wiesbaden 2013

Lektorat: Regine Rompa
Übersetzung: Nicolaus Millin

Gedruckt auf säurefreiem und chlorfrei gebleichtem Papier

Springer Gabler ist eine Marke von Springer DE. Springer DE ist Teil der Fachverlagsgruppe Springer
Science+Business Media
www.springer-gabler.de

Vorwort

Warum wir dieses Buch geschrieben haben

Unsere Arbeitsgruppe am HPI forscht seit dem Jahr 2006 auf dem Gebiet des In-Memory Data Management für Unternehmensanwendungen. Die Ideen und Konzepte einer Wörterbuch-codierten spaltenorientierten Hauptspeicherdatenbank haben aufgrund des Erfolges von SAP HANA als hochmodernem Industrieprodukt und aufgrund von Mitbewerbern, die aufzuholen versuchen, viel Auftrieb erhalten.

Da dieses Thema inzwischen ein breiteres Publikum interessiert, haben wir die Notwendigkeit einer angemessenen Ausbildung in diesem Bereich erkannt. Diese ist von größter Bedeutung, da Studenten und Entwickler die zugrunde liegenden Konzepte und Technologien verstehen müssen, um sie bestmöglich nutzen zu können. An unserem Institut unterrichten wir das Thema „In-Memory Data Management" seit dem Jahr 2009 im Rahmen eines Kurses im Master-Studium. Nachdem ich die aktuelle Bewegung in Richtung Massive Open Online Courses wahrgenommen habe, habe ich sofort beschlossen, unseren Kurs zu In-Memory-Daten-Management der Öffentlichkeit anzubieten.

Am 3. September 2012 haben wir unsere Online-Ausbildung mit der neuen Online-Plattform http://www.openHPI.de begonnen. Von den 13.126 Lernenden, die am ersten Durchlauf des Online-Kurses teilgenommen haben, haben 2.137 Lernende benotete Zertifikate erhalten. Mehrere tausend Menschen haben inzwischen unser Material verwendet, um die Hausaufgaben und Abschlussprüfung unseres Online-Kurses zu absolvieren.

Dieses Buch basiert auf den Studienunterlagen, die wir für die Online-Community bereitgestellt haben. Darüber hinaus haben wir viele Anregungen für Verbesserungen sowie Selbsttest-Fragen und Erklärungen eingearbeitet. Das Ergebnis ist ein Lehrbuch, das Ihnen die inneren Mechanismen einer Wörterbuch-codierten spaltenorientierten In-Memory-Datenbank vermittelt. Bitte zögern Sie nicht, sich außerdem bei openHPI.de zu registrieren, um über kommende Kurse informiert zu werden.

Der Weg durch die Kapitel

In einer Vorlesung werden Inhalte in der Regel in einer vorgegebenen Abfolge unterrichtet. Mit diesem Buch haben Sie den Vorteil, dass Sie es Ihren Interessen entsprechend lesen können. Zu diesem Zweck stellen wir in der Einführung (Kapitel 1) eine Lernkarte zur Verfügung. Die Lernkarte zeigt alle Kapitel dieses Buches, die auch als Lerneinheiten bezeichnet werden, und führt vor Augen, welche Themen aufeinander aufbauen. Beispielsweise geht das Buch im Verlauf seiner Kapitel relativ spät auf die Lerneinheit „Differential Buffer" (Kapitel 25) ein. Sie könnten es jedoch schon früher lesen. Die Voraussetzung ist, dass Sie verstanden haben, wie „DELETEs", „INSERTs" und „UPDATEs" ohne den Differential Buffer durchgeführt werden. Aus diesem Grund werden zusätzlich einige Aspekte teils mehrfach im Buch genannt oder in späteren Kapiteln zumindest kurz wiederholt.

Der letzte Abschnitt jedes Kapitels enthält eine oder mehrere Selbsttest-Fragen. Die Lösungen zu den Fragen und Erklärungen dazu finden Sie im Abschnitt Lösungen zu den Selbsttest-Fragen.

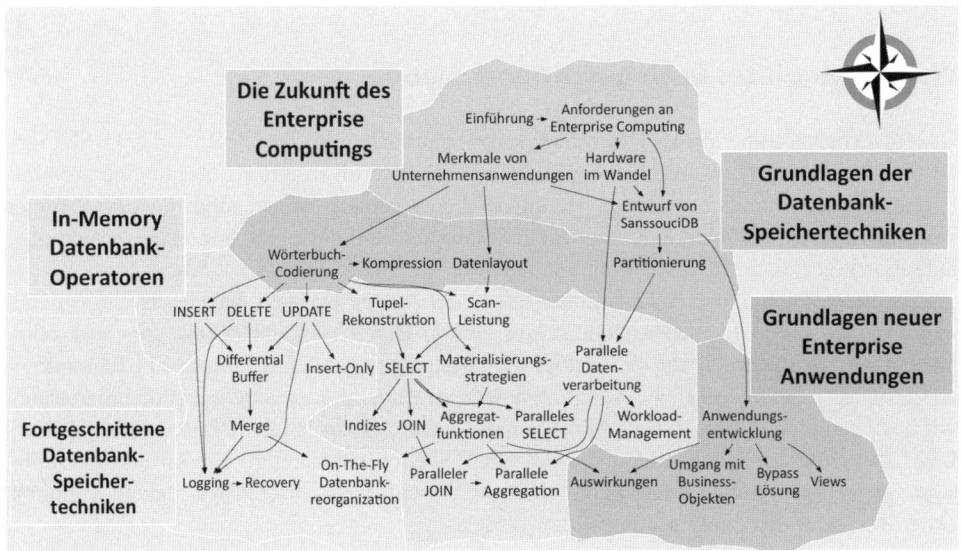

Der Entwicklungsprozess des Buches

Ich möchte dem Team unseres Forschungslehrstuhls „Enterprise Platform and Integration Concepts" am Hasso-Plattner-Institut an der Universität Potsdam danken. Dieses Buch wäre ohne dieses Team nicht möglich gewesen.

Besonderer Dank geht an unser Online-Vorlesungs-Kernteam, bestehend aus *Ralf Teusner*, *Martin Grund*, *Anja Bog*, *Jens Krüger* und *Jürgen Müller*.

Bei den Vorbereitungen zur Online-Vorlesung sowie während der Online-Vorlesung selbst sorgte die Forschungsgruppe dafür, dass keine E-Mail unbeantwortet blieb und alle gemeldeten Fehler in den Lehrunterlagen behoben wurden. Daher möchte ich den wissenschaftlichen Mitarbeitern *Martin Faust*, *Franziska Häger*, *Thomas Kowark*, *Martin Lorenz*, *Stephan Müller*, *Jan Schaffner*, *Matthieu Schapranow*, *David Schwalb*, *Christian Schwarz*, *Christian Tinnefeld*, *Arian Treffer*, *Johannes Wust* sowie unserer Team-Assistentin *Andrea Lange* für ihr Engagement danken.

Die deutsche Übersetzung des zunächst nur auf Englisch erschienenen Buches wäre ohne das unermüdliche Engagement meiner Doktoranden *Martin Boissier*, *Martin Faust*, *Keven Richly* und *Ralf Teusner* nicht möglich gewesen.

Während der Vorbereitung der Online-Vorlesung haben uns mehrere HPI Bachelor-Studenten (*Frank Blechschmidt*, *Maximilian Grundke*, *Jan Lindemann*, *Lars Rückert*) und HPI

Master-Studenten (*Sten Achtner*, *Eketarina Gavrilova*, *Martin Köppelmann*, *Paul Möller*, *Michael Wolowyk*) unterstützt. Besonderer Dank geht an *Martin Boissier*, *Maximilian Grundke*, *Jan Lindemann*, und *Jasper Schulz*, die alle Korrekturen und Anpassungen vorgenommen haben, die notwendig waren, um das Lehrmaterial zu verbessern und ein gedrucktes Buch daraus entstehen zu lassen.

Helfen Sie mit, dieses Buch zu verbessern

Wir sind ständig bestrebt, die Lehrunterlagen, die in diesem Buch zur Verfügung gestellt werden, zu verbessern. Wenn Sie Fehler entdecken, zögern Sie bitte nicht, mich unter hasso. plattner@hpi.uni-potsdam.de zu kontaktieren.

Bis zur Drucklegung des Buches haben wir Fehlerberichte, die zu Verbesserungen in den Lehrunterlagen führten, von folgenden aufmerksamen Lesern erhalten: Shakir Ahmed, Heiko Betzler, Christoph Birkenhauer, Jonas Bränzel, Dmitri Bondarenko, Christian Butzlaff, Peter Dell, Michael Dietz, Michael Max Eibl, Roman Ganopolskyi, Christoph Gilde, Hermann Grahm, Jan Grasshoff, Oliver Hahn, Ralf Hubert, Katja Huschle, Jens C. Ittel, Alfred Jockisch, Ashutosh Jog, Gerold Kasemir, Alexander Kirov, Jennifer König, Stephan Lange, Francois-David Lessard, Verena Lommatsch , Clemens Müller, Hendrik Müller, Debanshu Mukherjee, Holger Pallak, Jelena Perfiljeva, Dieter Rieblinger, Sonja Ritter, Veronika Rodionova, Viacheslav Rodionov, Yannick Rödl, Oliver Roser, Alice-Rosalind Schell, Wolfgang Schill, Leo Schneider, Jürgen Seitz, David Siegel, Markus Steiner, Reinhold Thurner, Florian Tönjes, Wolfgang Weinmann, Bert Wunderlich und Dieter Zürn.

Wir sind dankbar für jede Art von Feedback und hoffen, dass die Lehrunterlagen weiter von der In-Memory-Datenbank-Gemeinschaft verbessert werden.

Hasso Plattner

Inhaltsverzeichnis

Kapitel 1
Einführung

Das Lehrbuch In-Memory Data Management konzentriert sich auf die technischen Details von spaltenorientierten Hauptspeicherdatenbanken. Hauptspeicherdatenbanken (engl. In-Memory Databases, kurz IMDB) und insbesondere spaltenorientierte Datenbanken sind ein derzeitig stark erforschtes Themengebiet [BMK09, KNF+, Pla09]. Dank moderner Hardware-Technologien und wachsender Hauptspeicherkapazitäten werden bahnbrechende neue Anwendungen möglich.

1.1 Ziele der Vorlesung

Jeder, der an der Zukunft von Datenbanken und Enterprise Data Management interessiert ist, soll von diesem Kurs profitieren, unabhängig davon, ob er noch studiert, bereits arbeitet oder vielleicht sogar Software in den betreffenden Bereichen entwickelt. Das primäre Ziel dieses Kurses ist es, ein tiefes Verständnis von spaltenorientierten, Wörterbuch-codierten In-Memory-Datenbanken und von deren Auswirkungen auf Unternehmensanwendungen zu erreichen. Das Lernmaterial enthält bewusst keine Einführung in die Structured Query Language (SQL) oder ähnliche Grundlagen; diese Themen werden als bekannt vorausgesetzt. Doch selbst, wenn Sie noch nicht über fundierte SQL-Kenntnisse verfügen, ermutigen wir Sie, dem Kurs zu folgen, da die meisten Beispiele mit Bezug auf SQL aus dem Kontext heraus verständlich sein werden.

Mit neuen Anwendungen und kommenden Hardware-Verbesserungen werden sich grundlegende Veränderungen bei Unternehmensanwendungen ergeben. Die Teilnehmer sollen die technischen Voraussetzungen der nächsten Generation von Datenbank-Technologien verstehen und ein Gefühl für den Unterschied zwischen In-Memory-Datenbanken und traditionellen, Festplatten-basierten Datenbanken entwickeln. Insbesondere werden Sie erfahren, warum und wie mit diesen neuen Technologien Geschwindigkeitssteigerungen um einen Faktor von bis zu 100.000 möglich sind.

1.2 Die Idee

Dieses Lernmaterial geht auf eine Idee zurück, die zwischen Professor Hasso Plattner und seiner „Enterprise Platform and Integration Concepts (EPIC)"-Forschungsgruppe im Rahmen einer Diskussion im Jahr 2006 aufkam. Zu dieser Zeit waren Vorlesungen über Enterprise Resource Planning (ERP)-Systeme eher trocken und ohne Berührungspunkte mit modernen Technologien, wie sie Google, Twitter, Facebook und mehrere andere verwenden.

Das Team entschloss sich, mit einem radikal neuen Konzept an ERP-Systeme heranzuge-hen. Um ganz von vorne beginnen zu können, mussten insbesondere die Basistechnologien und Möglichkeiten der kommenden Computer-Systeme identifiziert werden. Auf dieser Grundlage entwickelten sie ein völlig neues System, das auf zwei bedeutenden Hardware-Trends basiert:

- massiv parallelen Systemen mit einer zunehmenden Zahl von Central Processing Units (CPUs) und CPU-Kernen
- wachsenden Hauptspeicherkapazitäten

Um die Parallelität moderner Hardware zu nutzen, mussten erhebliche Änderungen an be-stehenden Systemen vorgenommen werden. Bestehende Systeme arbeiteten bereits parallel bezüglich ihrer Fähigkeit, tausende gleichzeitig angemeldete Benutzer zu bewältigen. Aller-dings schöpfen die zugrunde liegenden Anwendungen die Parallelität nicht voll aus.

Hardware-Parallelität auszunutzen ist schwierig. Hennessy et al. [PH12] diskutieren, wel-che Änderungen vorgenommen werden müssen, um eine Anwendung parallel laufen zu las-sen, und sie erklären, warum es oft sehr schwer ist, sequenziell ablaufende Anwendungen anzupassen, um mehrere Prozessorkerne effizient zu nutzen.

Das Team entschied, sich für die ersten Prototypen genauer mit Abrechnungssystemen zu beschäftigen. Im Jahr 2006 waren Computer noch nicht in der Lage, die Daten großer Unter-nehmen vollständig im Hauptspeicher zu halten. So wurde die Entscheidung getroffen, sich in erster Linie auf kleinere Unternehmen zu konzentrieren. Es war klar, dass der Fortschritt in der Hardware-Entwicklung weitergehen würde und diese Weiterentwicklung automatisch den Systemen ermöglichen würde, größere Datenmengen im Hauptspeicher zu halten.

Eine weitere wichtige Design-Entscheidung war die vollständige Entfernung von materi-alisierten Aggregaten. Im Jahr 2006 waren ERP-Systeme stark abhängig von diesen vorab berechneten Aggregaten. Mit der Rechenleistung der kommenden Systeme war das neue Design nicht nur zu einer Steigerung der Granularität der Aggregate, sondern sogar zu ihrer vollständig Entfernung fähig.

Da das neue System jedes Bit der verarbeiteten Informationen vollständig im Speicher hält, werden Festplatten nur noch für die Archivierung, Sicherung und Wiederherstellung von Daten verwendet. Die primäre Persistenz ist der Dynamic Random Access Memory (DRAM), was durch erhöhte Kapazitäten und Datenkompression ermöglicht wird.

Um den neuen Ansatz zu bewerten, implementierten mehrere Teams aus Bachelor- und Masterstudiengängen zusammen mit der Forschungsgruppe neue Anwendungen, die In-Me-mory-Datenbanktechnologie in den folgenden Jahren nutzten. Die laufende Forschung kon-zentriert sich auf die vielversprechendsten Ergebnisse dieser Projekte sowie auf völlig neue Ansätze für Enterprise-Computing, bei denen eine verbesserte Benutzerfreundlichkeit im Vordergrund steht.

1.3 Lernkarte

Die Lernkarte (siehe Abb. 1.1) gibt einen kurzen Überblick über die Teile des Lernstoffes und die entsprechenden Kapitel in diesen Teilen. Anhand dieser Abbildung können Sie leicht er-kennen, welche Voraussetzungen für ein Kapitel gelten und welche Inhalte folgen werden.

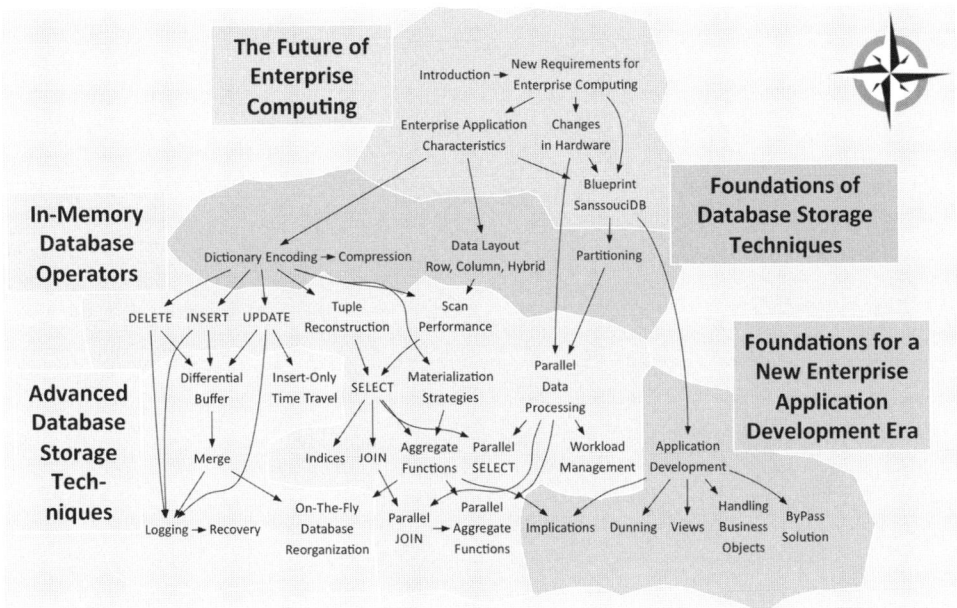

Abb. 1.1 Lernkarte

1.4 Selbsttest-Frage

Nutzung von Festplatten

Ist eine In-Memory-Datenbank noch auf Festplatten angewiesen?

(a) Ja, denn eine Festplatte ist bei komplexen Berechnungen schneller als der Hauptspeicher.
(b) Nein, die Daten werden nur im Hauptspeicher vorgehalten.
(c) Ja, weil manche Operationen nur auf der Festplatte durchgeführt werden können.
(d) Ja, für die Archivierung, Sicherung und Wiederherstellung.

Literaturhinweise

[BMK09] P.A. Boncz, S. Manegold, M.L. Kersten, Database Architecture Evolution: Mammals Flourished long before Dinosaurs became Extinct. PVLDB 2(2), 1648–1653 (2009).
[KNF+12] A. Kemper, T. Neumann, F. Funke, V. Leis, H. Mühe, Hyper: adapting columnar main-memory data management for transactional and query processing. IEEE Data Eng. Bull. 35(1), 46–51 (2012).
[PH12] D.A. Patterson, J.L. Hennessy, in Computer Organization and Design—The Hardware / Software Interface, (Revised 4th edn.). The Morgan Kaufmann Series in Computer Architecture and Design (Academic Press, San Francisco, CA, USA, 2012).
[Pla09] H. Plattner, in A common database approach for OLTP and OLAP using an in- memory column database, ed. by U. Çetintemel, S. Zdonik, D. Kossmann. SIGMOD Conference (ACM, Newyork, 2009), S. 1–2.

Teil I
Die Zukunft von Enterprise Computing

Kapitel 2
Neue Anforderungen an Enterprise Computing

Wenn man über die Entwicklung eines völlig neuen Datenbank-Management-Systems für Enterprise Computing nachdenkt, stellt sich die Frage, ob ein neues Datenbank-Management-System wirklich notwendig ist. Die Antwort lautet: ja! Moderne Unternehmen haben sich dramatisch verändert. Heutzutage sind Unternehmen in größerem Maß informationsbasiert als je zuvor. Beispielsweise wird während der Herstellung, z. B. durch Fließband-Sensoren oder Fertigungsroboter, eine deutlich höhere Datenmenge erzeugt.

Darüber hinaus verarbeiten Unternehmen Daten, wie z. B. Verhalten der Wettbewerber, Preistrends etc., in einem viel größeren Maßstab, um Management-Entscheidungen zu unterstützen. Und auch in Zukunft werden die Datenmengen weiter wachsen. Es gibt zwei dominierende Anforderungen an ein modernes Datenbank-Management-System:

- Daten aus verschiedenen Quellen müssen in einem einzigen Datenbank-Management-System kombiniert werden.
- Diese Daten müssen in Echtzeit analysiert werden, um eine interaktive Entscheidungsfindung zu unterstützen.

Die folgenden Abschnitte beschreiben Anwendungsfälle für moderne Unternehmen und leiten damit verbundene Anforderungen an ein völlig neues Enterprise-Datenbank-Management-System ab.

2.1 Verarbeitung von Ereignisdaten

Ereignisdaten beeinflussen Unternehmen heute mehr und mehr. Sie zeichnen sich durch folgende Eigenschaften aus:

- Jeder Ereignisdatensatz ist im Vergleich zur Größe traditioneller Unternehmensdaten, wie beispielsweise allen Daten, die in einem einzigen Kundenauftrag enthalten sind, klein (einige Bytes oder Kilobytes).
- Verglichen mit der Menge an Entitäten ist die Anzahl der erzeugten Ereignisse pro Entität hoch, z. B. werden hunderte oder tausende Ereignisse für ein einzelnes Produkt erzeugt.

Im Folgenden werden einige Anwendungsfälle von Ereignisdaten in modernen Unternehmen kurz vorgestellt.

2.1.1 Sensordaten

Heutzutage werden Sensoren eingesetzt, um die Funktion einer zunehmenden Anzahl von Systemen zu überwachen. Ein Beispiel ist das Tracking und Tracing von sensiblen Gütern wie Arzneimitteln, Kleidung oder Ersatzteilen. Dabei werden Pakete mit Radio-Frequency Identification (RFID)-Tags oder zweidimensionalen Barcodes, sogenannten QR-Codes, ausgestattet. Jedes Produkt wird virtuell durch einen Electronic Product Code (EPC) repräsentiert, der den Hersteller des Produkts, die Produktkategorie und eine eindeutige Seriennummer beinhaltet. Dadurch kann jedes Produkt eindeutig über seinen EPC-Code identifiziert werden. Im Gegensatz dazu können traditionelle eindimensionale Barcodes aufgrund ihres begrenzten Domain-Satzes nur zur Identifizierung von Produktklassen verwendet werden. Sobald ein Produkt eine Lesevorrichtung durchläuft, wird ein Leseereignis erfasst. Das Leseereignis setzt sich aus dem aktuellen Leseort, dem Zeitstempel, dem aktuellen Geschäftsvorgang, z.B. Empfang, Auspacken, Umpacken oder Versand, und weiteren verwandten Informationen zusammen. Alle Ereignisse werden in dezentralen Event-Repositories gespeichert.

Tracking von Arzneimitteln

In Europa werden jährlich ca. 15 Milliarden verschreibungspflichtige Arzneimittel produziert. Diese werden an wichtigen Stellen in der Lieferkette getrackt. Das Tracking der Arzneimittelpackungen führt zu ca. 8.000 Leseereignismeldungen pro Sekunde. Diese Ereignisse bilden die Grundlage für die Bekämpfung von Fälschungstechniken. Durch die Analyse aller relevanten Leseereignisse kann beispielsweise der Weg eines bestimmten Arzneimittels rekonstruiert werden. Die In-Memory-Technologie ermöglicht Rückverfolgungen von 10 Milliarden Ereignissen in weniger als 100 ms.

Formel-1-Rennwagen

Auch Formel-1-Rennwagen produzieren ein Übermaß an Sensordaten. Diese Sportwagen sind mit bis zu 600 Sensoren ausgestattet, die jeweils hunderte von Ereignissen pro Sekunde aufzeichnen. Abhängig von der Granularität der Datenaufzeichnung werden bei einem zweistündigen Rennen Sensordaten im Giga- oder Terabyte-Bereich erzeugt und erfasst. Die Herausforderung besteht darin, die gewonnenen Daten während des Rennens zu erfassen, zu verarbeiten und zu analysieren, um die Fahrzeugparameter sofort zu optimieren, um beispielsweise Bauteilfehler zu erkennen, den Kraftstoffverbrauch oder die Höchstgeschwindigkeit zu optimieren.

2.1.2 Analyse von Spiel-Ereignissen

Personalisierte Inhalte in Online-Spielen sind ein Erfolgsfaktor für die Spiele-Industrie. Die deutsche Firma Bigpoint ist ein Anbieter von Browser-Spielen mit mehr als 200 Millionen aktiven Nutzern[1].

Ihre Browser-Spiele erzeugen einen stetigen Strom von mehr als 10.000 Ereignissen pro Sekunde, wie aktuelle Level, virtuelle Güter, Spielzeit usw. Bigpoint verfolgt mehr als 800 Millionen Ereignisse pro Tag. Traditionelle Datenbanken unterstützen keine Verarbeitung solch großer Datenmengen in einer interaktiven Art und Weise. Beispielsweise erfordern Joins oder vollständige Tabellenscans komplexe Indexstrukturen oder optimierte Data-

---

[1] Bigpoint GmbH – http://www.bigpoint.net/

Warehouse-Systeme, um einige ausgewählte Informationen schnell zurückzuliefern. Allerdings können individuelle und flexible Anfragen von Entwicklern oder Marketing-Experten hierbei nicht interaktiv beantwortet werden.

Spieler neigen dazu, Geld auszugeben, wenn virtuelle Güter oder Werbeaktionen in kritischen Spielsituationen zur Verfügung gestellt werden, z. B. bei einem verlorenen Abenteuer oder bei einem lang andauernden Level, das erfolgreich überstanden werden muss. Das In-Game-Trade-Promotion-Management muss die Nutzerdaten, die aktuellen In-Game-Ereignisse und externe Informationen, wie z. B. aktuelle Rabattpreise, analysieren. Hier wird In-Memory-Datenbank-Technologie verwendet, um gleichzeitig In-Game-Trade-Promotion und A/B-Tests durchzuführen. Zu diesem Zweck werden die Spieler in zwei Gruppen unterteilt. Die Werbung wird lediglich auf eine Gruppe angewendet. Da das Feedback der Nutzer in Echtzeit analysiert wird, kann die Entscheidung, eine großangelegte Werbekampagne zu starten, innerhalb von Sekunden, nachdem die kleine Testgruppe die Werbung angenommen hat, getroffen werden.

Darüber hinaus verbessert In-Memory-Technologie die Erkennung von Zielgruppen und das Testen von Beta-Funktionen, Echtzeit-Vorhersagen und die Auswertung von Anzeigen-Platzierungen.

2.2 Kombination von strukturierten und unstrukturierten Daten

Als Erstes wollen wir als strukturierte Daten jede Art von Daten bezeichnen, die in einem Format gespeichert werden, das automatisch durch Computer verarbeitet wird. Beispiele für strukturierte Daten sind ERP-Daten, die in relationalen Datenbanktabellen, Baumstrukturen, Feldern usw. gespeichert werden. Zweitens wollen wir als teilweise oder als größtenteils unstrukturierte Daten solche Daten bezeichnen, die nicht einfach automatisch verarbeitet werden können. Dies sind beispielsweise alle Daten, die als Dokument sozusagen im „Rohformat" verfügbar sind, wie Videos oder Fotos. Zusätzlich soll jede Art von unformatiertem Text, wie ein frei eingegebener Text in einem Textfeld, in einem Dokument, in einer Tabellenkalkulation oder in einer Datenbank, als unstrukturierte Information gelten, sofern nicht ein Datenmodell für seine Interpretation zur Verfügung steht, wie z. B. eine mögliche semantische Ontologie.

Jahrelang konzentrierte sich Enterprise Data Management nur auf strukturierte Daten. Strukturierte Daten werden in einem relationalen Datenbank-Format mit Hilfe von Tabellen mit bestimmten Attributen gespeichert. Doch viele Textdokumente, Papiere, Berichte, Webseiten usw. sind nur in einem unstrukturierten Format verfügbar. Informationen in diesen Dokumenten werden in der Regel über die Meta-Daten des Dokuments identifiziert. Allerdings ist eine detaillierte Suche innerhalb des Inhalts dieser Dokumente oder das Gewinnen konkreter Fakten mithilfe der Meta-Daten nicht möglich. Um diese Informationsquellen zu nutzen, ist es notwendig, die in den unstrukturierten Unternehmensdaten verborgenen Informationen zu extrahieren. Die Suche nach jeder Art von Daten – strukturiert wie unstrukturiert – muss ebenso flexibel wie schnell sein. Die folgenden Abschnitte zeigen Beispiele wie in unterschiedlichen Branchen mit strukturierten und unstrukturierten Daten umgegangen wird.

2.2.1 Patientendaten

Im Verlauf des Behandlungsverfahrens eines Patienten, z.B. in Krankenhäusern, werden strukturierte und unstrukturierte Daten erzeugt. Beispiele für unstrukturierte Daten sind Diagnoseberichte, histologische Befunde und Tumor-Dokumentationen. Beispiele für strukturierte Daten sind Ergebnisse des Blutbilds, von Blutdruckmessungen, Temperaturmessungen oder das Geschlecht des Patienten. In-Memory-Technologie erlaubt die Kombination beider Klassen von Patientendaten mit zusätzlichen externen Quellen, wie klinischen Studien, pharmakologischen Kombinationen oder Nebenwirkungen. Dadurch können Ärzte ihre Hypothesen beweisen, indem sie Daten interaktiv durchsuchen, und das Maß an notwendigen manuellen und zeitaufwendigen Recherchen reduzieren. Ärzte sind in der Lage, auf alle relevanten Patientendaten zuzugreifen und ihre Entscheidung aufgrund der aktuellsten verfügbaren Patientendaten zu treffen.

Aufgrund ihrer hohen Fluktuation von unerwarteten Ereignissen, wie Notfällen oder verzögerten Operationszeiten, ist der tägliche Terminplan von Ärzten sehr zeitoptimiert. Medizinisches Personal hat zusätzlich zu bestimmten technischen Notwendigkeiten für ihre Geräte auch sehr strenge Auflagen für Antwortzeiten. Der HANA Oncolyzer, eine Anwendung für Ärzte und Forscher, wurde daher für mobile Geräte entwickelt.

Die mobile Anwendung unterstützt den Use-as-you-go-Faktor (mobile Nutzung), d.h., die erforderlichen Patientendaten sind an jedem beliebigen Ort des Krankenhausgeländes erhältlich, und der Arzt ist nicht mehr gezwungen, zur Kontrolle eines bestimmten Aspekts der Behandlung zu einem bestimmten Computer zu gehen. Darüber hinaus wird der Arzt/die Ärztin die Anwendung nicht weiter verwenden, wenn das erforderliche Detail ihm/ihr nicht in Echtzeit zur Verfügung steht. Somit laufen alle Analysen, die durch die In-Memory-Datenbank durchgeführt werden, auf einer Serverlandschaft in der IT-Abteilung, während die mobile Anwendung das Remote User Interface darstellt.

Die Flexibilität, beliebige Analysen anzufordern und die Ergebnisse innerhalb von Millisekunden mobil verfügbar zu haben, macht In-Memory-Technologie zu einer perfekten Technologie für Ärzte. Außerdem schließt der Mobilitäts-Aspekt die Lücke zwischen der IT-Abteilung, in der die Daten gespeichert sind, und dem Arzt, der täglich viele verschiedene Arbeitsplätze im gesamten Krankenhaus besucht.

2.2.2 Flugzeugwartungs-Berichte

Bei Boeing werden während des Austausches beliebiger Ersatzteile alle Abläufe in Wartungsprotokollen dokumentiert. Diese Berichte enthalten strukturierte Daten, wie Datum und Uhrzeit des Austausches oder die Bestellnummer des Ersatzteils, und unstrukturierte Daten, z.B. die Art eines Schadens, der Ort und Beobachtungen im räumlichen Zusammenhang mit dem getauschten Teil.

Durch die Kombination strukturierter und unstrukturierter Daten unterstützt In-Memory-Technologie die Erkennung von Korrelationen, z.B. wie oft ein bestimmtes Teil in einem bestimmten Flugzeug oder an einem bestimmten Ort ersetzt wurde. Dadurch sind Wartungsfachleute in der Lage, Risiken für Schäden zu entdecken, bevor ein bestimmtes Risiko für den Menschen auftritt.

2.3 Soziale Netzwerke und das Web

Soziale Netzwerke sind heute sehr beliebt. Die Zeit, in der sie nur verwendet wurden, um Freunde über laufende Aktivitäten zu informieren, ist lange vorbei. Heutzutage werden sie auch von Unternehmen für globales Branding, Marketing und Recruiting eingesetzt.

Darüber hinaus erzeugen sie riesige Datenmengen. Twitter beispielsweise erzeugt in fünf Tagen eine Milliarde neuer Tweets. Diese Daten werden analysiert, um beispielsweise Nachrichten über ein neues Produkt oder über Wettbewerber-Aktivitäten aufzuspüren oder um missbräuchliche Nutzung zu unterbinden. Aus der Kombination von Social-Media-Daten mit externen Informationen, wie z. B. Verkaufsaktionen oder saisonalen Wetterdaten, können Markttrends für bestimmte Produkte oder Produktgruppen abgeleitet werden. Diese Erkenntnisse sind wertvoll, um Marketing-Kampagnen zu planen oder Produktionsmengen festzulegen.

Ein weiteres Beispiel für die Gewinnung unternehmensrelevanter Informationen aus dem Web stellt die Überwachung von Suchbegriffen dar. Die Suchmaschine Google analysiert regionale und globale Suchtrends. Die Häufigkeit der Suche nach „Influenza" und nach Grippe-verwandten Begriffen kann als Indikator für eine Ausbreitung der Influenza-Erkrankung dienen. Durch die Kombination von Standortdaten und Suchbegriffen ist Google in der Lage, eine relativ genaue Karte der Regionen, die wahrscheinlich von einer Grippe-Epidemie betroffen sind, zu zeichnen.

2.4 Cloud-Anwendungen

Software-Systeme in der Cloud zu betreiben, erfordert eine gute Strategie zur Datenintegration. Stellen Sie sich vor, Sie bearbeiten alle Aufgaben im Personalbereich[2] Ihres Unternehmens in einem On-Demand-HR-System, das von Anbieter A angeboten wird. Betrachten wir einen Anbieterwechsel zum Cloud-Anbieter B. Natürlich kann ein standardisiertes Datenformat für HR-Daten verwendet werden, um Daten aus A zu exportieren und sie in B zu importieren. Doch was passiert, wenn es keinen kompatiblen Standard für Ihre Anwendung gibt? Dann müssen die von A exportierten Daten migriert bzw. transformiert werden, bevor sie in B importiert werden können. Datentransformation ist eine komplexe und zeitaufwendige Aufgabe. Oft muss sie manuell ausgeführt werden, weil Wissen über die Quell- und Zielformate sowie über viele Ausnahmen, die separat aufgelöst werden müssen, erforderlich ist.

In-Memory-Technologie bietet ein Konzept einer transparenten Ansicht an. Datenansichten beschreiben, wie Eingabewerte in das gewünschte Ausgabeformat transformiert werden. Die erforderlichen Transformationen werden automatisch durchgeführt, wenn die Ansicht aufgerufen wird. Betrachten Sie zum Beispiel die Attribute Vorname (`first name`) und Nachname (`last name`), die zu einem einzigen Attribut Kontaktname (`contact name`) transformiert werden müssen. Ein möglicher View `contact name` bildet die Verkettung der beiden Attribute, indem die Verkettung `concat(first name, last name)` gebildet wird.

Somit ändert In-Memory-Technologie die Eingabedaten nicht und stellt gleichzeitig die benötigten Datenformate durch transparente Verarbeitung der View-Funktionen zur Verfü-

---

[2] engl. „Human Resources", abgekürzt „HR".

gung. Im Vergleich zum traditionellen Extract Transform and Load (ETL)-Prozess, der für Business Intelligence(BI)-Systeme verwendet wird, ermöglicht dies eine transparente Daten-Integration.

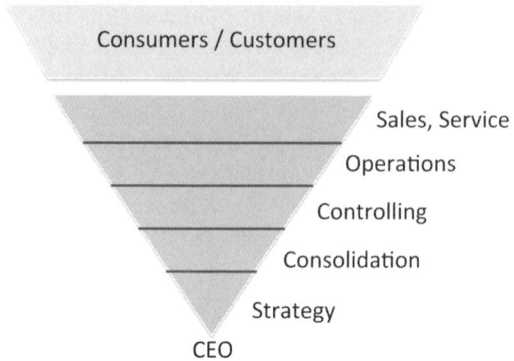

Abb. 2.1 Umkehrung von Unternehmensstrukturen

2.5 Mobile Anwendungen

Die weite Verbreitung von mobilen Anwendungen hat die Art und Weise, wie Unternehmen Informationen verarbeiten, grundlegend verändert. Zunächst wurden BI-Systeme entwickelt, um nur CEOs und Controllern detaillierte Einblicke in Geschäftsprozesse zu liefern. Heutzu-tage erhält jeder Mitarbeiter Einblick durch den Einsatz von BI-Systemen. Allerdings war das Auffinden von Informationen seit Jahrzehnten an stationäre Desktop-Computer gebun-den. Mit der weiten Verbreitung von mobilen Endgeräten, wie z. B. PDAs, Smartphones etc., sind auch Außendienstmitarbeiter in der Lage, Verkaufsberichte zu analysieren oder die neu-esten Verkaufstrichter für ein bestimmtes Produkt oder eine bestimmte Region abzurufen.

Abbildung 2.1 zeigt das neue Design von BI-Systemen, das nicht mehr Top-Down, son-dern Bottom-Up verläuft. Moderne BI-Systeme bieten Handelsvertretern alle erforderlichen Informationen im direkten Kundengespräch. So stellen Kunden und Handelsvertreter die Spitze der Pyramide dar.

In-Memory-Datenbanken bilden die Grundlage für diese neue Unternehmensstruktur. Auf mobilen Geräten wollen die Nutzer innerhalb von ein paar Sekunden [Oul05, OTRK05, RO05] eine Antwort erhalten. Durch ihre Fähigkeit, komplexe und frei formulierte Abfragen durchzuführen und in Sekundenbruchteilen Antworten zu erhalten, können In-Memory-Da-tenbanken die Art und Weise revolutionieren, wie Mitarbeiter mit Kunden kommunizieren. Ein Beispiel für die radikale Verbesserung durch In-Memory-Datenbanken ist der Mahnlauf. Ein traditioneller Mahnvorgang dauerte auf einem durchschnittlichen SAP-System 20 Minu-ten. Durch Anpassen des Mahnlaufes auf In-Memory-Technologie dauert er jetzt weniger als eine Sekunde.

2.6 Produktions- und Vertriebsplanung

Zwei weitere prominente Anwendungsfälle für In-Memory-Datenbanken stellen komplexe und lang laufende Prozesse, wie Produktionsplanung und Verfügbarkeitsprüfung, dar.

2.6.1 Produktionsplanung

Die Produktionsplanung stellt die aktuelle Nachfrage nach bestimmten Produkten fest und regelt dadurch die Produktionsrate. Sie analysiert verschiedene Indikatoren, wie früheres Kaufverhalten der Nutzer, kommende Werbeaktionen und die Lagerbestände bei Herstellern und Großhändlern. Produktionsplanungs-Algorithmen sind aufgrund der notwendigen Berechnungen, die mit denen in BI-Systemen vergleichbar sind, komplex. Mit einer In-Memory-Datenbank werden diese Berechnungen nun direkt mit den neuesten transaktionalen Daten durchgeführt. Somit sind die Algorithmen in Bezug auf aktuelle Lagerbestände oder Produktionsbelange genauer und ermöglichen eine schnellere Reaktion auf unerwartete Zwischenfälle.

2.6.2 Der Available-to-Promise-Check

Der Available-to-Promise (ATP) Check[3] überprüft die Verfügbarkeit von bestimmten Waren. Er analysiert, ob die Mengen der verkauften und hergestellten Waren ausgeglichen sind. Mit Zunahme der Anzahl von Produkten und verkauften Waren erhöht sich die Komplexität der Prüfung. In bestimmten Situationen kann es von Vorteil sein, bereits zugesicherte Waren an bestimmte Kunden nicht auszuliefern, sondern diese an Kunden mit einer höheren Priorität umzuverteilen. ATP-Prüfungen können auch zusätzliche Informationen berücksichtigen, wie z. B. Gebühren für verspätete oder annullierte Lieferungen oder Kosten für Express-Lieferungen, wenn der Hersteller nicht in der Lage ist, alle Waren termingerecht zu liefern.

Aufgrund der langen Bearbeitungszeit werden ATP-Prüfungen auf Basis von zuvor aggregierten Summen, wie z. B. pro Tag aufsummierten Lagerbeständen, vorgenommen. In-Memory-Datenbanken ermöglichen ATP-Prüfungen mit den neuesten Daten ohne zuvor aggregierte Gesamtwerte verwenden zu müssen.

So können Entscheidungen zur Umplanung von Herstellungszeiten und der Terminplanung mit Echtzeit-Daten getroffen werden. Darüber hinaus vereinfacht das Entfernen der Aggregate die gesamte Systemarchitektur deutlich, während das System flexibler wird.

2.7 Selbsttest-Frage

Datenexplosion
Betrachten Sie das folgende Tracking-Beispiel für Formel-1-Rennwagen: Jeder Rennwagen hat 512 Sensoren, jeder Sensor zeichnet 32 Ereignisse pro Sekunde auf, wobei jedes Ereignis 64 Byte groß ist.

---

[3] dt.: „Prüfung des zusicherbaren Bestandes".

Wie viele Daten werden von einem F1-Team produziert, wenn ein Team zwei Autos im Rennen hat und das Rennen 2 h dauert?

Benutzen Sie für die Berechnung bitte die folgenden Einheiten:

1.000 Byte = 1 kB,

1.000 kB = 1 MB,

1.000 MB = 1 GB.

(a) 14 GB

(b) 15.1 GB

(c) 32 GB

(d) 7.7 GB

Literaturhinweise

[OTRK05] A. Oulasvirta, S. Tamminen, V. Roto, J. Kuorelahti, Interaction in 4-second bursts: the fragmented nature of attentional resources in mobile hci, in Proceedings of the SIGCHI Conference on Human Factors in Computing Systems, CHI '05 (ACM, New York, 2005), S. 919–928.

[Oul05] A. Oulasvirta, The fragmentation of attention in mobile interaction, and what to do with it. Interactions 12(6), 16–18 (2005).

[RO05] V. Roto, A. Oulasvirta, Need for non-visual feedback with long response times in mobile hci, in Special Interest Tracks and Posters of the 14th International Conference on World Wide Web, WWW '05 (ACM, New York, 2005), S. 775–781.

Kapitel 3
Merkmale von Unternehmensanwendungen

3.1 Vielfältige Anwendungen

Ein Enterprise-Datenbank-Management-System sollte in der Lage sein, Daten zu bearbeiten, die aus mehreren unterschiedlichen Quellen stammen.

- **Transaktionale Daten** stammen aus verschiedenen Anwendungen, wie z. B. Enterprise Resource Planning (ERP)-Systemen.
- Den Ursprung von **Event-Processing- und Stream-Daten** bilden Maschinen und Sensoren, in der Regel stark ausgelastete Systeme.
- **Echtzeitanalysen** stützen sich in der Regel auf strukturierte Daten für Transaktions-Reporting, klassische Vorhersagen, Planung und Simulation.
- **Textanalyse** schließlich basiert in der Regel auf unstrukturierten Daten aus dem Web, sozialen Netzwerken, Log-Dateien, Hilfesystemen etc.

3.2 OLTP versus OLAP

Ein Enterprise-Datenbank-Management-System sollte in der Lage sein, transaktionale und analytische Abfragetypen, die sich in mehreren Dimensionen unterscheiden, zu verarbeiten. Die Erstellung von Kundenaufträgen, von Rechnungen, von Abrechnungsdaten, die Anzeige eines Kundenauftrags für einen einzelnen Kunden oder die Anzeige von Kundenstammdaten stellen typische Abfragen im **Online Transaction Processing (OLTP)** dar. Das **Online Analytical Processing (OLAP)** besteht hingegen aus analytischen Abfragen. Typische OLAP-Abfragen sind Mahnwesen (Zahlungserinnerungen), Cross-Selling (Verkauf zusätzlicher Produkte oder Dienstleistungen an einen Kunden), operatives Reporting oder die Analyse von Trends, die auf früheren Absatzdaten basieren. Weil man seit jeher der Ansicht war, dass diese Abfragetypen sich deutlich unterscheiden, wurde entschieden, die Datenbank-Management-Systeme in zwei getrennte Systeme zu teilen, die OLTP- und OLAP-Abfragen separat bearbeiten. In der Literatur wird angenommen, dass OLTP-Workloads schreibintensiv seien, wohingegen OLAP-Workloads lediglich lesend zugreifen würden. Weiterhin stützen sich beide Workloads angeblich auf „gegensätzliche Gesetze der Datenbankphysik".[Fre95].

Die Forschung in aktuellen Enterprise-Systemen zeigte jedoch, dass diese Aussagen nicht wahr sind [KGZP10, KKG+11]. Der Hauptunterschied zwischen Systemen, die diese Abfrage-Typen handhaben, ist die Tatsache, dass OLTP-Systeme mehr Abfragen mit einem sogenannten „Single-Select" verarbeiten, bei dem nur ein einzelner Datensatz zurückgegeben wird oder Operationen durchführen, die sehr selektiv sind, und nur wenige Tupel zurückgeben. OLAP-Systeme hingegen stellen analytische Abfragen an die Datenbank. Diese zeichnen sich dadurch aus, dass sie oft nur wenige Spalten einer Tabelle betrachten und auf diesen für eine große Anzahl von Tupeln aufwendige Aggregationen berechnen.

Für die Synchronisation des analytischen Systems mit den transaktionalen Systemen ist ein kostenintensiver ETL-Prozess (Extract-Transform-Load) erforderlich. ETL-Prozesse sind zeitintensiv und relativ komplex, weil alle relevanten Änderungen aus der externen Quellen extrahiert werden müssen. Außerdem müssen die Daten aus den transaktionalen Systemen transformiert werden, um den analytischen Ansprüchen und dem Datenschema der Zieldatenbank zu genügen, bevor sie geladen werden können.

3.3 Nachteile der Trennung von OLAP und OLTP

Obwohl die Trennung der Datenbank in zwei Systeme Workload-spezifische Optimierungen in beiden Systemen ermöglicht, hat sie auch eine Reihe von Nachteilen:

- Das OLAP-System verfügt nicht über die aktuellsten Daten, weil die Latenz zwischen den Systemen von Minuten bis zu Stunden oder sogar Tagen reichen kann. Folglich werden viele Entscheidungen auf veralteten Daten getroffen, weil die aktuellsten Informationen zum Abfragezeitpunkt nicht zur Verfügung stehen.
- Um eine akzeptable Leistung zu erreichen, arbeiten OLAP-Systeme mit vordefinierten, materialisierten Aggregaten, die jedoch die Flexibilität der Abfragen des Anwenders verringern.
- Die Redundanz der Daten ist hoch. In beiden Systemen werden gleiche, nur unterschiedlich optimierte Informationen gespeichert.
- Die Schemata der OLTP- und OLAP-Systeme sind unterschiedlich. Das führt einerseits zu einer erhöhten Komplexität von Anwendungen, die beide Systemtypen nutzen, und andererseits zu einer hohen Komplexität des ETL-Prozesses, der die Daten zwischen den Systemen synchronisiert.

3.4 Mythos OLTP- versus OLAP-Zugriffsmuster

Die Workload-Analyse mehrerer realer Kundensysteme offenbarte, dass OLTP- und OLAP-Systeme in der Praxis nicht so verschieden sind wie erwartet. Für OLTP-Systeme ist die Abfragerate nur 10 % höher als für OLAP-Systeme. Die Anzahl der Inserts ist auf der OLTP-Seite ein wenig höher. Allerdings werden die OLAP-Systeme auch mit Inserts konfrontiert, da sie permanent ihre Daten aktualisieren müssen. Als nächste Beobachtung ist festzustellen, dass die Anzahl der Updates in OLTP-Systemen nicht sehr hoch ist [KKG+11]. In High-Tech-Unternehmen sind es etwa 12 %. Das bedeutet, dass etwa 88 % aller in der transaktionalen Datenbank gespeicherten Tupel nie aktualisiert werden.

In anderen Branchen zeigten Untersuchungen noch niedrigere Update-Raten, z. B. weniger als 1 % im Bankwesen und in der diskreter Fertigung [KKG+11].

Diese Tatsache führt zu der Annahme, dass die Aktualisierung von Tupeln durch das Löschen der alten Tupel und dem Einfügen der neuen Tupel bei gleichzeitiger Aufzeichnung der vorgenommenen Änderungen zur Nachvollziehbarkeit, wie es in aktuellen Systemen üblich ist, nicht mehr notwendig ist. Stattdessen können die nun gültigen Tupel einfach eingefügt und die geänderten oder gelöschten Tupel mit einem entsprechenden Zeitstempel oder mit einer Ungültigkeitsmarkierung versehen werden. Der zusätzliche Nutzen dieser sogenannten Insert-Only-Methode ist, dass der komplette Verlauf der Transaktionsdaten und der Lebenszyklus eines Tupels automatisch in der Datenbank gespeichert werden. Weitere Details zur Insert-Only-Methode finden sich in Kap. 26.

Die Tatsache, dass diese Workloads letztendlich nicht so verschieden wie angenommen sind, führt zu der Vision der Wiedervereinigung der beiden Systeme, um OLTP- und OLAP-Daten in einem System zu kombinieren.

3.5 Kombinieren von OLTP- und OLAP-Daten

Der Hauptvorteil dieser Kombination besteht darin, dass sowohl transaktionale als auch analytische Abfragen auf demselben Server mit demselben Satz von Daten ausgeführt werden können. Diese kombinierte Datenquelle stellt eine sog. „Single Source of Truth" dar, jegliche ETL-Verarbeitung wird damit überflüssig.

Durch den Einsatz moderner Hardware können zusätzlich vorberechnete Aggregate und materialisierte Sichten eliminiert werden, weil Daten-Aggregationen nach Bedarf vorgenommen und virtuelle Sichten auf Daten (sogenannte Views) zur Verfügung gestellt werden können. Mit einer erwarteten Antwortzeit bei Analyseabfragen von unter einer Sekunde ist es möglich, den analytischen Abfrageprozess der transaktionalen Daten jederzeit und überall direkt durchzuführen. Durch den Verzicht auf die Vorausberechnung von Aggregaten und die Materialisierung von Sichten können außerdem Anwendungen und Datenstrukturen vereinfacht werden, da die Verwaltung von Aggregaten und materialisierten Views (d. h. deren Aufbau, Pflege und Speicherung) nicht länger notwendig ist.

Der entstehende gemischte Workload kombiniert die Eigenschaften von OLAP- und OLTP-Workloads. Die Abfragen können sowohl volle Zeilenoperationen aufweisen als auch nur eine kleine Anzahl von Spalten erfassen. Abfragen können einfach oder komplex sein, vorgegeben oder ad hoc. Dies umfasst analytische Abfragen, die mit den aktuellsten Transaktionsdaten laufen und in der Lage sind, Änderungen in Echtzeit zu verwerten.

3.6 Merkmale von Unternehmensdaten

Durch die Analyse von Unternehmensdaten konnten bestimmte Datenmerkmale identifiziert werden. Interessanterweise werden viele Attribute einer Tabelle überhaupt nicht genutzt, wobei die Tabellen oft eine hohe Anzahl an Spalten aufweisen. Pro Unternehmen sind im Durchschnitt 55% aller Spalten ungenutzt, und es existieren Tabellen mit über Hunderten von Spalten. Viele Spalten, die verwendet werden, haben darüber hinaus eine geringe Kardinalität von Werten. Das heißt, sehr viele Tupel haben die gleichen Werte und die Anzahl der tatsächlich unterschiedlichen Werte ist klein im Vergleich zur Gesamtanzahl der Werte. Zusätzlich dominieren in vielen Spalten NULL- oder Standardwerte, sodass die Entropie (Informationsdichte) dieser Spalte sehr gering (nahe Null) ist.

Die soeben genannten Eigenschaften begünstigen die effiziente Nutzung von Komprimierungsverfahren, die zu einem geringeren Speicherverbrauch und einer besseren Performance führen, wie wir in späteren Kapiteln zeigen werden.

3.7 Selbsttest-Frage

Gründe für die Trennung von OLTP und OLAP
Warum wurden OLAP und OLTP getrennt?

(a) aufgrund von Leistungsproblemen
(b) aus Archivierungsgründen; OLAP ist für Bandarchivierung besser geeignet
(c) aufgrund von Sicherheitsbedenken
(d) weil einige Kunden ausschließlich die OLTP- oder OLAP-Systeme wollten, und nicht
    bereit waren, für beide zu bezahlen

Literaturhinweise

[Fre95] C.D. French, "One size fits all" database architectures do not work for DSS. SIGMOD Rec.
    24(2), 449–450 (1995).
[KGZP10] J. Krueger, M. Grund, A. Zeier, H. Plattner, Enterprise application-specific data management,
    in EDOC, 2010, S. 131–140.
[KKG+11] J. Krueger, C. Kim, M. Grund, N. Satish, D. Schwalb, J. Chhugani, H. Plattner, P. Dubey, A.
    Zeier, Fast updates on read-optimized databases using multi-core CPUs, in PVLDB, 2011.

Kapitel 4
Hardware im Wandel

Dieses Kapitel befasst sich mit der Hardware. Es legt die Grundlagen, um zu verstehen, wie der Wandel in der Hardware die Software und Anwendungsentwicklung beeinflusst und ist teilweise [SKP12] entnommen. In den frühen 2000er Jahren kamen Multi-Core-Architekturen auf den Markt, mit denen ein Trend begann, bei dem immer mehr Parallelität eingeführt wurde. Heute verfügt ein typisches Server-Board über acht CPUs und 8–16 Kerne pro CPU. Also hat jedes Board insgesamt zwischen 64 und 128 Kernen. Ein Board ist eine Server-Komponente in Größe einer Pizzaschachtel und wird in einem Multi-Node-System Blade oder Knoten (engl. Node) genannt. Jedes dieser Blades bietet ein hohes Maß an paralleler Rechenkapazität zu einem Preis von etwa 50.000 USD. Trotz der Einführung massiver Parallelität wurden bis vor Kurzem jegliche Leistungsoptimierungen mit Blick auf die Beschränkung durch die Festplatte vorgenommen. Zugriffe auf die Festplatte sind sehr langsam, aber notwendig, um Daten zu speichern. Im Vergleich zum Tempo, mit dem sich die Leistung von CPUs steigerte, konnte das Entwicklungstempo bei der Leistungssteigerung von Festplatten nicht mithalten. Dies führte zu einer vollständigen Verzerrung des gesamten Konzepts der Arbeit mit Datenbanken und großen Datenmengen. Heute führen die großen Mengen an Hauptspeicher, die in Servern zur Verfügung stehen, zu einer Verlagerung von festplattenbasierten Systemen hin zu In-Memory-basierten Systemen. In-Memory-basierte Systeme halten die primäre Kopie ihrer Daten im Hauptspeicher vor.

4.1 Speicherzellen

In frühen Computersystemen war die Frequenz der CPU die gleiche wie die Frequenz des Speicher-Busses, und auch der Zugriff auf CPU-interne Register war nur geringfügig schneller als der Hauptspeicherzugriff. In den letzten Jahren sind Moores Gesetz[1] [Moo65] folgend die CPU-Frequenzen stark angestiegen, doch die Frequenzen der Speicher-Busse und die Latenzen von Speicherchips konnten nicht entsprechend gesteigert bzw. gesenkt werden. Als Folge wird der Speicherzugriff verhältnismäßig teurer, da mehr CPU-Zyklen verschwendet werden, während auf den Speicherzugriff gewartet werden muss.

Diese Entwicklung ist nicht auf die Tatsache zurückzuführen, dass schnelle Speicher nicht gebaut werden können. Es ist eine ökonomische Entscheidung, weil Speicher, der so schnell wie aktuelle CPUs wäre, um Größenordnungen teurer sein würde und viel physischen Raum auf den Boards erfordern würde. Im Allgemeinen haben Speicherentwickler die Wahl zwischen Static Random Access Memory (SRAM) und Dynamic Random Access Memory (DRAM).

---

[1] Moores Gesetz bezeichnet die Annahme, dass sich die Anzahl der Transistoren auf integrierten Schaltkreisen alle 18–24 Monate verdoppelt. Diese Annahme trifft heute immer noch zu.

SRAM-Zellen sind in der Regel aus sechs Transistoren aufgebaut (Varianten mit nur vier Transistoren existieren, haben aber Nachteile [MSMH08]) und können einen stabilen Zustand nur so lange speichern, wie sie mit Strom versorgt werden.

Im Gegensatz dazu können DRAM-Zellen mit einer viel einfacheren Struktur gebaut werden, die nur aus einem Transistor und einem Kondensator besteht. Der Zustand der Speicherzelle wird im Kondensator gehalten, während der Transistor nur dazu verwendet wird, den Zugang zum Kondensator zu überwachen. Dieses Design ist im Vergleich zu SRAM kostengünstiger. Allerdings bringt es Nachteile mit sich. Der Kondensator entlädt sich im Laufe der Zeit sowie beim Lesen des Zustands der Speicherzelle. Daher aktualisieren heutige Systeme DRAM-Chips alle 64 ms [CJDM01] und nach jedem Lesevorgang der Zelle, um die Spannung des Kondensators aufrecht zu erhalten. Während dieser Aktualisierung ist kein Zugriff auf den Zustand der Zelle möglich. Das Laden und Entladen des Kondensators benötigt Zeit. Dadurch kann die Spannung und damit der Zustand nicht sofort nach der Anforderung des gespeicherten Wertes ausgelesen werden, was wiederum die Geschwindigkeit der DRAM-Zellen begrenzt.

Auf den Punkt gebracht: SRAM ist schnell, erfordert aber viel Platz, während DRAM-Chips langsamer sind, aber aufgrund ihrer einfacheren Struktur größere Chips erlauben.

Für weitere Details hinsichtlich der zwei Arten von RAM und ihrer physikalischen Realisierung sei der interessierte Leser auf [Dre07] verwiesen.

4.2 Speicherhierarchie

Das als *Datenlokalität* [HP03] bekannte Prinzip stellt eine Grundannahme der Speicherhierarchie moderner Computer-Systeme dar [HP03]. Von temporaler Datenlokalität spricht man, wenn die Daten, auf die zugegriffen wird, wahrscheinlich bald wieder abgerufen werden. Räumliche Datenlokalität hingegen bedeutet, dass auf die Daten, die nah zusammen im Speicher liegen, wahrscheinlich gemeinsam zugegriffen wird. Diese Prinzipien nutzt man bei der Verwendung von Caches, die das Beste aus beiden Welten kombinieren: die Nutzung des schnellen Zugriffs auf SRAM-Chips und die durch DRAM-Chips realisierbare Größe. Abbildung 4.1 zeigt eine Speicherhierarchie am Beispiel der Intel Nehalem-Architektur. Kleine und schnelle Caches nahe der CPUs, aufgebaut aus SRAM-Zellen, speichern Zugriffe auf den langsameren Hauptspeicher zwischen, der aus DRAM-Zellen aufgebaut ist. Daher besteht die Hierarchie aus verschiedenen Ebenen mit zunehmenden Speichergrößen, aber abnehmender Geschwindigkeit. Jeder CPU-Kern verfügt über einen eigenen L1- und L2-Cache und einen großen L3-Cache, den sich die Kerne auf einem Sockel teilen. Zusätzlich haben die Kerne auf einem Sockel durch einen integrierten Speicher-Controller (IMC) direkten Zugang zu ihrem lokalen Teil des Hauptspeichers. Beim Zugriff auf andere Bereiche als ihren lokalen Speicher wird der Zugriff über einen Quick Path Interconnect (QPI)-Controller ausgeführt, der den Zugriff auf den entfernten Speicher koordiniert.

Die erste Ebene der Speicherhierarchie stellt die eigentlichen Register innerhalb der CPU dar, die die Ein- und Ausgaben der verarbeiteten Befehle speichern. Prozessoren haben in der Regel nur eine kleine Menge von Integer- und Fließkomma-Registern, auf die extrem schnell zugegriffen werden kann. Damit die CPU mit Daten aus dem Hauptspeicher arbeiten kann, müssen diese zuerst in die genannten CPU-Register geladen werden. Bei jedem Zugriff werden die benötigten Daten zunächst im L1-Cache gesucht, danach im L2-Cache und

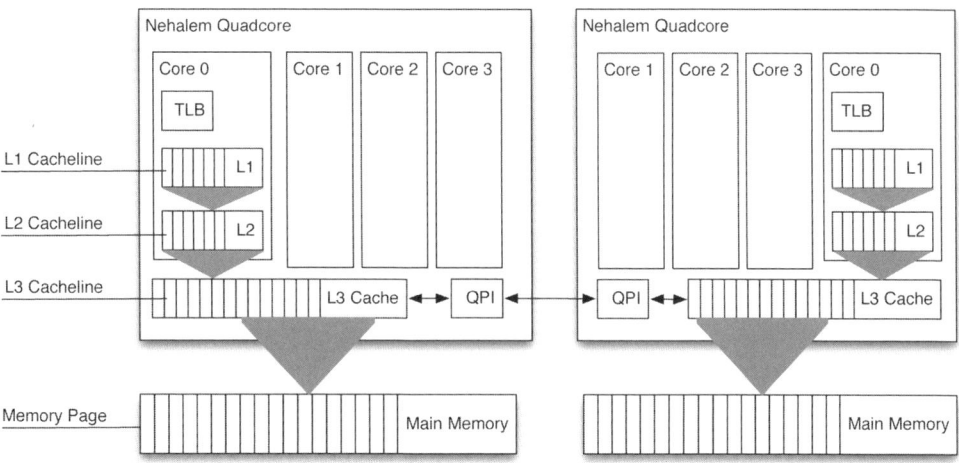

Abb. 4.1 Speicherhierarchie der Intel Nehalem-Architektur

schließlich im L3-Cache. Erst wenn in der gesamten Cache-Hierarchie die benötigten Daten nicht gefunden wurden, werden diese aus dem Hauptspeicher in die Cache-Hierarchie geladen.

4.3 Cache im Detail

Caches sind in *Cache-Lines* organisiert, welche die kleinste adressierbare Einheit im Cache darstellen. Wenn der angeforderte Inhalt in keinem Cache gefunden werden kann, wird er aus dem Hauptspeicher geladen und in der Hierarchie in Richtung der CPU-nahen Caches übertragen. Die kleinste übertragbare Einheit zwischen jeder Ebene ist eine Cache-Line. Caches, bei denen jede Cache-Line sowohl in Level i als auch in Level $i + 1$ vorhanden ist, werden *inklusive Caches* genannt, anderenfalls wird der Cache als *exklusiver Cache* bezeichnet. Alle Intel-Prozessoren arbeiten nach dem inklusiven Cache-Modell. Dieses inklusive Cache-Modell wird für den Rest dieser Ausführungen zugrunde gelegt.

Wenn eine Cache-Line aus dem Cache angefordert wird, ist es von entscheidender Bedeutung, festzustellen, ob die angeforderte Cache-Line sich bereits im Cache befindet und wo sie zwischengespeichert wurde. Theoretisch ist es möglich, vollständig assoziative Caches zu implementieren, bei denen jede Cache-Line jeden Speicherplatz zwischenspeichern kann. In der Praxis ist dies jedoch nur für sehr kleine Caches realisierbar, weil eine Suche über den gesamten Cache notwendig ist, um eine Cache-Line zu finden.

Um den Suchraum zu reduzieren, unterteilt das Konzept des *n-way set associative Cache* mit Assoziativität A_i einen Cache mit C_i Bytes in $C_i/B_i/A_i$ Sätze und schränkt die Anzahl der Cache-Lines, die eine Kopie einer bestimmten Speicheradresse vorhalten können, auf einen Satz oder A_i Cache-Lines ein. Somit muss nur eine Reihe mit A_i Cache-Lines durchsucht werden, wenn bestimmt werden soll, ob eine Cache-Line bereits im Cache vorhanden ist.

Eine gesuchte Adresse aus dem Hauptspeicher wird, wie in Abb. 4.2 gezeigt, in drei Teile unterteilt, um zu ermitteln, ob die Adresse bereits zwischengespeichert ist. Der erste Teil ist

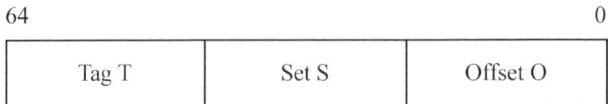

Abb. 4.2 Bestandteile einer Speicheradresse

der Offset O, dessen Größe durch die Cache-Line-Größe des Cache bestimmt wird. Somit würden bei einer Cache-Line-Größe von 64 Bytes die niedrigeren 6 Bits der Adresse als Offset in der Cache-Line genutzt werden. Der zweite Teil ermittelt den Cache-Satz. Die Anzahl s der Bits, die verwendet werden, um den Cache-Satz zu identifizieren, wird von der Cache-Größe C_i, der Cache-Line-Größe B_i und der Assoziativität A_i des Cache durch die Beziehung $s = \log_2(C_i/B_i/A)$ bestimmt. Die restlichen $64 - o - s$ Bits der Adresse werden als Tag genutzt, um die zwischengespeicherte Kopie zu identifizieren. Deshalb kann der Prozessor bei Anforderung einer Adresse aus dem Hauptspeicher S durch Maskieren der Adresse berechnen und dann in dem jeweiligen Cache-Satz nach dem Tag T suchen. Dies kann leicht durchgeführt werden, indem die Tags der A_i Cache-Lines im Satz parallel verglichen werden.

4.4 Addressübersetzung

Das Betriebssystem stellt jedem Prozess einen dedizierten kontinuierlichen Adressraum bereit. Dies hat mehrere Vorteile, da der Prozess den Speicher über virtuelle Adressen ansprechen kann und sich nicht um die physische Fragmentierung bemühen muss. Zusätzlich können Speicherschutzmechanismen den Zugriff auf den Speicher kontrollieren, indem sie Programmen den Zugriff auf Speicher untersagen, der nicht von ihnen allokiert wurde. Ein weiterer Vorteil virtuellen Speichers liegt in der Nutzung von *Paging*. Paging ermöglicht es einem Prozess, mehr Speicher zu nutzen als physisch verfügbar ist. Dabei werden einzelne *Seiten (engl. pages)* bei Bedarf von einem sekundären Speicher in den Hauptspeicher geladen bzw. bei Auslastung des Hauptspeichers vom Hauptspeicher auf den Sekundärspeicher ausgelagert.

Der kontinuierliche virtuelle Adressraum eines Prozesses ist in Seiten der Größe p unterteilt, die bei den meisten Betriebssystemen 4 KB beträgt. Diese virtuellen Seiten werden auf den physikalischen Speicher umgesetzt. Die Umsetzung selbst wird in einer sogenannten *Seitentabelle* gespeichert, die im Hauptspeicher selbst vorgehalten wird. Wenn der Prozess auf eine virtuelle Speicheradresse zugreift, wird die Adresse mit Hilfe der Memory Management Unit (MMU), die sich innerhalb des Prozessors befindet, durch das Betriebssystem in eine physische Adresse übersetzt.

Wir wollen hier nicht weiter auf die Details der Übersetzung und der Paging-Mechanismen eingehen. Jedoch wollen wir erwähnen, dass die Addressübersetzung in der Regel durch eine mehrstufige Seitentabelle vorgenommen wird. Bei Benutzung dieser mehrstufigen Seitentabelle wird die virtuelle Adresse in mehrere Teile gespalten, die als Index in den Seitenverzeichnissen genutzt werden, sodass sich eine physische Adresse und ein jeweiliger Offset ergeben. Da die Seitentabelle im Hauptspeicher vorgehalten wird, werden prinzipiell bei jeder Übersetzung einer virtuellen Adresse in eine physische Adresse zusätzliche Hauptspeicherzugriffe oder Cache-Zugriffe benötigt, sofern die Seitentabelle zwischengespeichert ist.

Um den Übersetzungsprozess zu beschleunigen, sind die berechneten Werte im sogenannten *Translation Lookaside Buffer (TLB)* zwischengespeichert, der ein kleiner und besonders schneller Cache ist. Beim Zugriff auf eine virtuelle Adresse wird zunächst der jeweilige *Tag* für die Speicherseite durch Maskierung der virtuellen Adresse berechnet. Anschließend wird der TLB nach diesem Tag durchsucht. Falls der Tag gefunden wird, kann die physische Adresse direkt aus dem Cache abgerufen werden. Andernfalls tritt ein TLB-Miss auf, und die physische Adresse muss gesondert berechnet werden, was im Allgemeinen relativ teuer ist. Die Kosten der Adressenübersetzung korrelieren linear mit der Breite der übersetzten Adresse [HP03, CJDM99]. Daher ist es schwierig oder unmöglich, große Speicher mit sehr kleinen Latenzen herzustellen. Details zum gesamten Prozess der Addressübersetzung, zu TLBs und den Paging-Struktur-Caches für Intel 64- und IA-32-Architekturen finden sich in [Int08].

4.5 Prefetching

Moderne Prozessoren versuchen vorherzusagen, auf welche Daten als nächstes zugegriffen wird, und initiieren den Ladeprozess bereits bevor auf die Daten zugegriffen wird, um die anfallenden Zugriffslatenzen zu reduzieren. Optimales Prefetching kann die Latenzen komplett ausblenden, sodass die Daten in dem Moment, in dem auf sie zugegriffen wird, bereits im Cache sind. Wenn jedoch Daten geladen werden, auf die später nicht zugegriffen wird, kann Prefetching auch Daten aus den Caches verdrängen und damit zusätzliche Cache-Misses hervorrufen. Daten, auf die später tatsächlich zugegriffen wird, müssen als Konsequenz neu aus dem Hauptspeicher geladen werden.

Moderne Prozessoren unterstützen sowohl Software- als auch Hardware-Prefetching. Software-Prefetching gibt dem Prozessor auf Basis der Programmstruktur weitere Hinweise, auf welche Adressen wahrscheinlich als nächstes zugegriffen wird. Durch Verwendung verschiedener Prefetching-Strategien erkennt Hardware-Prefetching bestimmte Zugriffsmuster automatisch. Die Intel Nehalem-Architektur enthält zwei Second Level Cache-Prefetcher – den L2-Streamer und die Data Prefetch Logic (DPL) [Int11]. Die Prefetch-Mechanismen funktionieren nur innerhalb der Seitengrenzen von 4 KB, um die Auslösung teurer TLB-Misses zu vermeiden.

4.6 Speicherhierarchie und Latenzzeiten

Die Speicherhierarchie kann man sich als eine Pyramide aus Speichermedien vorstellen. Generell gilt, je langsamer ein Medium ist, desto kostengünstiger ist es. Dies bedeutet auch, dass die Menge an Speicher zu den unteren Ebenen hin ansteigt, weil er erschwinglicher ist. Die Hierarchieebenen heutiger Hardware sind in Abb. 4.3. dargestellt.

Auf der untersten Ebene befindet sich die Festplatte. Sie ist preiswert, bietet große Mengen an Speicherplatz und hat Magnetbänder als langsamstes notwendiges Speichermedium ersetzt. Das nächsthöhere Medium in der Speicherhierarchie ist Flash. Auf Flash-Speicher basierende Medien sind schneller als eine Festplatte, werden aber aus Software-Sicht wegen ihrer Persistenz und ihrer Anwendungsmerkmale immer noch als Festplatten angesehen. Dies bedeutet, dass dieselben blockorientierten Eingabe- und Ausgabemethoden, die vor mehr als 20 Jahren für Festplatten entwickelt wurden, weiterhin für Flash-Speichermedien

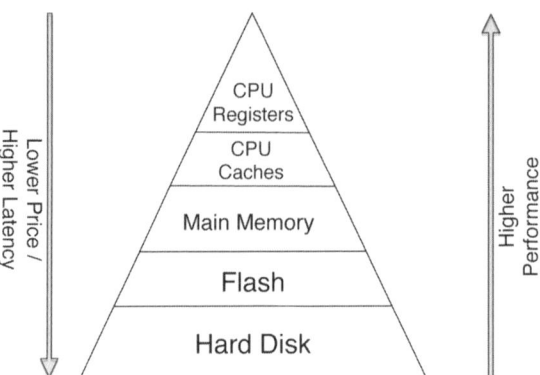

Fig. 4.3 Konzeptionelle Ansicht der Speicherhierarchie

zum Einsatz kommen. Um die Geschwindigkeit von Flash-basierten Speichern in vollem Umfang nutzen zu können, müssen die Schnittstellen und Treiber entsprechend angepasst werden.

Der direkt zugängliche Hauptspeicher befindet sich in der Speicherhierarchie oberhalb der Flash-Speichermedien. Die nächsten Ebenen werden durch die CPU-Caches – L3, L2, L1 – gebildet, die unterschiedliche Merkmale aufweisen. Schließlich bilden die CPU-Register die obersten Ebenen der Speicherhierarchie, wo beispielsweise Berechnungen vorgenommen werden.

Beim Zugriff auf Daten einer Festplatte liegen in der Regel vier Schichten zwischen der aufgerufenen Festplatte und den Registern der CPU. Letztlich findet jede Operation im Inneren der CPU statt, die Daten müssen daher in den Registern vorliegen.

Tabelle 4.1 zeigt einige Latenzzeiten, die im Zusammenhang mit der Speicherhierarchie von Bedeutung sind. Als Latenz wird die Zeit bezeichnet, die ein System benötigt, um Daten

Tabelle 4.1 Latenzzeiten

Aktion	Benötigte Zeit in Nanosekunden (ns)
L1 Cache Reference (Cached Data Word)	0,5
Branch Mispredict	5
L2 Cache Reference	7
Mutex lock / unlock	25
Hauptspeicher-Referenz	100
Transfer von 2.000 Byte über 1 Gb/s Netzwerk	20.000
Zufallbasiertes Auslesen von SSD	150.000
Sequentielles Auslesen von 1 MB aus dem Arbeitsspeicher	250.000
Suche auf Festplatte	10.000.000
Transfer eines Datenpakets von Kalifornien in die Niederlande und zurück	150.000.000

von einem Speichermedium abzurufen und in die CPU-Register zu übertragen. Die Latenzzeit des L1-Cache beträgt 0,5 ns. Im Gegensatz dazu benötigt der Zugriff auf eine Hauptspeicher-Referenz 100 ns und ein Festplattenzugriff 10 ms.

Letztlich besagt der Begriff „In-Memory-Computing" wörtlich eigentlich nichts außergewöhnliches, da alle Berechnungen der CPU wie beschrieben nur auf Basis der Register möglich sind und jegliches „Computing"-Prinzip bedingt „In-Memory" stattfindet. In Zusammenhang dieses Kurses wird der Begriff „In-Memory-Computing" jedoch für die Architekturentscheidung verwendet, die Datenhaltung primär im Hauptspeicher anzusiedeln, um bessere Latenzzeiten zu garantieren.

Wenn wir von einer Bandbreite-beschränkten Anwendung ausgehen, wird die Leistungsfähigkeit dadurch bestimmt, wie schnell die Daten durch die Hierarchie hindurch zur CPU übertragen werden können. In diesem Fall kann die Laufzeit eines Algorithmus' grob über die zu transferierende Datenmenge abgeschätzt werden. Ein Vergleich, wie z. B. die Filterung nach einem Attribut, ist eine sehr einfache Operation, die eine CPU ausführen kann. Nehmen wir eine Rechengeschwindigkeit von 2 MB pro Millisekunde für diesen Vorgang an, wenn ein Kern zum Einsatz kommt. Diese Zahl skaliert mit der Anzahl der Kerne, sodass bei zehn Kernen 20 GB pro Sekunde gescannt werden können. Wenn zehn Knoten mit zehn Kernen zur Verfügung stehen, summiert sich die Scangeschwindigkeit bereits auf 200 GB pro Sekunde.

Betrachten wir ein großes Multi-Node-System, das über zehn Knoten mit 40 CPUs pro Knoten verfügt, und bei dem die Daten über die Knoten hinweg verteilt werden. Für dieses System dürfte es schwierig sein, einen Algorithmus zu schreiben, der mehr als 1 s benötigt. Die bereits erwähnten 200 GB seien hoch komprimierte Daten. Somit ist die Menge an rein zeichenbasierten Daten weitaus größer. Um es auf den Punkt zu bringen: Die Zahl, die man sich merken sollte, lautet 2 MB pro Millisekunde pro Kern. Wenn ein Algorithmus ein völlig anderes Laufzeitverhalten aufweist, lohnt es sich, die Ausführung der Operationen genauer zu untersuchen. Es könnte sich zum Beispiel um ein SQL-bezogenes Problem handeln, wie einen komplexen Join mit großen Zwischenergebnissen oder bei imperativer Logik um eine verschachtelte Schleife.

4.7 Non-Uniform Memory Access

Mit der Entwicklung moderner Computer-Systeme, die von Mehrkern-Systemen (Multi-Core, 2-8 Kerne) in Richtung zu Vielkern-Systemen (Many-Core, >8 Kerne) geht, und der weiter ansteigenden Größe des Hauptspeichers entwickelte sich der sog. *„Uniform Memory Access (UMA)"* zu einem Engpass. Es stellt das Hardware-Design beim Versuch, alle Kerne und Speicher zu verbinden, vor große Herausforderungen.

Non-Uniform Memory Access (NUMA) Architekturen versuchen, diese Probleme zu lösen, indem sie lokale Speicherplätze einführen, auf die lokale Prozessoren kostengünstig zugreifen können. Abbildung 4.4 zeigt einen Überblick über ein UMA- und ein NUMA-System. In einem UMA-System hat jeder Prozessor die gleichen Geschwindigkeiten beim Zugriff auf beliebige Speicheradressen, weil auf jeglichen Speicher über eine zentrale Schnittstelle zugegriffen wird, wie in Abb. 4.4a gezeigt. Im Gegensatz dazu steht in NUMA-Systemen jedem Prozessor sein primär verwendeter lokaler Speicher wie auch ein Remote-Speicher, der von den anderen Prozessoren bereitgestellt gestellt wird, zur Verfügung. Dieser Aufbau ist in Abb. 4.4b dargestellt. Die, aus Sicht des Prozessors, unterschiedlichen Arten von Speicher

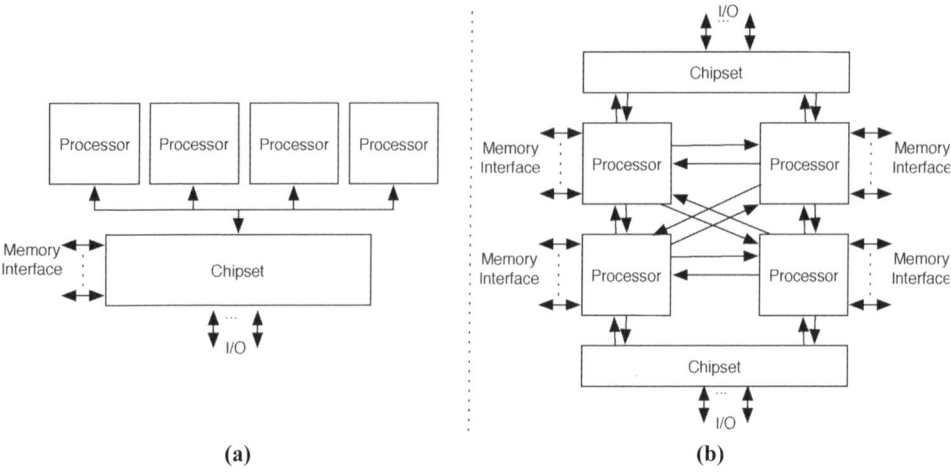

(a)   **(b)**

Abb. 4.4 (a) Geteilter FSB, **(b)** Intel QuickPath Interconnect [Int09]

führen zu unterschiedlichen Speicherzugriffszeiten zwischen lokalem (benachbarten Slots) und entferntem Speicher, der anderen Prozessoreinheiten benachbart ist.

Darüber hinaus kann man die Systeme in Cache-kohärente NUMA (ccNUMA)- und nicht-Cache-kohärente NUMA-Systeme unterteilen. ccNUMA-Systeme bieten jedem CPU-Cache die gleiche Sicht auf den kompletten Speicher und sorgen durch ein in Hardware implementiertes Protokoll für Kohärenz. Nicht-Cache-kohärente NUMA-Systeme benötigen zusätzliche Software-Schichten, um Speicherkonflikte entsprechend zu behandeln. Obwohl nicht-ccNUMA-Hardware einfacher und günstiger herzustellen ist, bietet die heutige Standard-Hardware überwiegend ccNUMA an, da nicht-ccNUMA-Hardware schwieriger zu programmieren ist.

Um alle Potenziale von NUMA auszuschöpfen, müssen Anwendungen die unterschiedlichen Speicherlatenzen berücksichtigen und sollten in erster Linie Daten von lokal angeschlossenen Speichern eines Prozessors laden. Speicherintensive Anwendungen erleiden eine Verminderung von bis zu 25 % ihrer maximalen Leistung, wenn auf entfernten Speicher anstatt auf lokalen Speicher zugegriffen wird.

Durch die Einführung von NUMA kann der zentrale Engpass des *Front-Side-Busses (FSB)* vermieden und die Speicherbandbreite erhöht werden.

Benchmark-Ergebnisse haben gezeigt, dass auf einem Intel XEON 7560 (Nehalem EX)-System mit vier Prozessoren [Fuj10] ein Durchsatz von mehr als 72 GB pro Sekunde möglich ist.

4.8 Skalieren von Hauptspeicher-Systemen

Ein Beispielsystem, das aus mehreren Knoten besteht, ist in Abb. 4.5 dargestellt.

Ein Knoten besteht aus acht CPUs mit jeweils acht Kernen. Folglich besteht jeder der vier Knoten Knoten aus 64 Kernen. Jeder der Knoten verfügt zusätzlich über ein Terabyte RAM und ausreichend SSDs, um Persistenz sicherzustellen.

Alle Komponenten unterhalb des DRAMs dienen der Protokollierung, Archivierung und notfallmäßiger Datenwiederherstellung. Das bedeutet, diese Komponenten werden lediglich zum erneuten Laden der Daten benötigt, falls die Stromversorgung aus unbekannten Gründen versagt.

Die Verbindungsgeschwindigkeit der Netzwerke, über das die Knoten verbunden sind, erhöht sich ständig. Das Beispiel in Abb. 4.5 zeigt ein 10-Gb/s-Ethernet-Netzwerk, welches die vier Knoten verbindet. Computer mit 40 Gb/s InfiniBand sind bereits auf dem Markt erhältlich. Switch-Hersteller kündigen bereits 100 Gb/s-Switches an, die zusätzlich über Logik verfügen, mit der sog. intelligentes Switching möglich ist. Dies ist eine weitere Stelle, an der eine Optimierung möglich ist – auf einer niedrigen Ebene und sehr effektiv für Anwendungen. Diese Stelle kann insbesondere genutzt werden, um Join-Operationen zu beschleunigen, bei denen Berechnungen oft über mehrere Knoten hinweggehen.

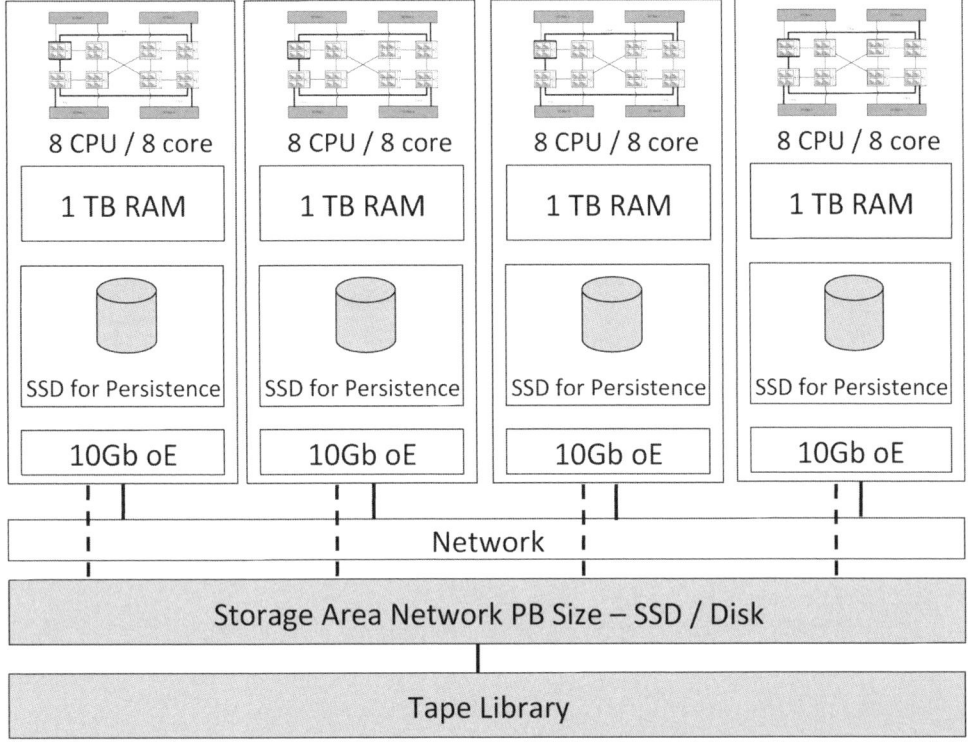

Abb. 4.5 Ein System aus mehreren Blades

4.9 Remote Direct Memory Access (RDMA)

Shared Memory, also ein gemeinsam genutzter Speicher, ist eine weitere interessante Möglichkeit, direkt auf den Speicher zwischen mehreren Knoten zuzugreifen. Die Knoten sind mit dem Netzwerk über InfiniBand verbunden und bilden einen gemeinsamen Speicherbereich. Die Hauptidee besteht darin, automatisch auf Daten zuzugreifen, die auf einem anderen Knoten gespeichert sind, ohne explizit diese Daten zu versenden. Im Gegenzug gibt es einen direkten Zugriff auf der anderen Seite, ohne dass die Daten versendet und verarbeitet werden müssen. Forschungen hierzu wurden an der Stanford University in Zusammenarbeit mit dem HPI durchgeführt, wobei ein RAM-Cluster zum Einsatz kam. Dieser Ansatz ist sehr vielversprechend, da er im Grunde aus Sicht einer Anwendung einen direkten Zugriff zu einer scheinbar unbegrenzten Menge an Speicher bieten könnte.

4.10 Selbsttest-Fragen

1. Geschwindigkeit pro Kern
Wie hoch ist die Geschwindigkeit eines einzelnen Kerns bei der Verarbeitung einer einfachen Scan-Operation (unter optimalen Bedingungen)?

(a) 2 GB/ms/Kern
(b) 2 MB/ms/Kern
(c) 2 MB/s/Kern
(d) 200 MB/s/Kern

2. Latenzzeiten von Festplatten und Hauptspeicher
Welche Aussage über Latenzzeiten ist falsch?

(a) Die Latenzzeit des Hauptspeichers beträgt etwa 100 ns.
(b) Ein Suchvorgang auf einer Festplatte dauert durchschnittlich 0,5 ms.
(c) Ein Zugriff auf den Hauptspeicher ist etwa 100.000-mal schneller als ein Suchvorgang auf einer Festplatte.
(d) 10 ms ist eine gute Schätzung für einen Suchvorgang auf einer Festplatte.

Literaturhinweise

[CJDM99] V. Cuppu, B. Jacob, B. Davis, T. Mudge, A performance comparison of contemporary DRAM architectures, in Proceedings of the 26th Annual International Symposium on Computer Architecture (1999).

[CJDM01] V. Cuppu, B. Jacob, B. Davis, T. Mudge, High-performance DRAMs in workstation environments. IEEE Trans. Comput. 50(11), 1133–1153 (2001).

[Dre07] U. Drepper, What every programmer should know about memory. http://people.redhat.com/drepper/cpumemory.pdf (2007).

[Fuj10] Fujitsu, Speicher-performance Xeon 7500 (Nehalem EX) basierter Systeme (2010) [HP03] J. Hennessy, D. Patterson, Computer Architecture: A Quantitative Approach (Morgan Kaufmann, San Francisco, 2003).

[Int08] Intel Inc. TLBs, Paging-structure caches, and their invalidation (2008) [Int09] Intel, An introduction to the Intel QuickPath Interconnect (2009).

[Int11] Intel Inc., Intel 64 and IA-32 architectures optimization reference manual (2011) [Moo65] G. Moore, Cramming more components onto integrated circuits. Electronics 38, 114 ff. (1965).

[MSMH08] A.A. Mazreah, M.R. Sahebi, M.T. Manzuri, S.J. Hosseini, A novel zero-aware four- transistor SRAM cell for high density and low power cache application, in International Conference on Advanced Computer Theory and Engineering, ICACTE '08, S. 571–575 (2008).

[SKP12] D. Schwalb, J. Krueger, H. Plattner, Cache conscious column organization in in- memory column stores. Technical Report 60, Hasso-Plattner-Institute, December 2012.

Kapitel 5
SanssouciDB – Ein Entwurf für eine In-Memory-Datenbank

SanssouciDB ist ein Entwurf eines Datenbanksystems, das sowohl analytische als auch transaktionale Datenverarbeitung auf derselben Datenbasis ermöglicht. Die Konzepte von SanssouciDB bauen auf Prototypen, die am HPI entwickelt wurden, und einem bestehenden SAP-Datenbank-System auf. SanssouciDB ist eine SQL-Datenbank und enthält die typischen Datenbankkomponenten, wie beispielsweise einen Query Builder, einen Plan Executer, Metadaten und einen Transaktions-Manager.

5.1 Datenspeicherung im Hauptspeicher

Im Gegensatz zu den meisten anderen Datenbanken werden Daten in SanssouciDB permanent im Hauptspeicher vorgehalten. Für die primäre Persistenz von Daten kommt zwar ausschließlich Hauptspeicher zum Einsatz, trotzdem sind noch Festplatten für nichtflüchtige Datenspeicherung notwendig. Alle Operationen, wie z. B. Find, Join oder Aggregation, können davon ausgehen, dass sich die Daten im Hauptspeicher befinden. Dadurch können Operationen, frei von jeglichen Problemen, die bei der Optimierung für den Festplattenzugriff entstehen könnten, programmiert werden. Wird der Hauptspeicher als primäre Persistenz genutzt, führt dies zu einer anderen Datenorganisation, die nur dann optimal funktioniert, wenn die Daten immer im Speicher verfügbar sind.

5.2 Spaltenorientierung

Ein weiteres Konzept, das in SanssouciDB zum Einsatz kommt, wurde bereits vor mehr als zwei Jahrzehnten erfunden: die spaltenweise Datenspeicherung [CK85]. Bei der Spaltenorientierung werden komplette Spalten in aufeinanderfolgenden Blöcken gespeichert. Dies unterscheidet sie von der zeilenorientierten Speicherung, bei der komplette Tupel (Zeilen) in aufeinanderfolgenden Blöcken gespeichert werden. Spaltenorientierte Speicherung ist im Gegensatz zu zeilenorientierter Speicherung gut geeignet, um aufeinanderfolgende Einträge aus einer einzigen Spalte zu lesen. Dies kann für Aggregationen und Spalten-Scans von großem Nutzen sein. Weitere Details zur Spaltenorientierung und die Unterschiede zur Zeilenorientierung finden sich in Kapitel 8. Um die Menge der Daten, die zwischen Speicher und Prozessor übertragen werden müssen, zu minimieren, verwendet SanssouciDB verschiedene Techniken zur Datenkompression, die in Kapitel 7 beschrieben werden.

5.3 Auswirkungen der Spaltenorientierung

Die spaltenorientierte Speicherung ist bei Datenbanksystemen, die speziell für OLAP-Ab-fragen optimiert wurden, inzwischen weit verbreitet, da der Vorteil der spaltenorientierten Speicherung im Fall von quasi-sequentiellem Lesen bzw. Scannen einzelner Attribute oder der Verarbeitung einer Menge von aggregierten Attributen offensichtlich ist. Wenn nicht alle Felder einer Tabelle abgefragt werden, kann auch bei transaktionaler Verarbeitung Spalten-orientierung ohne größere Nachteile genutzt werden. Eine Analyse von Unternehmensanwen-dungen zeigte, dass es gegenwärtig keine Anwendung gibt, die alle Felder eines gegebenen Tupels verwendet. Zum Beispiel sind für eine Mahnung nur 17 von 300 Attributen aus einer Tabelle notwendig. Wenn nur die 17 benötigten Attribute anstelle der vollständigen Darstel-lung des Tupels mit seinen 300 Attributen abgefragt werden, ergibt sich durch das geringere Datenvolumen umgehend ein Performancevorteil um den Faktor 8 bis 20. Seitdem bei Hauptspeicherdatenbanken nicht mehr Festplatten der Engpass sind, der Zugriff auf den Hauptspeicher aber berücksichtigt werden muss, ist es besonders wichtig, mit einer minima-len Menge an Daten zu arbeiten. Bisher hatten Anwendungsprogrammierer eine große Vorlie-be für „SELECT *"-Statements. Bei zeilenorientierter Speicherung ist der Laufzeitunter-schied zwischen der Auswahl bestimmter Felder oder der Auswahl aller Felder meistens vernachlässigbar. Falls Änderungen an einer Anwendung mehr Felder benötigen, sind die Daten auf Anwendungsseite bereits vorhanden (was jedoch auch nur ein schwaches Argument für die Verwendung von SELECT * und das Abrufen unnötiger Daten ist). Bei Nutzung von Spaltenorientierung wirken sich jedoch die negativen Einflüsse bei der Verwendung von „SELECT *"-Statements bei hoher Tabellenbreite bedeutend stärker aus. Vor allem, wenn die Tabellen während des produktiven Einsatzes in der Breite wachsen, können die tatsächlichen Laufzeiten der Anwendungen beim Programmieren nicht vorausgesehen werden.

Im Folgenden wird ein spaltenorientierter Speicher auch „*Column Store*" genannt. Durch die Verwendung eines Column Stores kann die Anzahl an Indizes deutlich reduziert werden. Bei einem Column Store kann jedes Attribut als Index verwendet werden. Da alle Daten im Hauptspeicher verfügbar sind, und die Daten einer Spalte aufeinanderfolgend gespeichert sind, ist die Scan-Geschwindigkeit hoch genug, sodass in den meisten Fällen ein vollständi-ger sequentieller Scan eines Attributs ausreicht. Wenn dies nicht schnell genug ist, können zusätzlich spezielle Indizes für einen weiteren Geschwindigkeitsgewinn verwendet werden.

Weil die Datenspeicherung in Spalten anstelle von Zeilen für Workloads mit Schreibzu-griff komplizierter und aufwendiger ist, wurde das Konzept des „*Differential Buffers*" einge-führt. Neue Einträge werden zuerst in einer Zwischenstruktur, dem Differential Buffer, ab-gelegt.

Im Gegensatz zum endgültigen Ablageort, dem „*Main Store*" ist der Differential Buffer für Einfügeoperationen optimiert. Abhängig von Schwellenwerten, wie z. B. der Häufigkeit von Änderungen und neuen Einträgen, werden die Daten nach einer gewissen Zeit aus dem Differential Buffer in den Main Store überführt. In den späteren Kapiteln 25 und 27 finden sich weiterführende Informationen zum Differential Buffer und zum genauen Überführen der Daten mithilfe des sogenannten „*Merge*"-Prozesses.

5.4 Aktive und passive Daten

In SanssouciDB werden Daten in aktive (Daten von Geschäftsprozessen, die noch nicht abgeschlossen sind) und passive Daten (Daten von Geschäftsprozessen, die vollständig abgeschlossen sind und nicht mehr geändert werden) aufgeteilt. Aktive Daten werden im Hauptspeicher abgelegt. Passive Daten können auf langsamere Speichermedien wie z. B. Flash verschoben werden, da auf sie weniger häufig zugegriffen wird. Die Trennung der passiven von den aktiven Daten verringert die Menge an Hauptspeicher, die benötigt wird, um den gesamten Datensatz eines Unternehmens zu speichern.

Immer wenn neue Daten in die Datenbank geschrieben oder bestehende Daten geändert werden, ist eine Protokollierung im nichtflüchtigen Speicher notwendig. Während des Merge-Prozesses vom Differential Buffer in den Main Store werden Schnappschüsse gemacht und diese ebenfalls im nichtflüchtigen Speicher abgelegt. Logs und Schnappschüsse sind notwendig, um die Datenbank im Fehlerfall wiederherzustellen.

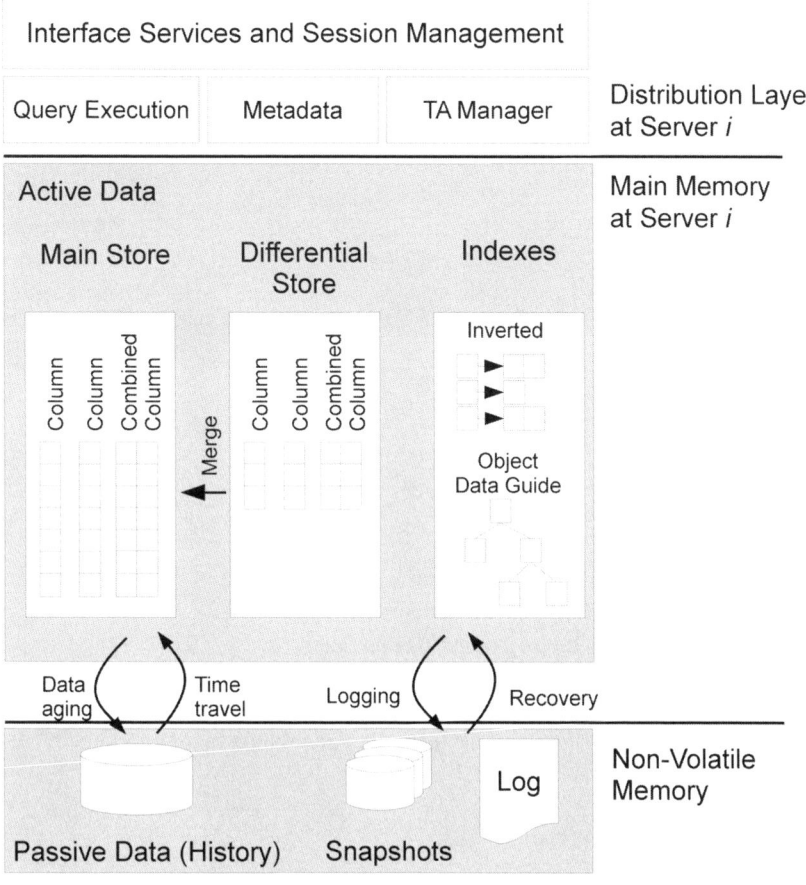

Abb. 5.1 Architekturschema der SanssouciDB

Der größte Vorteil liegt darin, dass der Zugriff auf den Hauptspeicher von zeitdeterministischen Prozessen abhängig ist, wohingegen die Spurwechselzeiten von Festplatten von einer Mechanik abhängig sind. Durch diese Prozesse können Laufzeiten der In-Memory-Verarbeitung berechnet werden (was allerdings schwierig sein kann). Beobachtungen bei der Nutzung von In-Memory-Datenbanken zeigen, dass die Antwortzeiten gleichmäßig sind und nicht stark schwanken, wie es bei Festplatten aufgrund ihrer variierenden Suchvorgänge der Fall ist.

5.5 Überblick über die Architektur

Die in Abb. 5.1 dargestellte Architektur gibt einen Überblick über die Komponenten von SanssouciDB.

SanssouciDB ist in drei verschiedene logische Schichten aufgeteilt, die spezifische Aufgaben innerhalb des Datenbanksystems erfüllen.

Die „Distributionsschicht" übernimmt die Kommunikation mit den Anwendungen, erstellt Pläne zur Abfrageausführung (sog. Query Execution Plans), speichert Metadaten und enthält die Logik für die Datenbank-Transaktionen.

Die Daten im Main Store werden, abhängig vom Workload, entweder in einem zeilenorientierten, spaltenorientierten oder hybriden Daten-Layout gespeichert. Der nichtflüchtige Speicher wird sowohl für die Protokollierung und Wiederherstellung als auch für Datenalterung und Time Travel verwendet.

Alle genannten Konzepte werden in den folgenden Abschnitten detaillierter beschrieben.

5.6 Selbsttest-Fragen

1. Der nächste Flaschenhals
Was ist der nächste Flaschenhals, für den der Datenzugriff von SanssouciDB optimiert werden sollte?

(a) Festplatte
(b) ETL-Prozess
(c) Hauptspeicher
(d) CPU

2. Indizes
Können in SanssouciDB weiterhin Indizes verwendet werden?

(a) Nein, weil jede Spalte als Index genutzt werden kann.
(b) Ja, sie können immer noch verwendet werden, um die Leistung zu steigern.
(c) Ja, aber nur, weil die Daten komprimiert sind.
(d) Nein, sie sind in spaltenorientierten Datenbanken überhaupt nicht möglich.

Literaturhinweis

[CK85] G.P. Copeland, S.N. Khoshafian, A decomposition storage model. SIGMOD Rec. 14(4), 268–279 (1985).

Teil II
Grundlagen der Datenbankspeichertechniken

Kapitel 6
Wörterbuch-Codierung

Weil Speicher bzw. die Speicherbandbreite der neue Flaschenhals ist, muss der Zugriff auf Speicher und die Übertragung von Daten minimiert werden. Einerseits kann man dies durch Zugriff auf eine geringere Anzahl von Spalten erreichen, sodass nur die benötigten Attribute abgefragt werden. Andererseits kann man durch Verringerung der Anzahl von Bits, die für die Repräsentation der Daten verwendet werden, sowohl den Speicherverbrauch als auch die Übertragungszeiten reduzieren.

Wörterbuch-Codierung (engl. dictionary encoding) bildet die Grundlage für mehrere andere Kompressionstechniken (siehe Kapitel 7), die auf Basis der wörterbuch-codierten Spalten angewendet werden können. Der wesentliche Effekt der Wörterbuch-Codierung liegt darin, dass lange Werte, wie z. B. Texte, durch kurze, ganzzahlige Werte dargestellt werden.

Wörterbuch-Codierung ist eine relativ einfache Komprimierungstechnik. Dies bedeutet nicht nur, dass sie leicht zu verstehen ist, sondern auch einfach zu implementieren ist. Sie benötigt keine komplexen mehrstufige Verfahren, die den Zugewinn an Leistung begrenzen oder vermindern würden. Zunächst erklären wir den allgemeinen Algorithmus, wie die Originalwerte in ganze Zahlen übersetzt werden, und verwenden dazu das Beispiel aus Abb. 6.1.

Wörterbuch-Codierung arbeitet auf den einzelnen Spalten der Tabellen. Im Beispiel (Abb 6.1) wird jeder einmalige Wert in der Vornamen-Spalte „fname" durch einen einmaligen Integer-Wert ersetzt. Die Position eines Text-Wertes (z. B. Mary) im Wörterbuch stellt die den Text repräsentierende Zahl (hier „24" für Mary) dar. Bis jetzt haben wir noch keinen Speicherplatz eingespart. Doch sobald Werte mehr als einmal in einer Spalte auftreten, ergeben sich Vorteile. In unserem kleinen Beispiel kann man den Wert „John'" zweimal in der Spalte „fname" finden, nämlich auf den Positionen 39 und 42. Durch Wörterbuch-Codierung wird der lange Text-Wert (wir nehmen 49 Byte pro Eintrag in der Vornamen-Spalte an)

Column "fname"			**Dictionary for "fname"**			**Attribute Vector for "fname"**	
recID	fname		valueID	Value		position	valueID
…	…		…	…		…	…
39	John		23	John		39	23
40	Mary		24	Mary		40	24
41	Jane		25	Jane		41	25
42	John		26	Peter		42	23
43	Peter		…	…		43	26
…	…					…	…

Abb. 6.1 Beispiel für Wörterbuch-Codierung

durch den kurzen Integer-Wert repräsentiert (23-Bit sind notwendig, um alle von uns ange-
nommenen 5 Millionen verschiedenen Vornamen weltweit zu codieren). Je öfter identische
Werte erscheinen, desto größer ist der Nutzen. Wie wir in Abschnitt 3.6 festgestellt haben,
haben Unternehmensdaten eine geringe Entropie.

Für sie ist Wörterbuch-Codierung daher gut geeignet und erreicht eine gute Kompressionsrate. Am Beispiel der Vornamen- und Geschlechts-Spalten in unserem Weltbevölkerungsbeispiel werden wir die Auswirkungen nachfolgend noch einmal genauer erklären.

6.1 Kompressionsbeispiel

Gegeben sei die folgende Tabelle der Weltbevölkerung mit 8 Mrd. Zeilen und 200 Byte pro
Zeile:

Attribut	Anzahl einmaliger Werte	Größe
Vorname	5 Millionen	49 Byte
Nachname	8 Millionen	50 Byte
Geschlecht	2	1 Byte
Land	200	49 Byte
Stadt	1 Millionen	49 Byte
Geburtstag	40 000	2 Byte
Summe	–	200 Byte

Die komplette Datenmenge beträgt:

$$8 \text{ Mrd. } Zeilen \cdot 200 \text{ Byte } pro \text{ } Zeile = 1{,}6 \text{ TB}$$

Jede Spalte wird in einen Wörterbuch- und einen Attribut-Vektor aufgeteilt. Jedes Wörterbuch speichert alle einmaligen Werte zusammen mit ihren jeweiligen Positionen, die wir als
WertIDs bezeichnen. Die Position braucht hierbei nicht explizit gespeichert zu werden, da
die Reihenfolge der Einträge im Wörterbuch diese implizit bestimmt.

In einer Wörterbuch-codierten Spalte speichern die Attribut-Vektoren jetzt lediglich die
WertIDs, welche den WertIDs im Wörterbuch entsprechen. Die DatensatzID (Zeilennum-
mer) wird implizit über die Position eines Eintrags im Attribut-Vektor gespeichert. Zusammenfassend lässt sich sagen: Über Wörterbuch-Codierung können alle Informationen
als Integer-Werte anstelle von anderen, in der Regel größeren, Datentypen gespeichert
werden.

6.1.1 Beispiel für Wörterbuch-Codierung: Vornamen

Wie viele Bits sind nötig, um alle 5 Millionen einmaligen Werte der Vornamen-Spalte
„fname" darzustellen?

$$[\log_2(5.000.000)] = 23$$

Daher sind 23 Bits ausreichend, um alle einmaligen Werte für die gewünschte Spalte darzustellen. Anstatt

$$8 \text{ Mrd.} \cdot 49 \text{ Byte} = 392 \text{ Mrd. Byte} = 365,1 \text{ GB}$$

für die Vornamen-Spalte zu verwenden, kann der Attribut-Vektor selbst auf die Größe

$$8 \text{ Mrd.} \cdot 23 \text{ Bit} = 184 \text{ Mrd. Bit} = 23 \text{ Mrd. Byte} = 21,4 \text{ GB}$$

reduziert werden. Außerdem wird ein zusätzliches Wörterbuch eingeführt, welches

$$49 \text{ Byte} \cdot 5 \text{ Mio.} = 245 \text{ Mio. Byte} = 0,23 \text{ GB}$$

an Speicher benötigt. Der erreichte Kompressionsfaktor kann wie folgt berechnet werden:

$$\frac{\text{unkomprimierte Größe}}{\text{komprimierte Größe}} = \frac{365,1 \text{ GB}}{21,4 \text{ GB} + 0,23 \text{ GB}} \approx 17$$

Das bedeutet, wir reduzieren die Spaltengröße um den Faktor 17, und das Ergebnis belegt damit nur etwa 6 % der anfänglichen Menge an Hauptspeicher.

6.1.2 Beispiel für Wörterbuch-Codierung: Geschlecht

Sehen wir uns mit der Geschlechts-Spalte ein anderes Beispiel an. Hier gibt es nur zwei einmalige Werte. Für die Darstellung des Geschlechts ist für jeden Wert („m" oder „f") ohne Kompression 1 Byte notwendig.

Damit beträgt die Menge der Daten ohne Kompression:

$$8 \text{ Mrd.} \cdot 1 \text{ Byte} = 7,45 \text{ GB}$$

Wenn Kompression verwendet wird, reicht 1 Bit aus, um dieselbe Information darzustellen. Der Attribut-Vektor benötigt:

$$8 \text{ Mrd.} \cdot 1 \text{ Bit} = 8 \text{ Mrd. Bit} = 0,93 \text{ GB}$$

Das Wörterbuch benötigt zusätzlich:

$$2 \cdot 1 \text{ Byte} = 2 \text{ Byte}$$

Damit beträgt der Kompressions-Faktor:

$$\frac{\text{unkomprimierte Größe}}{\text{komprimierte Größe}} = \frac{7,45 \text{ GB}}{0,93 \text{ GB} + 2 \text{ Byte}} \approx 8$$

Die Kompressionsrate ist sowohl von der Größe des ursprünglichen Datentyps abhängig als auch von der Entropie der Spalte, die von zwei Kardinalitäten bestimmt wird:

- Spalten-Kardinalität, die als die Anzahl der einmaligen Werte in einer Spalte definiert ist, und
- Tabellen-Kardinalität, die die Gesamtzahl der Zeilen in der Tabelle oder der Spalte darstellt.

Entropie ist ein Maß, das abbildet, wie hoch die Informationsdichte innerhalb einer Spalte ist. Sie wird berechnet als:

$$Entropie = \frac{Spalten\text{-}Kardinalität}{Tabellen\text{-}Kardinalität}$$

Je kleiner die Entropie der Spalte ist, desto höher ist die Kompressionsrate, die erreicht werden kann.

6.2 Sortierte Wörterbücher

Die Vorteile der Wörterbuch-Codierung können noch weiter gesteigert werden, wenn die Wörterbucheinträge sortiert gespeichert werden. Der Abruf eines Wertes aus einem sortierten Wörterbuch beschleunigt den Suchprozess von *O(n)*, was einem vollständigen Scan des Wörterbuchs entspricht, auf *O(log(n))*, da die Werte im sortierten Wörterbuch über binäre Suche gefunden werden können. Leider hat diese Optimierung ihren Preis: Bei jedem Einfügen eines neuen Wertes in das Wörterbuch muss eine Neusortierung bzw. Verschiebung der vorhandenen Elemente vorgenommen werden. Die einzige Ausnahme ergibt sich, wenn der Eintrag am Ende des Wörterbuchs eingefügt werden muss. In diesem Fall ist keine Verschiebung der bestehenden Einträge, die hinsichtlich ihrer Sortierreihenfolge hinter dem neuen Eintrag liegen, notwendig. Während der Aufwand für das Neusortieren des Wörterbuches noch vernachlässigbar ist, stellt das Aktualisieren des zugehörigen Attribut-Vektors hingegen ein kostenintensives Problem dar. In unserem Beispiel müssen über 8 Mrd. Werte überprüft und gegebenenfalls aktualisiert werden, wenn ein neuer Vorname dem Wörterbuch hinzugefügt wird.

6.3 Operationen mit codierten Werten

Der erste und wichtigste Effekt der Wörterbuch-Codierung liegt darin, dass alle Operationen, die eine codierte Datentabelle betreffen, nun mithilfe der Attribut-Vektoren ausgeführt werden, die ausschließlich aus ganzzahligen Integer-Werten bestehen. Dies führt zu einer impliziten Beschleunigung (Speedup) aller Operationen, da CPUs dafür entwickelt wurden, Operationen mit Zahlen und nicht mit Zeichen durchzuführen. Im Zusammenhang mit der Wörterbuch-Codierung wurde die folgende Frage oft gestellt: „Aber ist der Prozess, alle Werte über eine zusätzliche Datenstruktur zu durchsuchen, nicht teurer als die tatsächlichen Einsparungen? Wir verstehen die Vorteile in Bezug auf den Hauptspeicher, aber was ist mit dem Prozessor?" – Erstens bleibt festzuhalten, dass diese Frage mehr als berechtigt ist. Der Prozessor muss zusätzliche Last aufnehmen. Aber das kann und sollte akzeptiert werden, angesichts der Tatsache, dass Speicher und Bandbreite unseren Engpass darstellen. Daher ist eine leichte Verschiebung der Last in Richtung des Prozessors nicht nur akzeptabel, sondern sogar willkommen. Zweitens sind die Auswirkungen auf die Laufzeit durch das Abrufen der tatsächlichen Werte für die codierten Spalten eher gering. Beim Abrufen der Tupel müssen für den Spalten-Scan nur die entsprechenden Werte der Abfrage im Wörterbuch nachgeschlagen werden. Im Allgemeinen ist die Ergebnismenge im Vergleich zur gesamten Tabellengröße klein, sodass das Nachschlagen der tatsächlichen Werte in allen anderen ausgewählten Spalten zur Materialisierung des Abfrageergebnisses nicht allzu teuer ist. Sorgfältig geschriebene Abfragen materialisieren lediglich Werte aus Spalten, die wirklich benötigt werden. Dies spart somit nicht nur Bandbreite, sondern reduziert auch die Anzahl der notwendigen Übersetzungen mithilfe der Wörterbücher. Außerdem können viele Operationen, wie etwa COUNT oder NOT NULL, durchgeführt werden, ohne die tatsächlichen Werte überhaupt abzurufen. Zusammenfassend kann festgehalten werden, dass die zusätzlichen Übersetzungsschritte nur geringe Auswirkungen auf die Prozessorlast haben und die Vorteile der Wörterbuch-Codierung im Hinblick auf die Einsparungen beim Speicher und bei der Speicherbandbreite bei Weitem überwiegen.

6.4 Selbsttest-Fragen

1. **Verlustfreie Kompression**
   Wie kann die Wörterbuch-Codierung bei einer Spalte mit wenigen einmaligen Werten die erforderliche Menge an Speicher ohne Informationsverlust deutlich reduzieren?

   (a) Durch die Zuordnung der Werte zu Integer-Werten. Dabei wird lediglich die minimale Anzahl an Bits genutzt, die notwendig ist um die gegebene Anzahl der einmaligen Werte darzustellen.
   (b) Indem alles in vollständige String-Werte umgewandelt wird. Dies ermöglicht bessere Kompressionstechniken, da alle Werte dasselbe Datenformat verwenden.
   (c) Indem nur jeder zweite Wert gespeichert wird.
   (d) Indem das aufeinanderfolgende Auftreten desselben Wertes nur einmal gespeichert wird.

2. **Kompressionsfaktor für die gesamte Tabelle**
   Gegeben ist eine Bevölkerungstabelle (50 Millionen Zeilen) mit den folgenden Spalten:

   - Name (49 Bytes, 20.000 einmalige Werte)
   - Nachname (49 Bytes, 100.000 einmalige Werte)
   - Alter (1 Byte,128 einmalige Werte)
   - Geschlecht (1 Byte, 2 einmalige Werte)

   Wie groß ist der Kompressionsfaktor (unkomprimierte Größe / komprimierte Größe) bei der Anwendung von Wörterbuch-Codierung?

   (a) ~ 20
   (b) ~ 90
   (c) ~ 10
   (d) ~ 5

3. **Information im Wörterbuch**
   Welche Informationen werden in einem Wörterbuch in Bezug auf die Wörterbuch-Codierung gespeichert?

   (a) Kardinalität eines Wertes
   (b) Alle einmaligen Werte
   (c) Hash eines Wertes aller einmaligen Werte
   (d) Größe eines Wertes in Byte

4. Vorteile durch Wörterbuch-Codierung

Was ist ein Vorteil der Wörterbuch-Codierung?

(a) Sequentielles Schreiben von Daten in die Datenbank wird beschleunigt.

(b) Aggregatfunktionen werden beschleunigt.

(c) Die physikalische Übertragungsgeschwindigkeit zwischen Applikations- und Datenbankserver für Daten wird erhöht.

(d) `INSERT`-Operationen werden vereinfacht.

5. Entropie

Was ist Entropie?

(a) Entropie begrenzt die Menge an Einträgen, die in eine Datenbank eingefügt werden können. Systemspezifikationen beeinflussen diesen wichtigen Schlüsselindikator stark.

(b) Entropie repräsentiert die Menge an Informationen in einem gegebenen Datensatz. Sie kann als die Anzahl der einmaligen Werte in einer Spalte (Spalten-Kardinalität) dividiert durch die Anzahl der Tabellenzeilen (Tabellen-Kardinalität) berechnet werden.

(c) Entropie bestimmt die Lebensdauer eines Tupels. Sie wird berechnet als die Anzahl der Duplikate dividiert durch die Anzahl der einmaligen Werte in einer Spalte (Spalten-Kardinalität).

(d) Entropie begrenzt die Größen von Attributen. Sie wird berechnet als die Größe eines Wertes in Bits dividiert durch die Anzahl der einmaligen Werte in einer Spalte (Spalten-Kardinalität).

Kapitel 7
Kompression

Wie in Kapitel 5 bereits beschrieben wurde, stellt SanssouciDB eine Datenbank-Architektur dar, die entworfen wurde, um transaktionale und analytische Workloads innerhalb der Unternehmensdatenverarbeitung zu bearbeiten. In großen Unternehmen kann die Datenmenge leicht eine Größe von mehreren Terabyte erreichen. Obwohl die Speicherkapazitäten von Standard-Servern weiter wachsen, ist es immer noch teuer, diese riesigen Datenmengen vollständig im Hauptspeicher zu halten. Daher verwenden SanssouciDB und die meisten modernen In-Memory-Engines zusätzliche Kompressionsverfahren auf der Basis von Wörterbuch-Codierung, um den Speicherbedarf zu verringern. Die spaltenorientierte Speicherung von Daten ist für Kompressionsverfahren sehr gut geeignet, weil Daten gleichen Typs und gleicher Domäne fortlaufend abgespeichert werden.

Ein weiterer Vorteil der Kompression ist die Reduktion der Datenmenge, die zwischen Hauptspeicher und CPUs transportiert werden muss, was zu einer verbesserten Abfrageleistung führt. Wir diskutieren dies ausführlicher in Kapitel 16 im Zusammenhang mit Materialisierungsstrategien.

Dieses Kapitel stellt mehrere leichtgewichtige Kompressionsverfahren vor, die einen guten Kompromiss zwischen Kompressionsrate und zusätzlichen CPU-Zyklen darstellen, die für die Codierung und Decodierung benötigt werden. Es existiert auch eine große Anzahl von rechenintensiveren Kompressionsverfahren. Sie erzielen weitaus höhere Kompressionsraten, aber die Codierung und Decodierung ist zu teuer, um sie für typische Unternehmensanwendungen effizient nutzen zu können. Eine tiefergehende Diskussion zahlreicher Kompressionsverfahren findet sich in [AMF06].

7.1 Präfix-Encoding

In realen Datenbanken findet man oft den Fall vor, dass eine Spalte einen vorherrschenden Wert enthält und die restlichen Werte jeweils nur selten vorkommen. Unter diesen Umständen würde man denselben Wert sehr oft in einem unkomprimierten Format speichern. Präfix-Encoding ist ein einfacher Weg, um dies effizienter zu bewältigen. Um Präfix-Encoding anzuwenden, müssen die Datensätze nach der Spalte mit dem vorherrschenden Wert sortiert werden, und der Attribut-Vektor muss mit dem vorherrschenden Wert beginnen.

Um die Spalte zu komprimieren, sollte der vorherrschende Wert nicht jedes Mal, wenn er auftritt, explizit gespeichert werden müssen. Dies wird erreicht, indem man im Attribut-Vektor sowohl den vorherrschenden Wert selbst abspeichert als auch die Anzahl, wie häufig er auftritt. So enthält ein präfix-codierter Attribut-Vektor die folgenden Informationen:

- Anzahl des Auftretens des vorherrschenden Wertes
- WertID des vorherrschenden Wertes aus dem Wörterbuch
- WertIDs der übrigen Werte.

7.1.1 Beispiel

Gegeben sei der Attribut-Vektor der Länderspalte aus der Weltbevölkerungstabelle, die absteigend nach der Anzahl der Einwohner der jeweiligen Länder sortiert ist. Somit sind die 1,4 Milliarden Einwohner Chinas an erster Stelle aufgeführt, dann die Einwohner Indiens und so weiter. Die WertID für China, die sich an Position 37 im Wörterbuch befindet (siehe Abb. 7.1a), wird beim unkomprimiertem Format 1,4 Milliarden Mal am Anfang des Attribut-Vektors gespeichert. Beim präfix-komprimierten Format wird die WertID 37 nur einmal geschrieben, gefolgt von den restlichen unkomprimierten WertIDs für die anderen Länder. Die Anzahl der Vorkommnisse des Wertes „China" (1,4 Milliarden) wird explizit gespeichert. Abbildung 7.1b zeigt für dieses Beispiel den unkomprimierten sowie den komprimierten Attribut-Vektor.

Mit Hilfe der folgenden Berechnung lässt sich die Kompressionsrate bestimmen. Zuerst wird die Anzahl von Bits berechnet, die benötigt wird, um alle 200 Länder zu speichern. Anhand der bekannten Formel ($\lceil \log_2(200) \rceil$) ergibt sich als Ergebnis 8 Bit.

Ohne Kompression speichert der Attribut-Vektor für jede WertID 8 Bit, also insgesamt 8 Milliarden Mal:

$$8 \text{ Mrd.} \cdot 8 \text{ bit} = 8 \text{ Mrd. Byte} = 7,45 \text{ GB}$$

Wenn die Länderspalte Präfix-codiert wird, muss die WertID für China nur einmal mit 8 Bit statt 1,4 Milliarden Mal mit 8 Bit gespeichert werden. Ein zusätzlicher 64 Bit Integer-Wert

valueID	value
...	...
37	CN
...	...
68	GER
...	...
74	IN
...	...
195	US
...	...
197	VA

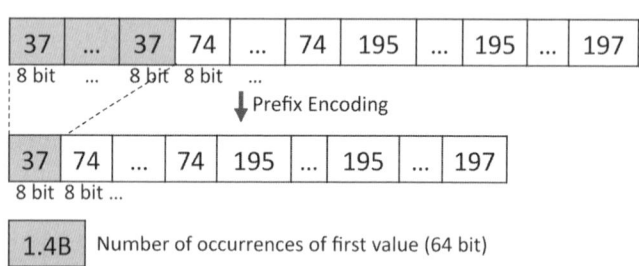

a   b

Abb. 7.1 Beispiel für Präfix Encoding
(**a**) Wörterbuch
(**b**) Wörterbuch-codierter Attribut-Vektor (oben);
Präfix-komprimierter sowie Wörterbuch-codierter Attribut-Vektor (unten)

wird hinzugefügt, um die Anzahl der Vorkommnisse zu speichern. Anstelle 1,4 Milliarden Mal 8 Bit zu speichern, sind deshalb nur 64 Bit + 8 Bit = 72 Bit wirklich notwendig. Der komplette Speicherplatz für den komprimierten Attribut-Vektor beträgt nun:

$$(8 \text{ Mrd.} - 1,4 \text{ Mrd.}) \cdot 8 \text{ Bit} + 64 \text{ Bit} + 8 \text{ Bit} = 6,15 \text{ GB}$$

So werden 1,3 GB, d. h. 17 % des Speicherplatzes, eingespart. Einen weiteren Vorteil des Präfix-Encoding stellt der direkte Zugriff mit Berechnung der Zeilenzahl dar. Will man beispielsweise alle männlichen Chinesen finden, kann die Datenbank-Engine feststellen, dass nur Tupel aus den Zeilen von Nummer 1 bis 1,4 Mrd. zu berücksichtigen und anschließend nach dem Geschlecht-Wert zu filtern sind. Obwohl wir feststellen, dass wir die erforderliche Menge an Hauptspeicher reduziert haben, ist es offensichtlich, dass wir noch eine Menge an redundanter Information für alle anderen Länder speichern. Aus diesem Grund stellen wir im nächsten Abschnitt das Run-Length-Encoding vor.

7.2 Run-Length-Encoding

Lauflängenkomprimierung (engl. Run-Length-Encoding) ist ein Kompressionsverfahren, das am besten funktioniert, wenn der Attribut-Vektor aus wenigen einmaligen Werten besteht, die sehr oft vorkommen. Für maximale Kompressionsraten muss die Spalte sortiert sein, sodass alle gleichen Werte hintereinander stehen.

Für Run-Length-Encoding gilt: Wert-Sequenzen mit dem gleichen Wert werden durch eine einzige Instanz des Wertes ersetzt und

(a) entweder die Anzahl ihres Vorkommens oder
(b) ihre Startposition als Offset gespeichert.

Abbildung 7.2 zeigt ein Beispiel für Run-Length-Encoding, das die Startpositionen als Offsets verwendet. Durch die Speicherung der Startposition wird der Zugriff beschleunigt. Statt

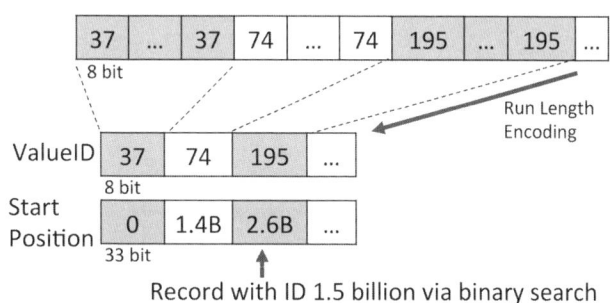

Fig. 7.2 Beispiel für Run-Length Encoding
(**a**) Wörterbuch
(**b**) Wörterbuch-codierter Attribut-Vektor (oben)
und komprimierter Wörterbuch-codierter Attribut-Vektor (unten)

die Adresse eines bestimmten Wertes vom Anfang der Spalte aus sequentiell zu berechnen, kann sie durch binäre Suche schnell gefunden werden.

7.2.1 Beispiel

Bei Anwendung von Run-Length-Encoding auf unser Beispiel der nach Bevölkerung sortierten Länderspalte speichern wir anstatt aller 8 Mrd. Werte (7,45 GB) nur zwei Vektoren:

- einen Vektor, der alle einmaligen Werte enthält: 200 mal 8 Bit,
- und einen Vektor, der die Startpositionen enthält: 200 mal 33 Bit. Wobei 33 Bit benötigt werden, um Offsets bis zu 8 Mrd. zu speichern ($\lceil \log_2(8 \text{ Mrd.}) \rceil = 33$ Bit). Ein zusätzliches 33-Bit-Feld am Ende dieses Vektors speichert, wie häufig der letzte Wert auftritt.

Dementsprechend kann die Größe des Attribut-Vektors ohne Informationsverlust bis auf ca. 1 KB deutlich reduziert werden:

$$200 \cdot (33 \text{ Bit} + 8 \text{ Bit}) + 33 \text{ Bit} \approx 1 \text{ KB}$$

Wenn die Häufigkeit des Auftretens im zweiten Vektor gespeichert ist, kann ein Feld von 33 Bit eingespart werden. Jedoch ergibt sich dabei der Nachteil, dass die Zugriffsmöglichkeit über die binäre Suche verlorengeht. Der Verlust dieses Zugriffs führt zu längeren Antwortzeiten, was im Hinblick auf die Anwendung im Unternehmenskontext nicht tolerierbar ist. Durch die Speicherung des jeweils letzten Vorkommens eines Wertes im zweiten Vektor, kann jedoch sowohl ein Feld eingespart als auch die Zugriffsmöglichkeit über die binäre Suche ermöglicht werden. In der Beispielabbildung wurde aus Gründen der besseren Verständlichkeit des Prinzips die Variante mit Startpositionen erläutert statt der genannten optimalen Variante.

7.3 Cluster-Encoding

Cluster-Encoding arbeitet mit gleich großen Blöcken einer Spalte. Der Attribut-Vektor wird in N Blöcke fester Größe (in der Regel 1024 Elemente) aufgeteilt. Wenn ein Cluster nur einen einzigen Wert enthält, wird er durch ein einziges Auftreten dieses Wertes ersetzt. Andernfalls bleibt der Cluster unkomprimiert. Ein zusätzlicher Bit-Vektor der Länge N zeigt an, welche Blöcke durch einen einzigen Wert ersetzt wurden (1 falls ersetzt, sonst 0).

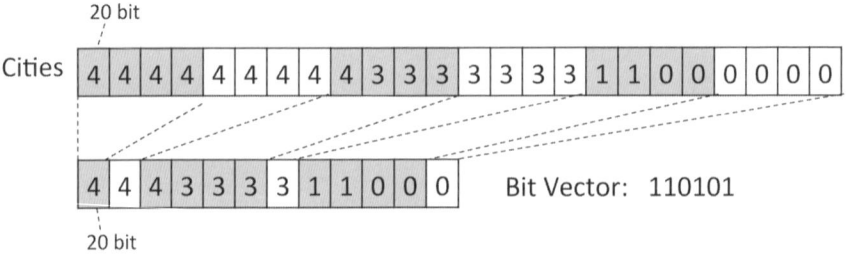

Abb. 7.3 Beispiel für Cluster-Encoding

Abbildung 7.3 zeigt ein Beispiel für Cluster-Encoding. In der Abbildung ist der unkomprimierte Attribut-Vektor oben und der komprimierte Attribut-Vektor unten dargestellt. In diesem Beispiel enthalten die Blöcke der Einfachheit halber nur vier Elemente.

7.3.1 Beispiel

Gegeben sei die Stadtspalte (1 Million verschiedene Städte) aus der Weltbevölkerungstabelle. Die gesamte Tabelle ist kaskadierend nach den Attributen Land und Stadt sortiert. Obwohl die Sortierung einer Tabelle grundlegend nur nach einer Spalte möglich ist, können logisch voneinander abhängige Attribute kaskadierend zueinander angeordnet werden. In diesem Falle würde man die Einträge der Tabelle also nach Ländern sortieren, und die entstehenden Gruppen (z. B. alle Einwohner Deutschlands) dann nach dem zweiten Attribut sortieren (in diesem Fall anhand des aktuellen Wohnortes). Folglich werden Städte aus demselben Land nebeneinander gespeichert. 20 Bit werden benötigt, um 1 Million Stadt-WertIDs ($\lceil \log_2(1 \text{ Million}) \rceil = 20$ Bit) darzustellen. Ohne Kompression benötigt der Stadt-Attribut-Vektor 18,6 GB (8 Mrd. mal 20 Bit).

Nun berechnen wir die Größe des in Abb. 7.3 dargestellten komprimierten Attribut-Vektors.

Mit einer Cluster-Größe von 1.024 Elementen beträgt die Anzahl der Blöcke 7,8 Mio. $\left(\frac{8 \text{ Millionen Zeilen}}{1.024 \text{ Elemente pro Block}} \right)$. Im ungünstigsten Fall hat jede Stadt einen unkomprimierten Block. Somit berechnet sich die Größe des komprimierten Attribut-Vektors aus den folgenden Größen:

$$\textit{unkomprimierte Blöcke + komprimierbare Blöcke + Bit-Vektor}$$
$$= 1 \text{ Mio.} \cdot 1024 \cdot 20 \text{ Bit} + (7,8 - 1) \text{ Mio} \cdot 20 \text{ Bit} + 7,8 \text{ Mio.} \cdot 1 \text{ Bit}$$
$$= 2.441 \text{ MB} + 16 \text{ MB} + 1 \text{ MB}$$
$$\approx 2,4 \text{ GB}$$

Mit der sich ergebenden Größe von 2,4 GB kann eine Kompressionsrate von 87 % (16,2 GB Platzeinsparung) erreicht werden.

Cluster-Encoding unterstützt keinen direkten Zugriff auf einzelne Datensätze. Aus diesem Grund muss die Position eines Datensatzes über den Bit-Vektor berechnet werden. Betrachten wir als Beispiel hierzu die Abfrage, die aufsummiert, wie viele Männer und Frauen in Berlin leben (der Einfachheit halber gehen wir davon aus, dass es nur eine Stadt mit dem Namen Berlin gibt und die Tabelle nach Städten sortiert ist).

```
SELECT gender, COUNT(gender)
FROM world_population
WHERE city = 'Berlin'
GROUP BY gender;
```

Um die DatensatzIDs für die Ergebnismenge zu finden, suchen wir die WertID für „Berlin" im Wörterbuch heraus. In unserem in Abb. 7.4 dargestellten Beispiel hat diese WertID den Wert 3. Anschließend durchsuchen wir den Cluster-codierten Stadt-Attribut-Vektor nach dem ersten Vorkommen der WertID 3.

Beim Scannen der Cluster-codierten Vektoren müssen wir die entsprechende Position im Bit-Vektor erhalten. Denn jede Position im Bit-Vektor ist entweder einem Wert (wenn der

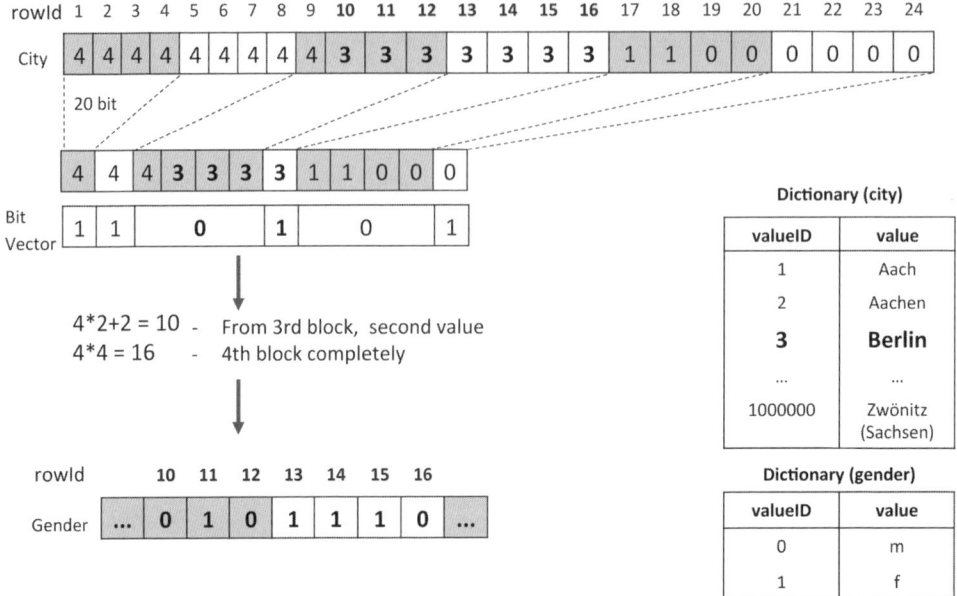

Abb. 7.4 Beispiel für Cluster-Encoding: kein direkter Zugriff möglich

Cluster komprimiert ist) oder vier Werten (wenn der Cluster unkomprimiert ist) des Cluster-codierten Stadt-Attribut-Vektors zugeordnet. In Abb. 7.4 wird dies durch Dehnung des Bit-Vektors auf den entsprechenden Wert oder die entsprechenden Werte des Cluster-codierten Attribut-Vektors dargestellt. Nachdem die Position gefunden wurde, ist eine Bit-Vektor-Suche notwendig. Damit wird geprüft, ob der Block bzw. die Blöcke, die diese WertID enthalten, komprimiert sind oder nicht, um den DatensatzID-Bereich zu ermitteln, der den Wert „Berlin" enthält. In unserem Beispiel ist der erste Block, der „Berlin" enthält, unkomprimiert, und der zweite ist komprimiert. Daher müssen wir den ersten unkomprimierten Block analysieren, um herauszufinden, an welcher Stelle die WertID 3 das erste Mal auftritt. Dieses ist an der zweiten Position der Fall und nun kann der Bereich der DatensatzIDs mit der WertID 3 berechnet werden. In unserem Beispiel sind dies die DatensatzIDs 10 bis 16. Nach der Ermittlung derjenigen DatensatzIDs, die mit dem geforderten Stadt-Attribut übereinstimmen, können wir die jeweiligen DatensatzIDs dazu verwenden, um auf die Geschlechter-Spalte zuzugreifen und übereinstimmende Geschlechter-Werte zu aggregieren.

7.4 Indirect-Encoding

Wie Cluster-Encoding arbeitet auch Indirect-Encoding mit Datenblöcken mit N Elementen (typischerweise 1024). Wenn die Datenblöcke nur ein paar einmalige Werte enthalten, kann Indirect-Encoding effizient angewandt werden. Dies ist oft der Fall, wenn eine Tabelle nach einer anderen Spalte sortiert ist und dabei eine Korrelation zwischen diesen beiden Spalten existiert (z. B. Namen-Spalte, wenn die Tabelle nach Ländern sortiert ist).

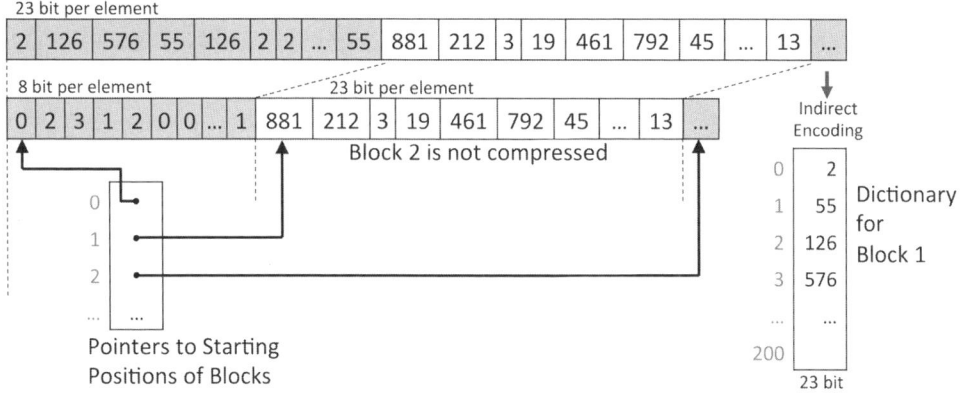

Abb. 7.5 Beispiel für Indirect-Encoding

Neben einem globalen Wörterbuch, das bei der Wörterbuch-Codierung generell verwendet wird, werden zusätzliche lokale Wörterbücher für Blöcke eingeführt, die nur ein paar einmalige Werte enthalten. Ein lokales Wörterbuch für einen Block enthält alle (und nur diese) einmaligen Werte, die in diesem speziellen Block auftauchen. Somit kann durch die Zuordnung zu noch kleineren WertIDs Platz gespart werden. Direkter Zugriff ist immer noch möglich, jedoch wird wegen des lokalen Wörterbuches ein Zwischenschritt eingeführt. Abbildung 7.5 zeigt ein Beispiel für Indirect-Encoding mit einer Blockgröße von 1.024 Elementen. Der obere Teil zeigt den Wörterbuch-codierten Attribut-Vektor, der untere Teil zeigt den komprimierten Vektor, ein lokales Wörterbuch und die verwendete Pointerstruktur, um auf die Anfangspositionen der jeweiligen Blöcke direkt zugreifen zu können. Diese ist notwendig, da wie im Beispiel gezeigt die Blöcke unterschiedlich viele Bits zur Speicherung benötigen. Der erste Block enthält nur 200 einmalige Werte und ist komprimiert. Der zweite Block ist dagegen nicht komprimiert.

7.4.1 Beispiel

Gegeben sei der Wörterbuch-codierte Attribut-Vektor für die Vornamenspalte (5 Millionen einmalige Werte) der Weltbevölkerungstabelle, die nach Ländern sortiert ist. Zur Speicherung von 5 Millionen einmaligen Werten werden 23 Bit ($\lceil \log_2(5$ Mio.$)\rceil = 23$ Bit) benötigt. Somit ergibt sich die Größe dieses Vektors ohne zusätzliche Kompression zu 21,4 GB (8 Mrd. · 23Bit). Jetzt teilen wir den Attribut-Vektor in Blöcke von je 1.024 Elementen auf. Dies ergibt 7,8 Mio. Blöcke $\left(\frac{8\text{ Millionen Zeilen}}{1.024\text{ Elemente pro Block}}\right)$. Für unsere Berechnung und der Einfachheit halber gehen wir davon aus, dass jeder Satz von 1.024 Menschen, die aus dem gleichen Land stammen, im Durchschnitt 200 verschiedene Vornamen enthält und alle Blöcke komprimiert sind. Um 200 verschiedene Werte darzustellen, ist eine Zahl von 8 Bit ($\lceil \log_2(200)\rceil = 8$ Bit) notwendig. Daher benötigen die Elemente innerhalb des komprimierten Attribut-Vektors nur 8 Bit anstelle von 23 Bit, wenn ein lokales Wörterbuch verwendet wird. Der Umfang der Wörterbücher kann aus der (durchschnittlichen) Anzahl der einmaligen Werte in einem Block (200) multipliziert mit der Größe der entsprechenden alten WertID (23 Bit) berechnet werden. Dabei bezeichnet die alte WertID der Wert im lokalen Wörterbuch. Zur Rekonstruktion einer bestimmten Zeile wird ein Pointer auf das lokale Wörterbuch für den entsprechenden Block gespeichert (64 Bit). Somit bleibt die Laufzeit für den Zugriff auf eine Zeile konstant. Die gesamte notwendige Menge an Speicher, die für einen komprimierten Attribut-Vektor notwendig ist, berechnet sich wie folgt:

$$\textit{lokale Wörterbücher}+ \textit{komprimierter Attribut-Vektor}$$
$$= (200 \cdot 23 \, \text{Bit} + 64 \, \text{Bit}) \cdot 7{,}8 \, \text{Mio. Blöcke} + 8 \, \text{Mrd} \cdot 8 \, \text{Bit}$$
$$= 4{,}2 \, \text{GB} + 7{,}6 \, \text{GB}$$
$$\approx 11{,}8 \, \text{GB}$$

Im Vergleich zu den 21,4 GB, die für den Wörterbuch-codierten Attribut-Vektor benötigt werden, wird hier eine Einsparung von 9,6 GB (44 %) erreicht. Die folgende Beispiel-Abfrage der Geburtstage aller Menschen namens „John" in den „USA" zeigt, dass Indirect-Encoding einen direkten Zugriff ermöglicht:

> SELECT birthday
> FROM world_population
> WHERE fname = 'John' AND country = 'USA'

Auflistung 7.4.1: Geburtstage aller US-Bürger mit Vornamen John

Weil die Tabelle nach Ländern sortiert ist, können wir leicht die DatensatzIDs der Datensätze mit dem Land-Attribut „USA" herausfinden und die entsprechenden Blöcke bestimmen, um die „fname"-Spalte zu scannen, indem die erste und letzte DatensatzID durch die Cluster-Größe ganzzahlig geteilt wird.

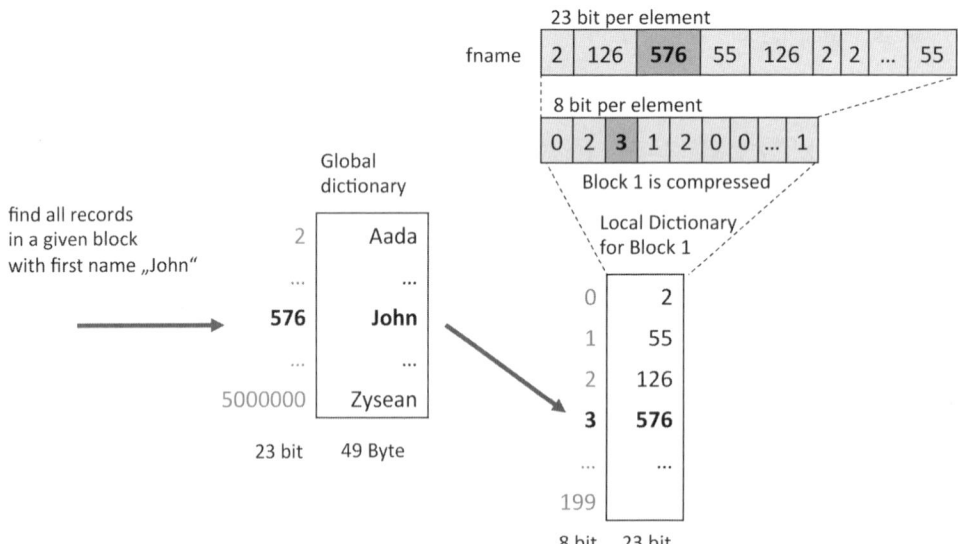

Abb. 7.6 Beispiel für Indirect-Encoding

Danach wird die WertID für „John" aus dem globalen Wörterbuch abgerufen. Für jeden Block wird die globale WertID in die lokale WertID übersetzt, indem sie aus dem lokalen Wörterbuch herausgesucht wird. Dies ist in Abb.7.6 für einen einzelnen Block dargestellt. Dann wird der Block nach der lokalen WertID durchsucht und die entsprechenden DatensatzIDs werden für die Projektion auf die Geburtstagsspalte zurückgegeben. Oft stimmt der Beginn und das Ende der DatensatzIDs nicht mit dem Anfang und dem Ende eines Blocks überein. In diesem Fall berücksichtigen wir nur die Elemente von der ersten oben gefundenen DatensatzID im Startblock bis zur letzten gefundenen DatensatzID für den Wert „USA" im Endblock.

7.5 Delta-Encoding

Die bisher vorgestellten Kompressionsverfahren verringern die Größe des Attribut-Vektors. Es existieren aber ebenfalls einige Kompressionsverfahren, die auch die Datenmenge in einem Wörterbuch selbst reduzieren.

Angenommen, dass die Daten in einem Wörterbuch alphanumerisch sortiert sind und eine große Anzahl von Werten mit den gleichen Präfixen vorhanden ist. Delta-Encoding nutzt dies und speichert gemeinsame Präfixe nur einmal.

Delta-Encoding verwendet, wie die in den vorangegangenen Abschnitten beschriebenen Methoden, eine blockweise Kompression mit typischerweise 16 Zeichenketten pro Block. Zu Beginn eines jeden Blocks werden die Länge der ersten Zeichenkette und die Zeichenkette selbst gespeichert. Für jeden folgenden Wert werden die Anzahl der Zeichen, die im vorhergehenden Präfix genutzt wurden, sowie die Anzahl der Zeichen, die diesem Präfix hinzugefügt wurden, und die hinzugefügten Zeichen gespeichert. Somit kann jede folgende Zeichenkette aus den Zeichen, die sie sich mit der vorherigen Zeichenkette teilt, und deren restlichem Teil aufgebaut werden. Abbildung 7.7 zeigt ein Beispiel eines komprimierten Wörterbuches. Das Wörterbuch selbst ist in Abb. 7.7a dargestellt. Sein komprimiertes Gegenstück ist in Abb. 7.7b zu sehen.

7.5.1 Beispiel

Gegeben sei ein Wörterbuch für die Stadtspalte, das alphanumerisch sortiert ist. Die Größe des unkomprimierten Wörterbuches mit 1 Million Städten ist 46,7 MB, wenn jeder Wert 49 Byte benötigt (unter der Annahme, dass der längste Stadtname 49 Buchstaben hat).

Das Wörterbuch wird für die Kompression in Blöcke von je 16 Werten aufgeteilt. Somit ist die Anzahl der Blöcke 62.500 (1 Million Städte/16).

Zur Berechnung der erforderlichen Größe im Speicher nehmen wir folgende Datenmerkmale an:

- Die durchschnittliche Länge von Stadtnamen ist 7.
- Die durchschnittliche Überlappung beträgt 3 Buchstaben.
- Der längste Stadtname hat 49 Buchstaben ($\lceil \log_2(49) \rceil = 6$ Bit).

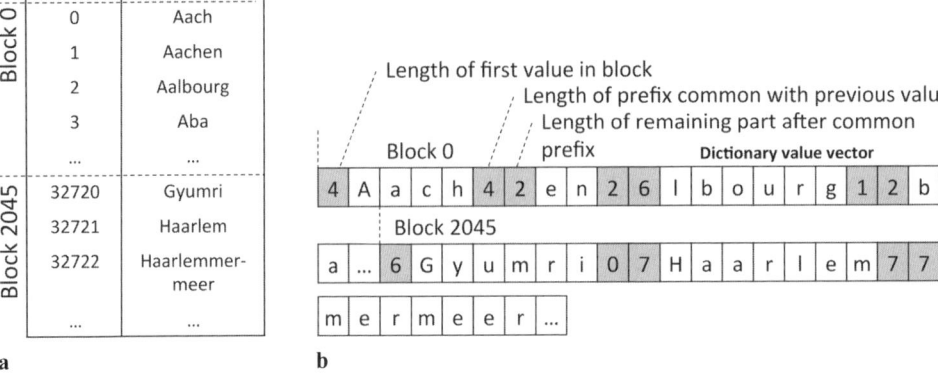

Abb. 7.7 Beispiel für Delta-Encoding (a) Wörterbuch (b) komprimiertes Wörterbuch

Die Größe des komprimierten Wörterbuches kann nun wie folgt berechnet werden:

Blockgröße · Anzahl der Blöcke
= codierte Länge + 1. Stadt + 15 andere Städte · Anzahl der Blöcke
$= ((1 + 15 \cdot 2) \cdot 6 \text{ Bit} + 7 \cdot 1 \text{ Byte} + 15 \cdot (7 - 3) \cdot 1 \text{ Byte}) \cdot 62.500$
$\approx 5{,}4 \text{ MB}$

Im Vergleich zu den 46,7 MB ohne Kompression ergibt sich hier eine Einsparung von 42,2 MB (90 %).

7.6 Einschränkungen

Nicht vergessen werden sollte die Tatsache, dass die meisten Kompressionsverfahren sortierte Tabellen erfordern, um ihr volles Potenzial zu entfalten. Eine Datenbank-Tabelle kann jedoch grundlegend immer nur nach einer Spalte sortiert werden, bei Attributen die in Relation stehen ist allenfalls eine zusätzliche kaskadierende Sortierung möglich. Darüber hinaus erlauben einige der vorgestellten Kompressionsverfahren keinen direkten Zugriff. Vor allem im Hinblick auf die Anforderungen an die Antwortzeiten der Abfragen muss dies sorgfältig abgewägt werden.

7.7 Selbsttest-Fragen

1. **Sortieren komprimierter Tabellen**
   Welche der folgenden Aussagen ist richtig?
   (a) Wenn Sie eine Tabelle nach der Datenmenge in einer Zeile sortieren, erreichen Sie schnelleren Lesezugriff.
   (b) Die Sortierung hat keinen Einfluss auf mögliche Kompressions-Algorithmen.
   (c) Sie können eine Tabelle problemlos nach mehreren Spalten gleichzeitig sortieren.
   (d) Sie können eine Tabelle nur nach einer Spalte sortieren.

2. Kompression und OLAP/OLTP

Was müssen Sie bedenken, wenn Sie OLAP- und OLTP-Systeme zusammenbringen wollen?

(a) Sie sollten keine Kompressionsverfahren nutzen, weil sie die CPU-Last erhöhen.

(b) Sie sollten keine Kompressionsverfahren mit direktem Zugriff nutzen, weil sie große Sicherheitsprobleme verursachen.

(c) Gesetzliche Vorgaben können es untersagen, bestimmte OLTP- und OLAP-Datensätze zusammenzuführen, sodass alle Einträge überprüft werden müssen.

(d) Sie sollten Kompressionsverfahren nutzen, die direkten positionsgenauen Zugriff erlauben, da indirekter Zugriff zu langsam ist.

3. Kompressionsverfahren für Wörterbücher

Welche der folgenden Kompressionsverfahren können verwendet werden, um die Größe eines sortierten Wörterbuches zu verringern?

(a) Cluster-Encoding

(b) Präfix-Encoding

(c) Run-Length-Encoding

(d) Delta-Encoding

4. Kompressionsbeispiel Präfix-Encoding

Angenommen, es existiert eine Tabelle, in der alle 80 Millionen Einwohner Deutschlands ihren Städten zugeordnet sind. In Deutschland gibt es ca. 12.200 Städte. Somit wird die WertID im Wörterbuch durch 14 Bit dargestellt. Daraus ergibt sich, dass der Attribut-Vektor der Städte eine Größe von 140 MB hat. Wir komprimieren diesen Attribut-Vektor mit Präfix-Encoding und nutzen Berlin, mit fast 4 Millionen Einwohnern, als Präfixwert. Wie groß ist der komprimierte Attribut-Vektor?

Wir nehmen dabei an, dass der Speicherplatz, der benötigt wird um die Menge von Präfixwerten und den Präfixwert selbst zu speichern, vernachlässigbar ist. Denn der Präfixwert belegt nur 22 Bit, um die Einwohnerzahl Berlins darzustellen, und weitere 14 Bit, um einmalig den Schlüssel für Berlin zu speichern.

Weiter gelten folgende Umwandlungen: 1 MB = 1.000 kB, 1 kB = 1.000 B

(a) 0,1 MB

(b) 133 MB

(c) 63 MB

(d) 90 MB

5. Kompressionsbeispiel Run-Length-Encoding für Deutschland

Angenommen, es existiert eine Tabelle, in der alle 80 Millionen Einwohner Deutschlands ihren Städten zugeordnet sind. Die Tabelle ist nach Städten sortiert. In Deutschland gibt es ca. 12.200 Städte (dargestellt durch 14 Bit). Wie groß ist der komprimierte Stadt-Vektor unter Verwendung von Run-Length-Encoding mit einem Startpositions-Vektor? Verwenden Sie immer die minimale Anzahl von Bits, die für jeden der Werte, den Sie wählen müssen, erforderlich sind.

Es gelten die folgenden Umwandlungen: 1 MB = 1.000 kB, 1 kB = 1.000 B

(a) 1,2 MB

(b) 127 MB

(c) 5,2 KB

(d) 62,5 kB

6. **Kompressionsbeispiel Cluster Encoding**
   Gegeben sei die Weltbevölkerungstabelle mit 8 Mrd. Einträgen. Diese Tabelle ist nach
   Ländern sortiert. Es gibt etwa 200 Länder in der Welt.

   Wie groß ist der Attribut-Vektor für Länder, wenn Sie Cluster-Encoding mit 1.024 Elementen pro Block verwenden, unter der Voraussetzung, dass ein Block pro Land nicht komprimiert werden kann? Verwenden Sie die minimal erforderliche Anzahl von Bits für die Werte. Weiterhin gelten die folgenden Umwandlungen: 1 MB = 1.000 kB, 1 kB = 1.000 B

   (a) ≈ 9 MB

   (b) ≈ 4 MB

   (c) ≈ 0,5 MB

   (d) ≈ 110 MB

7. **Bestes Kompressionsverfahren für die Beispieltabelle**
   Finden Sie das beste Kompressionsverfahren für die Namenspalte der folgenden Tabelle.
   Die Tabelle listet die Namen aller Einwohner Deutschlands und ihre Städte auf, d. h. es
   gibt zwei Spalten: Vorname und Stadt. Deutschland hat etwa 80 Millionen Einwohner
   und 12.200 Städte. Die Tabelle ist nach der Stadtspalte sortiert. Nehmen Sie an, dass jede
   Teilmenge von 1.024 Bürgern höchstens 200 verschiedene Vornamen enthält.

   (a) Run-Length-Encoding

   (b) Indirect-Encoding

   (c) Präfix-Encoding

   (d) Cluster-Encoding

Literaturhinweis

[AMF06] D. Abadi, S. Madden, M. Ferreira, Integrating compression and execution in column- oriented
database systems, in Proceedings of the 2006 ACM SIGMOD International Conference on Management of Data, SIGMOD '06 (ACM, New York, 2006), S. 671–682

[LSF09] C.Lemke, K. Sattler, F. Färber, Kompressionstechniken für spaltenorientierte BI-Accelerator-
Lösungen, In proceedings of: Datenbanksysteme in Business, Technologie und Web (BTW 2009),
13. Fachtagung des GI-Fachbereichs „Datenbanken und Informationssysteme" (DBIS), 2.–6. März
2009, Münster, Germany, S. 486–497

Kapitel 8
Datenlayout im Hauptspeicher

In diesem Kapitel beschäftigen wir uns mit der Frage, wie Daten im Arbeitsspeicher organisiert sind. Relationale Datenbanktabellen haben eine zweidimensionale Struktur, der Hauptspeicher dagegen ist eindimensional organisiert. Er stellt Speicherplatz-Adressen zur Verfügung, die bei Null beginnen und fortlaufend bis zur höchsten verfügbaren Speicherplatz-Adresse hin ansteigen. Die Datenbank-Speicherverwaltung muss entscheiden, wie die zweidimensionalen Tabellenstrukturen im linearen Speicheradressraum angeordnet werden. Wir werden zwei Möglichkeiten betrachten, wie eine Tabelle im Speicher dargestellt werden kann. Diese beiden Möglichkeiten werden als sogenanntes Zeilen- bzw. Spalten-Layout bezeichnet, wobei es auch eine Kombination beider Möglichkeiten, das sogenannte Hybrid-Layout, gibt.

8.1 Effekte von Caching auf die Leistung von Anwendungen

Um die Auswirkungen zu verstehen, die sich durch die Wahl eines zeilenbasierten oder spaltenbasierten Layouts ergeben, ist ein grundlegendes Verständnis der Arbeitsweise der unterschiedlichen Speicher unerlässlich. Weil verschiedene Arten von Speicher, wie in Abschnitt 4.1 beschrieben, verfügbar sind, nutzen moderne Computersysteme eine sogenannte Speicherhierarchie, die in Abschnitt 4.2 beschrieben wird. Diese Caching-Mechanismen sowie weitere Ansätze, wie der Translation Lookaside Buffer (TLB, s. Abschnitt 4.4) oder Hardware-Prefetching (s. Abschnitt 4.5), haben verschiedene Auswirkungen auf die Leistung. Die sich ergebenden Auswirkungen werden in diesem Abschnitt, der auf [SKP12] basiert, beschrieben. Das beschriebene Caching und die virtuellen Speichermechanismen stellen sich für darauf aufbauende Anwendung als transparente Systeme dar. Allerdings kann die Kenntnis über das verwendete System mit seinen Eigenschaften und die Optimierung der Anwendungen basierend auf diesem Wissen entscheidende Auswirkungen auf die Leistung und das Laufzeitverhalten der Anwendungen haben.

Die beiden folgenden Abschnitte beschreiben zwei kleine Experimente, die Leistungsunterschiede beim Zugriff auf den Hauptspeicher aufzeigen.

8.1.1 Das Schrittweiten-Experiment

Wie der Name Random Access Memory schon sagt, kann zufällig bzw. wahlfrei auf den Speicher zugegriffen werden, und somit würde man auch mit konstanten Zugriffskosten rechnen. Um diese Annahme zu prüfen, führen wir einen einfachen Benchmark durch, bei dem auf eine konstante Zahl von Adressen mit zunehmender Schrittweite, d. h. zunehmendem Abstand zwischen den aufgerufenen Adressen, zugegriffen wird. Wir implementierten

diesen Benchmark, indem wir einer Menge von Pointern folgend ein Array durchlaufen. Das
Array wird mit Structs gefüllt, sodass beim kontinuierlichen Folgen der Pointer ein geschlossener *zyklischer* Pfad durch das gesamte Array ensteht. Structs sind Datenstrukturen, die es
erlauben, benutzerdefinierte aggregierte Datentypen zu erzeugen, die mehrere einzelne Variablen zusammen gruppieren. Das hier verwendete Struct besteht aus einem Pointer und
einem weiteren Daten-Attribut, mit dem der Abstand im Speicher (Padding) realisiert wird.
Dadurch ergibt sich ein Speicherzugriff mit der gewünschten Schrittweite, wenn man der
durch Pointer verketteten Liste folgt.

```
struct element {
  struct element *pointer;
  size_t padding[PADDING];
}
```

Bei einem sequentiellen Array verweist der Pointer des Elements *i* auf das Element *i* + 1, und
der Pointer des letzten Elements des Array zeigt wieder auf das erste Element, sodass der
Kreis geschlossen ist. Bei einem zufälligen Array weist der Pointer jedes Elements auf ein
zufälliges Element des Arrays. Dabei wird sichergestellt, dass jedes Element genau einmal
referenziert wird. Abbildung 8.1 zeigt schematisch das erstellte sequentielle bzw. zufällige
Array.

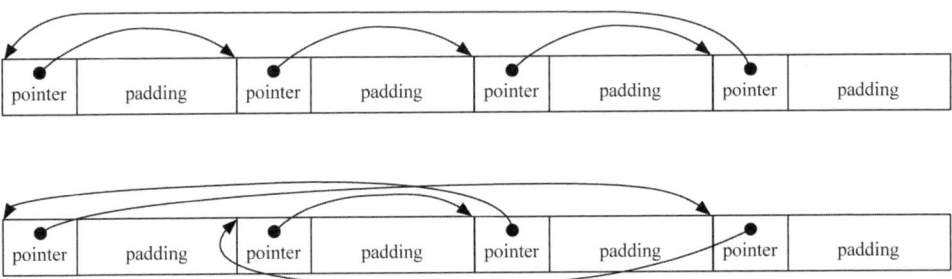

Abb. 8.1 Sequentielles Array-Layout versus Array-Layout mit zufälligem Zugriff

Wenn die Annahme zutrifft, dass die Kosten des zufälligen Speicherzugriffs konstant
sind, sollte sich im Experiment kein Laufzeitunterschied ergeben, der durch unterschiedliche
Größen des Paddings oder die Wahl des Array-Layouts (sequentiell oder zufällig) hervorgerufen wird. Abbildung 8.2 zeigt das Ergebnis beim Durchlaufen einer verketteten Liste von
4.096 Elementen, wobei man den Pointern innerhalb der Elemente folgt und das Padding
zwischen den Elementen erhöht. Wie man deutlich erkennen kann, sind die Zugriffskosten
nicht konstant und erhöhen sich mit zunehmender Schrittweite. Man erkennt auch mehrere
Punkte von Diskontinuität in den Kurven. Beispielsweise erhöhen sich die Zugriffszeiten bis
zu einer Schrittweite von 64 Bytes stark und steigen anschließend mit einer kleineren Stei-
gungsrate weiter an.

Abbildung 8.3 zeigt, dass eine zunehmende Anzahl von Cache-Misses für den Anstieg
der Zugriffszeiten verantwortlich ist. Der erste Punkt der Diskontinuität in Abb. 8.2 entspricht ziemlich genau der Größe einer Cache-Line im Testsystems. Der starke Anstieg beruht auf der Tatsache, dass sich bei einer Schrittweite von weniger als 64 Bytes mehrere

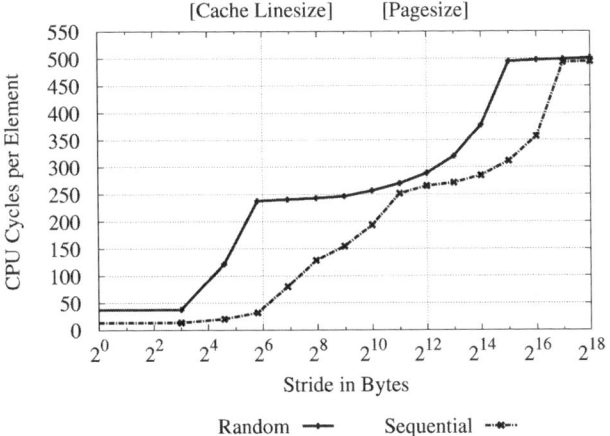

Abb. 8.2 Cache-Zugriffszyklen mit steigender Schrittweite

Listenelemente auf einer Cache-Line befinden, und sich der Aufwand für das Laden einer Zeile über die vielen Elemente hinweg amortisiert.

Für Schrittweiten größer als 64 Byte würden wir für jedes einzelne Element der Liste Cache-Misses erwarten und keinen weiteren Anstieg der Zugriffszeiten. Da jedoch die Schrittweite größer wird, nimmt das Array mehrere Seiten im Speicher ein, und es treten immer mehr TLB-Misses auf, weil die virtuellen Adressen auf den neuen Seiten in physische Adressen übersetzt werden müssen. Bis zu einer Seitengröße von 4 kB steigt die Anzahl der TLB-Cache-Misses an und verharrt von da an im ungünstigsten Fall, nämlich bei einem Miss pro Element. Sobald die Schrittweiten die Seitengröße übersteigen, können die TLB-Misses bei der Übersetzung der virtuellen in physische Adressen zu zusätzlichen Cache-Misses führen. Diese Cache-Misses entstehen infolge der Zugriffe auf die Paging-Strukturen, die sich im Hauptspeicher befinden [BCR10, BCR10, SS95].

Auf den Punkt gebracht: Die Leistung von Hauptspeicherzugriffen kann je nach Zugriffsmuster stark variieren. Um die Leistung von Anwendungen zu verbessern, sollte der Hauptspeicherzugriff optimiert werden, um die vorhandenen Cache-Strukturen bestmöglich ausnutzen zu können.

8.1.2 Das Größen-Experiment

In einem zweiten Experiment greifen wir auf eine konstante Anzahl von Adressen im Hauptspeicher mit einer konstanten Schrittweite von 64 Bytes zu und variieren die Größe des abgerufenen Bereiches im Speicher (engl. Working Set).

Ein Lauf mit n Speicherzugriffen und einer Working Set-Größe von s Bytes würde

$$\frac{n}{s \cdot 64}$$

mal ein Array durchlaufen, das identisch zu dem in Abschnitt 8.1.1 beschriebenen Array des Schrittweiten-Experiments aufgebaut ist.

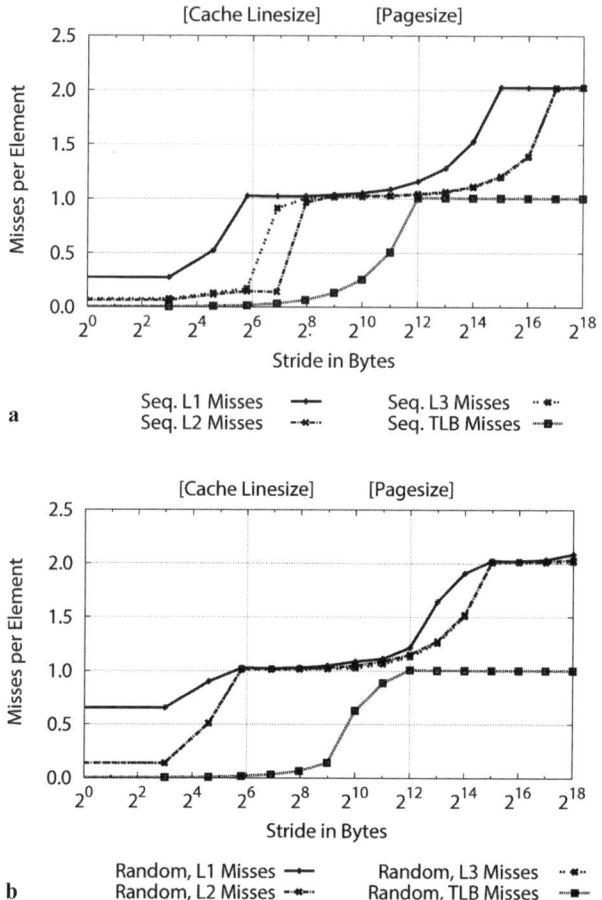

Abb. 8.3 Cache-Misses für Cache-Zugriffe mit ansteigender Schrittweite
(**a**) Sequenzieller Zugriff (**b**) zufälliger Zugriff

Abbildung 8.4a zeigt, dass sich die Zugriffskosten, abhängig von der Größe des Working Sets, um bis zu einem Faktor von 100 unterscheiden. Die Stellen, an denen Diskontinuität auftritt, korrelieren mit der Größe der Caches im System. Solange die Größe des Working Sets kleiner als die Größe des L1-Cache ist, führt nur der erste Durchlauf zu Cache-Misses. Alle anderen Zugriffe können aus dem Cache heraus beantwortet werden. Wenn die Größe des Working Sets zunimmt, beginnen die Zugriffe eines Durchlaufs die früher abgefragten Adressen zu verdrängen, wodurch im nächsten Durchlauf zusätzliche Cache-Misses hervorgerufen werden.

Abbildung 8.4b zeigt die einzelnen Cache-Misses bei zunehmender Größe des Working Sets. Bei Working Sets mit einer Größe von bis zu 32 kB steigt die Anzahl der Misses für den L1-Cache pro Element jeweils um eins. Die L2-Cache-Misses erreichen ihr Maximum bei der Größe des L2-Cache von 256 kB. Die L3-Cache-Misses erreichen es bei einer Größe von 12 MB.

Wie man sieht, entstehen umso mehr Kapazitäts-Cache-Misses, je größer der Bereich des Hauptspeichers ist, auf den zugegriffen wird, was in Folge zu einer schlechteren Leistung der Anwendung führt. Daher ist es ratsam, die Daten wenn möglich in Cache-optimierten Einheiten zu verarbeiten.

8.2 Zeilen- und spaltenorientierte/-basierte Layouts

Betrachten wir ein einfaches Beispiel, um die beiden genannten Methoden zu illustrieren, wie eine relationale Tabelle im Speicher abgebildet werden kann. Der Einfachheit halber nehmen wir an, dass alle Werte als Zeichenketten direkt im Arbeitsspeicher gespeichert werden, und dass wir keine zusätzlichen Daten speichern müssen.

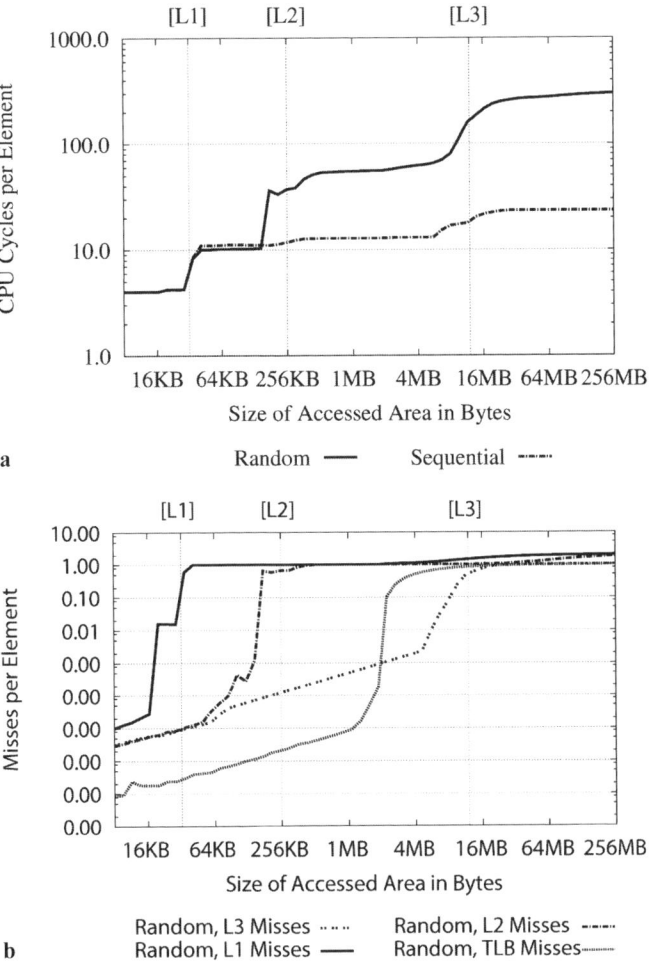

Abb. 8.4 Zyklen und Cache-Misses bei Cache-Zugriffen mit größer werdenden Working Sets (**a**) sequentieller Zugriff (**b**) zufälliger Zugriff

Zur Veranschaulichung betrachten wir das folgende vereinfachte Weltbevölkerungs-Beispiel:

Id	Name	Land	Stadt
1	Paul Smith	Australien	Sydney
2	Lena Jones	USA	Washington
3	Marc Winter	Deutschland	Berlin

Wie oben bereits erläutert, muss die Datenbank diese zweidimensionale Tabelle in eine eindimensionale Folge von Bytes umwandeln, damit das Betriebssystem sie in den Speicher schreiben kann. Den klassischen und offensichtlichen Ansatz stellt das zeilen- oder datensatzbasierte Layout dar. In diesem Fall werden alle Attribute eines Tupels fortlaufend und sequenziell im Speicher abgelegt. Mit anderen Worten: Die Daten werden tupelweise gespeichert. Wenn wir unser Beispiel betrachten, würden die Daten also wie folgt gespeichert: „1, Paul Smith, Australien, Sydney; 2, Lena Jones, USA, Washington; 3, Marc Winter, Deutschland, Berlin".

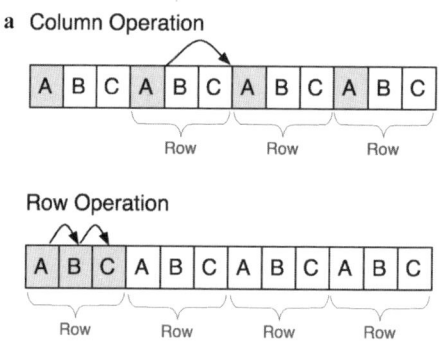

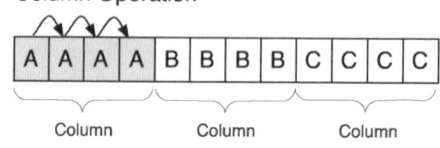

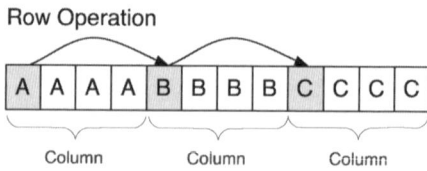

Abb. 8.5 Illustration des Speicherzugriffs von zeilen- und spaltenbasierten Operationen auf Zeilen- und Spaltenlayouts

Im Gegensatz dazu werden die Werte einer Spalte in einem Spalten-Layout gemeinsam gespeichert. Für unser Beispiel sähe das sich ergebende Layout im Speicher so aus: „`1, 2, 3; Paul Smith, Lena Jones, Marc Winter; Australien, USA, Deutschland; Sydney, Washington, Berlin`".

Bei Operationen auf Mengen von gleichen Attributtypen, sogenannten „*Sets*" ist das Spalten-Layout besonders effektiv. Anders gesagt ist es gerade für diejenigen Operationen von Nutzen, die mit vielen Zeilen, aber einer deutlich kleineren Teilmenge aller Spalten arbeiten, denn hierbei können die Werte einer Spalte sequentiell gelesen werden, z. B. bei der Berechnung von Aggregaten. Ein zeilenbasiertes Layout ist hingegen von Vorteil, um einzelne Datensätze zu verarbeiten oder neue Datensätze einzufügen. Die unterschiedlichen Zugriffsmuster für zeilen- und spaltenbasierte Operationen sind in Abb. 8.5. dargestellt.

Derzeit werden zeilenorientierte Architekturen häufig für OLTP-Workloads verwendet, während spaltenbasierte Layouts weitestgehend in OLAP-Szenarien wie Data-Warehousing verwendet werden, bei denen typischerweise nur eine beschränkte Anzahl an hoch komplexen Abfragen über den gesamten Datensatz hinweg Anwendung findet.

8.3 Vorteile eines Spalten-Layouts

Wie bereits erwähnt, gibt es Fälle, in denen ein zeilenbasiertes Tabellen-Layout effizienter ist. Dennoch sprechen viele Vorteile für die Nutzung eines Spalten-Layouts in einem Enterprise-Kontext.

Erstens stellt sich bei einer Analyse der Workloads, mit denen Unternehmens-Datenbanken konfrontiert sind, heraus, dass die tatsächlichen Workloads stärker leseorientiert sind und von komplexen Mengenoperationen dominiert werden [KKG+11].

Zweitens ist trotz der sich schnell weiterentwickelnden Hardware und der ständig steigenden Menge an verfügbarem Hauptspeicher der Einsatz effizienter Kompressionsverfahren immer noch wichtig, um (a) so viele Daten wie möglich im Hauptspeicher zu halten, und (b) die Datenmenge zu minimieren, die für Abfragen aus dem Hauptspeicher gelesen werden muss.

Spaltenbasierte Tabellen-Layouts ermöglichen den Einsatz effizienter Kompressionsverfahren, indem sie die hohe Datenlokalität von Spalten ausnutzen (s. Kapitel 7). Dabei nutzen sie hauptsächlich die Ähnlichkeit der in einer Spalte gespeicherten Daten. Wörterbuch-Codierung kann sowohl auf zeilen- als auch auf spaltenbasierten Tabellen-Layouts angewandt werden, wohingegen andere Techniken, wie Prefix-Encoding, Run-Length-Encoding, Cluster-Codierung oder indirekte Codierung, ihre Vorteile nur auf spaltenbasierten Tabellen-Layouts voll ausspielen können.

Drittens ermöglicht die Verwendung von spaltenbasierten Tabellen-Layouts sehr schnelle Spalten-Scans, da der Speicher in diesem Fall sequentiell ohne logische Sprünge gescannt werden kann. Dadurch lassen sich z. B. Berechnungen von Aggregaten „on-the-fly", also auf Anfrage, realisieren. Auf das Speichern vorberechneter Aggregate in der Datenbank kann folglich verzichtet werden, wodurch die redundante Speicherung von Daten und die Komplexität der Datenbank minimiert werden.

8.4 Hybride Tabellen-Layouts

Wie zuvor erwähnt, dominieren bei Enterprise Workloads Operationen auf Mengen von gleichen Attributen. Dennoch ist jeder konkrete Workload unterschiedlich und kann teils auf einem zeilenbasierten, teils auf einem spaltenbasierten Layout eine bessere Performance aufweisen. Hybride Tabellen-Layouts kombinieren die Vorteile aus beiden Welten, indem sie das Speichern einzelner Attribute einer Tabelle spaltenorientiert zulassen, während andere Attribute in einem zeilenbasierten Layout angeordnet werden [GKP+11]. Die im Einzelfall optimale Kombination hängt stark vom tatsächlichen Workload ab und kann durch Layout-Algorithmen berechnet und zur Laufzeit angepasst werden.

Als anschauliches Beispiel hierfür greifen wir Attribute heraus, die in kommerziellen Anwendungen bereits von sich aus zusammengehören, wie z. B. Menge und Maßeinheit oder Zahlungsbedingungen in der Buchhaltung. Dem hybriden Layout liegt die Idee zugrunde, dass es hinsichtlich der Performance sinnvoll ist, einen Satz von Attributen physisch gemeinsam zu speichern, wenn er gemeinsam verarbeitet wird.

Betrachtet man die Beispiel-Tabelle in Abschnitt 8.2 und nimmt man an, dass die Attribute *Id* und *Name* oft gemeinsam bearbeitet werden, können wir folgendes hybride Daten-Layout für die Tabelle skizzieren:

„1, Paul Smith; 2, Lena Jones; 3, Marc Winter; Australien, USA, Deutschland; Sydney, Washington, Berlin". Dieses Hybrid-Layout kann die Anzahl der durch den erwarteten Workload verursachten Cache-Misses vermindern, was zu einer Leistungssteigerung führt.

Der Einsatz von hybriden Layouts kann von Vorteil sein, aber auch neue Fragen aufwerfen, wie z. B. wie man das optimale Layout für einen bestimmten Workload findet oder wie und wann man auf einen sich verändernden Workload reagiert.

8.5 Selbsttest-Frage

1. Wenn der zufällige Zugriff auf DRAM prinzipiell immer gleich viel kostet, warum sind aufeinanderfolgende Zugriffe in der Regel schneller als Zugriffe mit einer festgelegten Schrittweite?

   (a) Bei aufeinanderfolgenden Speicherstellen ist die Wahrscheinlichkeit, dass die nächste angeforderte Speicherstelle bereits in der Cache-Line geladen ist, höher als bei zufälligem/schrittweitengesteuertem Zugriff. Außerdem befindet sich wahrscheinlich die Speicherseite von aufeinanderfolgenden Zugriffen bereits im TLB.

   (b) Je größer die Größe der Schrittweite ist, desto größer ist die Wahrscheinlichkeit, dass sich beide Werte in einer Cache-Line befinden.

   (c) Das Laden aufeinanderfolgender Speicherstellen ist nicht schneller, da die CPU im Umgang mit Prefetching zufälliger Speicherstellen leistungsstärker ist als im Umgang mit Prefetching aufeinanderfolgender Speicherstellen.

   (d) Durch moderne CPU-Technologien, wie TLBs, Caches und Prefetching erreichen alle drei Zugriffsmethoden die gleiche Leistung.

Literaturhinweise

[BCR10] T.W. Barr, A.L. Cox, S. Rixner, Translation caching: skip, don't walk (the Page Table). ACM SIGARCH Comput Arch. News 38(3), 48–59 (2010)

[BT09] V. Babka, P. Tuma, Investigating cache parameters of x86 family processors. Comput. Perform. Eval. Benchmarking. 77–96 (2009)

[GKP+11] M. Grund, J. Krueger, H. Plattner, A. Zeier, S. Madden, P. Cudre-Mauroux, HYRISE- A hybrid main memory storage engine, in VLDB (2011)

[KKG+11] J. Krueger, C. Kim, M. Grund, N. Satish, D. Schwalb, J. Chhugani, H. Plattner, P. Dubey, A. Zeier, Fast updates on read-optimized databases using multi-core CPUs, in PVLDB (2011)

[SKP12] D. Schwalb, J. Krueger, H. Plattner, Cache conscious column organization in in- memory column stores. Technical Report 60, Hasso-Plattner-Institute, December 2012.

[SS95] R.H. Saavedra, A.J. Smith, Measuring cache and TLB performance and their effect on benchmark runtimes. IEEE Trans. Comput. 44(10), 1223–1235 (1995)

Kapitel 9
Partitionierung

9.1 Definition und Klassifikation

Als *Partitionieren* bezeichnet man das Unterteilen einer logischen Datenbank in einzelne voneinander unabhängige Teilmengen der Daten. Partitionen sind selbst Datenbank-Objekte und können unabhängig voneinander verwaltet werden. Die Hauptmotivation, Daten zu partitionieren, liegt darin, Parallelität auf Datenebene zu erreichen, was zusätzliche Leistungssteigerungen ermöglicht. Ein klassisches Beispiel für die Ausnutzung von Datenparallelität ist es, mehrere unterschiedliche Datenbereiche unter Verwendung einer Multi-Core-CPU parallel zu verarbeiten, wobei jeder Kern auf einer separaten Partition arbeitet. Da Partitionierung eine technische Optimierung darstellt, um die Abfragegeschwindigkeit zu erhöhen, sollte sie für den Benutzer transparent[1] sein. Um die Transparenz der angewandten Partitionierung für den Endanwender zu gewährleisten, wird eine Ansicht benötigt, welche die komplette Tabelle als Übersicht aller Abfrage-Ergebnisse von allen beteiligten Partitionen zeigt. Mit Hilfe von Parallelität auf Datenebene ist es möglich, die Leistung, Verfügbarkeit oder Verwaltbarkeit von Datensätzen zu verbessern. Welches dieser sich teilweise widersprechenden Ziele favorisiert wird, hängt in der Regel vom Anwendungsfall ab. Zwei kurze Beispiele hierzu werden in Kapitel 9.4 gezeigt. Da Daten-Partitionierung ein klassisches NP-vollständiges[2] Problem darstellt, ist das Auffinden der besten Partition eine komplizierte Aufgabe, auch wenn das angestrebte Ziel klar umrissen wurde [Kar72]. Es gibt im Wesentlichen zwei Arten von Daten-Partitionierung: horizontale und vertikale Partitionierung. Sie werden in den folgenden Abschnitten ausführlich vorgestellt.

9.2 Vertikale Partitionierung

Vertikale Partitionierung führt zu einer Aufspaltung der Daten in Attribut-Gruppen mit replizierten Primärschlüsseln. Diese Gruppen werden dann auf zwei (oder mehr) Tabellen (Abb. 9.1) verteilt. Attribute, auf die in der Regel gemeinsam zugegriffen wird, sollten sich in derselben Tabelle befinden, um die Leistung von Joins zu steigern.

Derartige Optimierungen können nur angewendet werden, wenn tatsächliche Nutzungsinformationen vorliegen. Dies ist ein weiterer Grund, weshalb Anwendungsentwicklung immer auf realen Kundendaten und Workloads basieren sollte.

---

[1] Transparent bedeutet in der IT, dass etwas für den Anwender völlig unsichtbar ist, und nicht, dass der Benutzer die Umsetzung durch die Hülle hindurch inspizieren kann. Außer ihrer Effekte, wie Verbesserungen der Geschwindigkeit oder der Nutzbarkeit, sollten transparente Komponenten überhaupt nicht wahrnehmbar sein.

[2] NP-vollständig bedeutet, dass das Problem nicht in polynomieller Zeit gelöst werden kann.

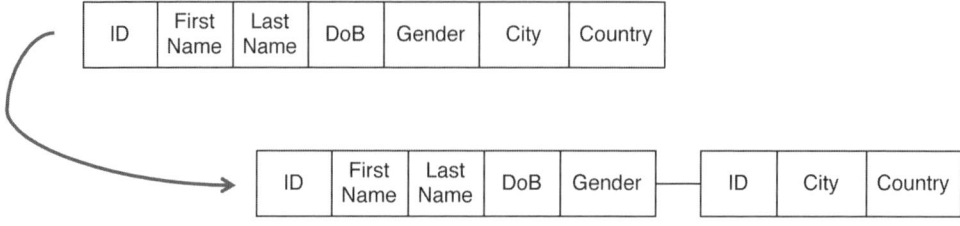

Abb. 9.1 Vertikale Partitionierung

Bei zeilenbasierten Datenbanken ist vertikale Partitionierung prinzipiell zwar möglich, wird jedoch nur selten eingesetzt. Performancevorteile durch vertikale Partitionierung sind bei einem zeilenbasierten Layout schwierig zu realisieren, da eine vertikale Aufteilung und Trennung der Attribute dem grundlegenden Konzept von Werte-Tupeln wiederspricht. Spaltenbasierte Datenbanken hingegen unterstützen implizit vertikale Partitionierung, da jede Spalte als mögliche Partition angesehen werden kann.

9.3 Horizontale Partitionierung

Horizontale Partitionierung wird häufig in klassischen zeilenorientierten Datenbanken angewandt. Bei dieser Partitionierung, wird die Tabelle nach bestimmten Bedingungen in disjunkte Tupel-Gruppen aufgeteilt. Es existieren mehrere Strategien zur horizontalen Partitionierung:

Die erste Partitionierungsstrategie, die wir hier vorstellen, ist die *Range-Partitionierung*, welche Tabellen mit Hilfe eines vordefinierten Partitionierungsschlüssels in Partitionen aufteilt. Der Schlüssel bestimmt, wie die einzelnen Datensätze auf die verschiedenen Partitionen verteilt werden. Dabei kann der Partitionierungsschlüssel aus einer einzigen Schlüsselspalte oder mehreren Schlüsselspalten bestehen. Ein Beispiel wäre die Partitionierung von Kunden anhand ihres Geburtsdatums. Wenn man für diesen Fall vier Partitionen einrichtet, wird jede Partition einen Bereich von etwa 25 Jahren abdecken (Abb. 9.2).[3] Da die Auswirkungen des gewählten Partitionierungsschlüssels vom Workload abhängig sind, ist es nicht einfach, eine optimale Lösung zu finden.

Die zweite horizontale Partitionierungsstrategie stellt die *Round-Robin-Partitionierung* dar. Beim Round-Robin-Verfahren verwendet ein Partitionierungsserver keine Tupel-Informationen als Kriterien für die Partitionierung. Daher existiert auch kein expliziter Partitionierungsschlüssel. Der Algorithmus ordnet die Tupel streng der Reihe nach jeweils einer Partition zu, bis er bei der letzten Partition angekommen ist, woraufhin wieder bei der ersten Partition begonnen wird. Dies führt automatisch zu einer gleichmäßigen Verteilung der Einträge und begünstigt so bis zu einem gewissen Grad implizit auch eine gleichmäßige Lastverteilung (Load-Balancing) (Abb. 9.3).

Da es jedoch möglich ist, dass auf bestimmte Einträge häufiger als auf andere zugegriffen wird, kann ein gleichmäßiger Workload jedoch nicht garantiert werden. Verbesserungen durch intelligente Daten-Kollokation oder entsprechende Datenplatzierung können beim

---

[3]   Basierend auf der Annahme, dass die Kunden im Moment zwischen 0 und 100 Jahren alt sind.

Partition 1

ID	First Name	Last Name	DoB	Gender	City	Country

Partition 3

ID	First Name	Last Name	DoB	Gender	City	Country
3	Nina	Burg	1952/12/12	w	London	UK

Partition 2

ID	First Name	Last Name	DoB	Gender	City	Country
1	John	Dillan	1943/05/12	m	Berlin	Germany

Partition 4

ID	First Name	Last Name	DoB	Gender	City	Country
2	Peter	Black	1982/06/02	m	Austin	USA
4	Lucy	Sehan	1990/01/20	w	Jerusalem	Israel
5	Ariel	Shiva	1984/07/18	w	Tokio	Japan
6	Sharon	Lokida	1982/02/24	m	Madrid	Spain

Partitioning along the age: Partition 1: 76 – 100
Partition 2: 51 – 75
Partition 3: 26 – 50
Partition 4: 0 – 25

Abb. 9.2 Range-Partitionierung

Partition 1

ID	First Name	Last Name	DoB	Gender	City	Country
1	John	Dillan	1943/05/12	m	Berlin	Germany
5	Ariel	Shiva	1984/07/18	w	Tokio	Japan

Partition 3

ID	First Name	Last Name	DoB	Gender	City	Country
3	Nina	Burg	1952/12/12	w	London	UK

Partition 2

ID	First Name	Last Name	DoB	Gender	City	Country
2	Peter	Black	1982/06/02	m	Austin	USA
6	Sharon	Lokida	1982/02/24	m	Madrid	Spain

Partition 4

ID	First Name	Last Name	DoB	Gender	City	Country
4	Lucy	Sehan	1990/01/20	w	Jerusalem	Israel

Abb. 9.3 Round-Robin-Partitionierung

Partition 1

ID	First Name	Last Name	DoB	Gender	City	Country	hash(Country)
4	Lucy	Sehan	1990/01/20	w	Jerusalem	Israel	0x00

Partition 3

ID	First Name	Last Name	DoB	Gender	City	Country	hash(Country)
3	Nina	Burg	1952/12/12	w	London	UK	0x03

Partition 2

ID	First Name	Last Name	DoB	Gender	City	Country	hash(Country)
1	John	Dillan	1943/05/12	m	Berlin	Germany	0x01

Partition 4

ID	First Name	Last Name	DoB	Gender	City	Country	hash(Country)
2	Peter	Black	1982/06/02	m	Austin	USA	0x02
5	Ariel	Shiva	1984/07/18	w	Tokio	Japan	0x02

Abb. 9.4 Hash-basierte Partitionierung

Round-Robin nicht wirksam ausgenutzt werden, weil die Verteilung der Daten nicht von den Daten selbst, sondern nur von der Reihenfolge abhängig ist, in der sie eingefügt werden.

Den dritten horizontalen Partitionierungstyp stellt die *Hash-basierte Partitionierung* dar. Hash-basierte Partitionierung verwendet eine Hash-Funktion[4], um die Zuteilung der Tupel auf die einzelnen Partitionen festzulegen (Abb. 9.4). Die größte Herausforderung für die

---

[4] Eine Hash-Funktion bildet eine potentiell große Menge von Daten mit häufig variabler Länge auf einem kleineren Wert mit fester Länge ab. Im übertragenen Sinn erzeugen Hash-Funktionen einen digitalen Fingerabdruck der Eingabedaten.

Hash-basierte Partitionierung besteht in der Wahl einer guten Hash-Funktion, die automatisch zu einer guten Aufteilung der Daten hinsichtlich der zu erwarteten Abfragen führt und so für Zugriffsverbesserungen sorgt.

Die letzte hier vorgestellte Partitionierungsstrategie stellt die *semantische Partitionierung* dar. Sie nutzt Wissen über die Anwendung, um die Daten aufzuteilen. Zum Beispiel kann eine Datenbank entsprechend des Lebenszyklus' eines Kundenauftrags partitioniert werden. Alle für den Kundenauftrag erforderlichen Tabellen repräsentieren eine oder mehrere verschiedene Phasen seines Lebenszyklus', wie Herstellung, Kauf, Freigabe, Vertrieb oder Mahnwesen eines Produkts. Eine Möglichkeit der geeigneten Partitionierung besteht in diesem Fall darin, alle Tabellen, die zu einer bestimmten Lebenszyklus-Phase gehören, in einer separaten Partition zu speichern.

9.4 Wahl einer geeigneten Partitionierungsstrategie

Bei der Auswahl einer geeigneten Partitionierungsstrategie gibt es eine Reihe von Optimierungszielen zu beachten. Will man beispielsweise auf *Leistung* optimieren, ist es sinnvoll, Tupel verschiedener Tabellen, die wahrscheinlich für die weitere Bearbeitung durch Joins verbunden werden, auf einen Server zu legen. Auf diese Weise kann der Join durch optimale *Datenlokalität* schneller durchgeführt werden, da keine Verzögerung durch die Übertragung der Daten über das Netzwerk auftritt. Im Gegensatz dazu sollten für statistische Abfragen, wie zum Beispiel Summenbildungen, die Tupel aus einer Tabelle auf so viele Knoten wie möglich verteilt werden, um von der parallele Datenverarbeitung profitieren zu können.

Zusammenfassend lässt sich sagen: Es hängt stark vom jeweiligen Anwendungsfall ab, welche Partitionierungsstrategie am besten geeignet ist.

9.5 Selbsttest-Fragen

1. **Partitionierungsstrategien**
   Welche Partitionierungsart existieren wirklich und wird im Kurs erwähnt?

   (a) Selektive Partitionierung
   (b) Syntaktische Partitionierung
   (c) Range-Partitionierung
   (d) Block-Partitionierung

2. **Partitionierungstyp für eine gegebene Abfrage**
   Welcher Partitionierungstyp passt am besten für die Spalte „birthday" in der Weltbevölkerungstabelle, wenn wir annehmen, dass der Hauptworkload von Abfragen verursacht wird wie: „SELECT first_name, last_name FROM population WHERE birthday > 01.01.1990 AND birthday < 31.12.2010 AND country = 'England'"? Nehmen Sie ein nicht-paralleles Setting an, d.h. Partitionen werden nicht parallel gescannt. Der einzige Parameter, der in der Abfrage geändert wird, ist das Land.

(a) Round-Robin-Partitionierung
(b) Alle Partitionierungstypen zeigen die gleiche Leistung.
(c) Range-Partitionierung
(d) Hash-basierte Partitionierung

3. **Partitionierungsstrategie für Load Balancing**

Welcher Partitionierungstyp ist am besten geeignet, um ein faires Load-Balancing zu erreichen, wenn die Werte einer Spalte ungleichmäßig verteilt sind?

(a) eine Partitionierung, die auf der Anzahl von Attributen modulo der Anzahl von verwendeten Systemen basiert
(b) Range-Partitionierung
(c) Round-Robin-Partitionierung
(d) Alle Partitionierungstypen zeigen die gleiche Leistung.

Literaturhinweis

[Kar72] R. Karp, Reducibility among combinatorial problems, in Complexity of Computer Computations, eds. by R. Miller, J. Thatcher (Plenum Press, 1972), S. 85–103

Teil III
In-Memory Datenbank-Operatoren

Kapitel 10
Löschen von Daten: DELETE

Der Vorgang des Löschens (engl. *delete*) beendet die Gültigkeit eines gegebenen Tupels. Dazu wird in der Datenbank die Information gespeichert,, dass ein bestimmter Datensatz ungültig ist. Dieser Vorgang kann entweder *physischer* oder *logischer* Natur sein. Ein *physischer* Löschvorgang entfernt den betreffenden Datensatz aus der Datenbank, sodass er physisch nicht mehr zugänglich ist. Im Gegensatz dazu beendet ein *logischer* Löschvorgang nur die Gültigkeit des Eintrags, hält aber das Tupel noch für Abfragen bereit, die sich auf die Vergangenheit beziehen [Pla09].

Die SQL-Syntax für eine DELETE-Anweisung sieht wie folgt aus, wobei die WHERE-Bedingung einen einzelnen oder mehrere Tupel treffen kann.

DELETE FROM table_name WHERE condition;

Auflistung 10.1: DELETE-Syntax

10.1 Beispiel für physisches Löschen

Im folgenden Beispiel sollen alle Personen mit dem Namen „*Jane Doe*" aus einer Datenbanktabelle entfernt werden, in der Vor- und Nachnamen gespeichert sind. Aufgrund der verwendeten Wörterbuch-Codierung (siehe Kapitel 6) besteht die Tabelle aus zwei Wörterbüchern und zwei Attribut-Vektoren.

Dictionary "fname"		Attribute Vector "fname"		Dictionary "lname"		Attribute Vector "lname"	
valueID	value	recID	valueID	valueID	value	recID	valueID
...	...	...	...	...	...	...	...
22	Andrew	38	22	17	Brown	38	19
23	Jane	39	24	18	Doe	39	21
24	John	40	25	19	Miller	40	17
25	Mary	41	23	20	Schmidt	41	18
26	Peter	42	24	21	Smith	42	18
...	...	43	26	...	...	43	20
		...	...			...	...

Zuerst müssen die WertIDs der Vor- und Nachnamen identifiziert werden. Gemäß der abgebildeten Wörterbücher entspricht *Jane* der WertID 23 und *Doe* der WertID 18.

Dictionary "fname"		Attribute Vector "fname"		Dictionary "lname"		Attribute Vector "lname"	
valueID	value	recID	valueID	valueID	value	recID	valueID
...	...	...	...	...	...	...	...
22	Andrew	38	22	17	Brown	38	19
23	Jane	39	24	18	Doe	39	21
24	John	40	25	19	Miller	40	17
25	Mary	41	23	20	Schmidt	41	18
26	Peter	42	24	21	Smith	42	18
...	...	43	26	...	...	43	20
		...	...			...	...

Als Nächstes scannen wir die Attribut-Vektoren und suchen die jeweiligen Positionen heraus. Das bedeutet, dass wir die DatensatzIDs für die entsprechenden Werte feststellen. In unserem Beispiel gibt es nur ein Tupel mit dieser Kombination der WertIDs, welche dem geforderten Vor- bzw. Nachname entsprechen.

Dictionary "fname"		Attribute Vector "fname"		Dictionary "lname"		Attribute Vector "lname"	
valueID	value	recID	valueID	valueID	value	recID	valueID
...	...	...	...	...	...	...	...
22	Andrew	38	22	17	Brown	38	19
23	Jane	39	24	18	Doe	39	21
24	John	40	25	19	Miller	40	17
25	Mary	41	23	20	Schmidt	41	18
26	Peter	42	24	21	Smith	42	18
...	...	43	26	...	...	43	20
		...	...			...	...

Wenn schließlich die zwei Werte aus den Attribut-Vektoren gelöscht werden, müssen alle nachfolgenden Tupel verschoben werden, um einen sequenziellen Speicherbereich aufrecht-zuerhalten. Aufgrund des Verwaltungsaufwandes ist diese Implementierungsalternative des Löschvorgangs daher sehr teuer.

In Kapitel 26 des Buches wird der *Insert-Only*-Ansatz als bessere Alternative vorge-stellt, um in Anwendungsfällen, die für Unternehmen typisch sind, Löschvorgänge umzuset-zen. Dieser Ansatz ist *logischer* Natur.

Dictionary "fname"		Attribute Vector "fname"		Dictionary "lname"		Attribute Vector "lname"	
valueID	value	recID	valueID	valueID	value	recID	valueID
...	...	...	...	...	...	...	...
22	Andrew	38	22	17	Brown	38	19
23	Jane	39	24	18	Doe	39	21
24	John	40	25	19	Miller	40	17
25	Mary	~~41~~	~~23~~	20	Schmidt	~~41~~	~~18~~
26	Peter	41	24	21	Smith	41	18
...	...	42	26	...	...	42	20
		...	...			...	...

10.2 Selbsttest-Fragen

1. **Umsetzungen des Löschbefehls**
   Welche zwei möglichen Umsetzungen des Löschbefehls werden im vorangehenden Kapitel erwähnt?

   (a) White-Box- und Black-Box-Löschen
   (b) Physisches und logisches Löschen
   (c) Shifted und Liquid Löschen
   (d) Spalten- und Zeilen-Löschen

2. **Scan von Arrays für bestimmte Abfrage mit Wörterbuch-Encoding**
   Wie viele logische Blöcke in der IMDB werden bei der Anwendung eines Löschbefehls mit zwei Prädikaten, z. B. firstname = 'John' AND lastname = 'Smith' zur Ermittlung der zu löschenden Tupel (alle Spalten sind Wörterbuch-codiert) durchsucht?

   (a) 1
   (b) 2
   (c) 4
   (d) 8

3. **Ausführung von schnellem Löschen**
   Stellen Sie sich eine physische Umsetzung des Löschens und die folgenden zwei SQL-Anweisungen für unsere Weltbevölkerungstabelle vor:

   (A) DELETE FROM world_population WHERE country = 'China';
   (B) DELETE FROM world_population WHERE country = 'Ireland';

   Welche Abfrage wird schneller ausgeführt? Bitte berücksichtigen Sie nur die bisher erlernten Konzepte.

   (a) gleiche Ausführungszeit
   (b) A
   (c) abhängig von der Sortierung des Wörterbuchs
   (d) B

Literaturhinweis

[Pla09] H. Plattner, A common database approach for OLTP and OLAP using an in-memory column database, in SIGMOD, S. 1–2 (2009)

Kapitel 11
Einfügen von Daten: INSERT

Dieses Kapitel gibt einen Überblick über die Schritte, die ausgeführt werden, wenn ein neues Tupel in eine Tabelle eingefügt wird. Im Vergleich zum Einfügen von Tupeln in ein zeilenbasiertes Layout (Row Store) ist das Einfügen in ein spaltenorientiertes Layout (Column Store) ein wenig komplizierter. Bei einer zeilenorientierten Datenbank wird das neue Tupel einfach an das Ende der Tabelle angehängt, d. h. das Tupel wird in einem Stück gespeichert. Bei Nutzung eines Column Stores bedeutet das Hinzufügen eines neuen Tupels in die Datenbank, dass jeder einzelnen Spalte der Tabelle ein neuer Eintrag hinzugefügt werden muss. Intern besteht jede Spalte aus einem Wörterbuch und einem Attribut-Vektor (siehe Kapitel 6). Das Hinzufügen eines neuen Eintrags in eine Spalte erfordert, das Wörterbuch zu überprüfen und, sofern notwendig, einen neuen Wert einzufügen. Danach wird der jeweilige Wert des Wörterbuch-Eintrags dem Attribut-Vektor der Spalte hinzugefügt. Da das Wörterbuch sortiert ist, führt ein neuer Eintrag in eine Spalte zu einem der folgenden drei Szenarien: Einfügen eines Wertes ...

1. ohne neuen Wörterbuch-Eintrag
2. mit neuem Wörterbuch-Eintrag ohne Neusortierung des Wörterbuches
3. mit neuem Wörterbuch-Eintrag mit Neusortierung des Wörterbuches

In diesem Kapitel werden wir eine Schritt-für-Schritt-Erklärung der drei verschiedenen Szenarien geben.

11.1 Beispiel: Einfügen eines neuen Tupels

Zur Veranschaulichung der drei genannten Szenarien erweitern wir die Weltbevölkerungstabelle um ein neues Tupel (siehe Abb. 11.1). Das Beispiel beschreibt, was mit der Spalte *lname*, die den Nachnamen einer Person enthält, und mit *fname*, die den Vornamen einer Person enthält, passiert.

11.1.1 Einfügen ohne neuen Wörterbuch-Eintrag

Zur Demonstration eines Inserts ohne einen neuen Wörterbuch-Eintrag betrachten wir das Einfügen eines Nachnamens in die *lname*-Spalte unserer Weltbevölkerungstabelle. Der Attribut-Vektor und das Wörterbuch der *lname*-Spalte sind bereits mit den in Abb. 11.2 aufgeführten Werten vorbelegt.

Um der *lname*-Spalte die Zeichenkette *Schulze* hinzuzufügen, müssen wir überprüfen, ob diese Zeichenkette bereits im Wörterbuch existiert. Da es eine andere Person namens *Sophie Schulze* (*recID* 4 der Weltbevölkerungstabelle) in der Datenbank gibt, enthält das Wörter-

Example Table: world_population

recID	fname	lname	gender	country	city	birthday
0	Martin	Albrecht	m	GER	Berlin	08-05-1955
1	Michael	Berg	m	GER	Berlin	03-05-1970
2	Hanna	Schulze	f	GER	Hamburg	04-04-1968
3	Anton	Meyer	m	AUT	Innsbruck	10-20-1992
4	Sophie	Schulze	f	GER	Potsdam	09-03-1977
...	...	...	...	...	...	...

INSERT INTO world_population
VALUES (Karen, Schulze, f, GER, Rostock, 06-20-2012)

Abb. 11.1 Beispieldatenbanktabelle *world_population*

buch der *lname*-Spalte bereits einen Eintrag mit der Zeichenkette *Schulze*. Wie man in Abb. 11.3 erkennen kann, besitzt der Wert *Schulze* aufgrund seiner Position im Wörterbuch die WertID 3. Um den Wert *Schulze* nochmals am Ende der Spalte *lname* einzutragen, genügt es dementsprechend eine 3 an das Ende des Attribut-Vektors anzufügen (siehe Abb. 11.4).

11.1.2 Einfügen mit neuem Wörterbuch-Eintrag

Beim Einfügen des Vornamens wird das Vornamen-Wörterbuch nach der Zeichenkette *Karen* durchsucht. Wie Abb.11.5 zeigt, ist dieser Name noch nicht im Wörterbuch vorhanden. Daher wird der Name an das Ende des Vornamen-Wörterbuchs (siehe Abb. 11.6) angehängt.

Wie bereits in Kapitel 6 erklärt, muss das Wörterbuch immer sortiert sein. Nach dem Anhängen von *Karen* an das Ende des Wörterbuchs muss das Wörterbuch daher neu sortiert werden. Deshalb wird, wie in Abb. 11.7 gezeigt, ein neues Wörterbuch mit sortierter Reihenfolge erzeugt. Im neuen Wörterbuch haben sich die meisten Positionen der Einträge verschoben. Zum Beispiel hat sich die WertID *Michael* von 3 zu 4 geändert.

INSERT INTO world_population VALUES (Karen, Schulze, f, GER, Rostock, 06-20-2012)

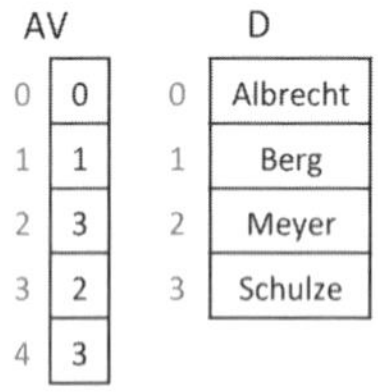

	fname	lname	gender	country	city	birthday
0	Martin	Albrecht	m	GER	Berlin	08-05-1955
1	Michael	Berg	m	GER	Berlin	03-05-1970
2	Hanna	Schulze	f	GER	Hamburg	04-04-1968
3	Anton	Meyer	m	AUT	Innsbruck	10-20-1992
4	Sophie	Schulze	f	GER	Potsdam	09-03-1977
...	...	...	...	...	...	...

Attribute Vector (AV)
Dictionary (D)

Abb. 11.2 Anfänglicher Status der Spalte *lname*

INSERT INTO world_population VALUES (Karen, **Schulze**, f, GER, Rostock, 06-20-2012)

AV

0	0
1	1
2	3
3	2
4	3

D

0	Albrecht
1	Berg
2	Meyer
3	Schulze

	fname	lname	gender	country	city	birthday
0	Martin	Albrecht	m	GER	Berlin	08-05-1955
1	Michael	Berg	m	GER	Berlin	03-05-1970
2	Hanna	Schulze	f	GER	Hamburg	04-04-1968
3	Anton	Meyer	m	AUT	Innsbruck	10-20-1992
4	Sophie	Schulze	f	GER	Potsdam	09-03-1977
...	...	...	...	...	...	...

Attribute Vector (AV)
Dictionary (D)

Abb. 11.3 Position der Zeichenkette *Schulze* im Wörterbuch der Spalte lname

INSERT INTO world_population VALUES (Karen, **Schulze**, f, GER, Rostock, 06-20-2012)

AV

0	0
1	1
2	3
3	2
4	3
5	3

D

0	Albrecht
1	Berg
2	Meyer
3	Schulze

	fname	lname	gender	country	city	birthday
0	Martin	Albrecht	m	GER	Berlin	08-05-1955
1	Michael	Berg	m	GER	Berlin	03-05-1970
2	Hanna	Schulze	f	GER	Hamburg	04-04-1968
3	Anton	Meyer	m	AUT	Innsbruck	10-20-1992
4	Sophie	Schulze	f	GER	Potsdam	09-03-1977
5		Schulze				
...	...	...	...	...	...	...

Attribute Vector (AV)
Dictionary (D)

Abb. 11.4 Anhängen der WertID von *Schulze* an das Ende des Attribut-Vektors

INSERT INTO world_population VALUES (**Karen**, Schulze, f, GER, Rostock, 06-20-2012)

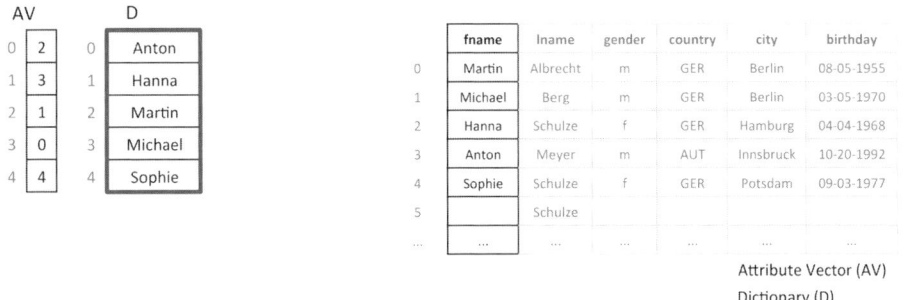

AV

0	2
1	3
2	1
3	0
4	4

D

0	Anton
1	Hanna
2	Martin
3	Michael
4	Sophie

	fname	lname	gender	country	city	birthday
0	Martin	Albrecht	m	GER	Berlin	08-05-1955
1	Michael	Berg	m	GER	Berlin	03-05-1970
2	Hanna	Schulze	f	GER	Hamburg	04-04-1968
3	Anton	Meyer	m	AUT	Innsbruck	10-20-1992
4	Sophie	Schulze	f	GER	Potsdam	09-03-1977
5		Schulze				
...	...	...	...	...	...	...

Attribute Vector (AV)
Dictionary (D)

Abb. 11.5 Wörterbuch der Spalte *fname*

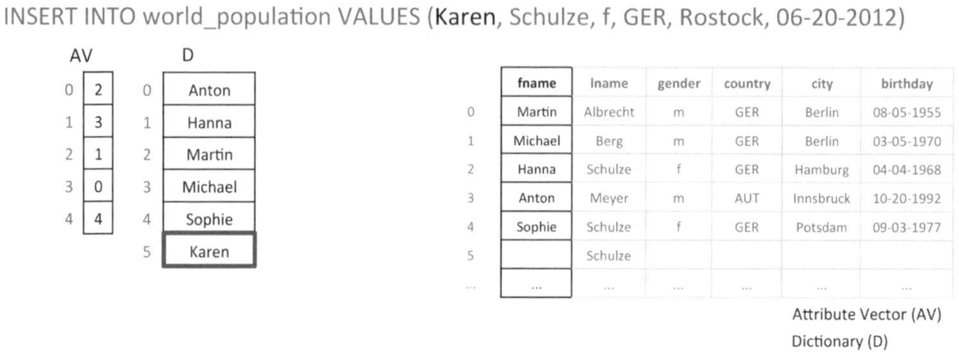

INSERT INTO world_population VALUES (**Karen**, Schulze, f, GER, Rostock, 06-20-2012)

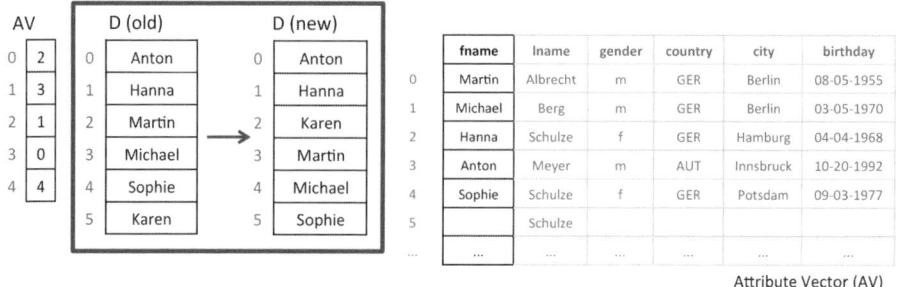

Abb. 11.6 Hinzufügen von *Karen* in das *fname*-Wörterbuch

INSERT INTO world_population VALUES (**Karen**, Schulze, f, GER, Rostock, 06-20-2012)

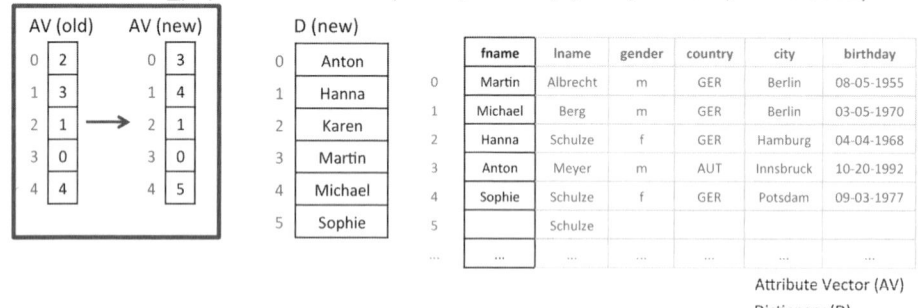

Abb. 11.7 Neusortierung des *fname*-Wörterbuchs

Basierend auf den veränderten WertIDs des neuen Vornamen-Wörterbuchs müssen auch alle WertIDs des Vornamen-Attribut-Vektors aktualisiert werden. Abbildung 11.8 zeigt die Änderungen am Attribut-Vektor. Beispielsweise wird an Position 1 die Wert-ID *Michael* von 3 auf 4 geändert.

INSERT INTO world_population VALUES (**Karen**, Schulze, f, GER, Rostock, 06-20-2012)

Abb. 11.8 Umorganisation des *fname*-Attribut-Vektors

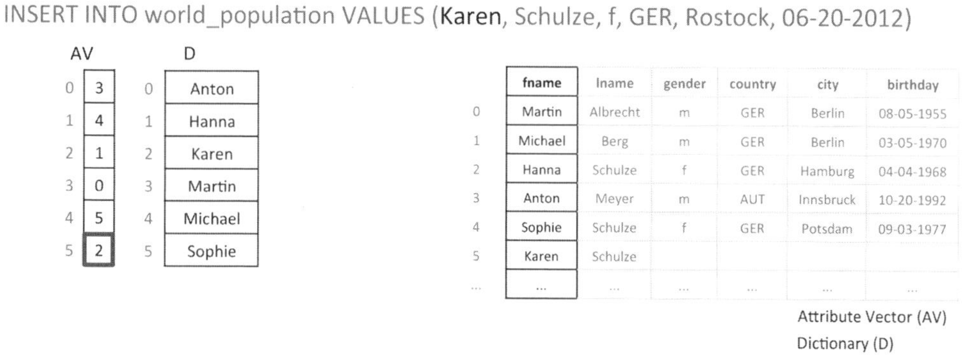

INSERT INTO world_population VALUES (**Karen**, Schulze, f, GER, Rostock, 06-20-2012)

AV		D	
0	3	0	Anton
1	4	1	Hanna
2	1	2	Karen
3	0	3	Martin
4	5	4	Michael
5	2	5	Sophie

	fname	lname	gender	country	city	birthday
0	Martin	Albrecht	m	GER	Berlin	08-05-1955
1	Michael	Berg	m	GER	Berlin	03-05-1970
2	Hanna	Schulze	f	GER	Hamburg	04-04-1968
3	Anton	Meyer	m	AUT	Innsbruck	10-20-1992
4	Sophie	Schulze	f	GER	Potsdam	09-03-1977
5	Karen	Schulze				
...	...	...	...	...	...	...

Attribute Vector (AV)

Dictionary (D)

Abb. 11.9 Anhängen der WertID, die *Karen* repräsentiert, an den Attribut-Vektor

Falls der neu hinzugefügte Wörterbuch-Eintrag aufgrund der Sortierreihenfolge des Wörterbuchs am Ende eingefügt wird, werden die beiden Schritte der Abbildungen 11.8 und 11.9 ausgelassen. In diesem Fall muss das Wörterbuch nicht neu sortiert und der Attribut-Vektor nicht neu aufgebaut werden.

Schließlich wird dem Attribut-Vektor (siehe Abb. 11.9) die WertID 2, welche die Wörterbuch-Position der Zeichenkette *Karen* repräsentiert, angehängt.

11.2 Überlegungen zur Leistung

Im Weltbevölkerungsbeispiel gehen wir von etwa 8 Milliarden Menschen und 5 Millionen einmaligen Vornamen aus. Jeder neue Eintrag eines Wertes im Wörterbuch kann zu einem erheblichen Mehraufwand aufgrund der Umsortierung des Wörterbuchs und der Reorganisation des jeweiligen Attribut-Vektors führen. Eine Umsortierung und Reorganisation bei jeder einzelnen Einfügeoperation würde zu Leistungseinbußen führen, die die Gesamtleistung des Systems merklich beeinträchtigen würden. Daher muss eine zusätzliche Schicht für das Hinzufügen von Einträgen ergänzt werden, der *Differential Buffer*. Kapitel 25 erläutert im Detail, wie die Schreibleistung auf einem hohen Niveau gehalten werden kann, indem der Merge-Prozess periodisch neue Einträge vom Differential Buffer in den Main Store überführt.

Die Anfälligkeit einer Spalte für eine Reorganisation hängt sehr stark von der Spalten-Kardinalität (der Anzahl der einmaligen Werte in einem Wörterbuch) ab. Wenn das Wörterbuch nur wenige Einträge aufweist, ist es wahrscheinlicher, dass eine Spalte durch einen neuen Eintrag reorganisiert werden muss.

Vor allem bei Attributen mit niedriger Spalten-Kardinalität, wie z. B. Geschlecht oder Land, nimmt jedoch die Wahrscheinlichkeit für eine Reorganisation im Laufe der Zeit ab, da die überwiegende Zahl der möglichen Werte für die jeweilige Spalte dann bereits in das Wörterbuch eingefügt wurde. In realen Anwendungen ändert sich das Wörterbuch nur gelegentlich, nachdem es eine bestimmte Größe erreicht hat. Die für die einzigartigen Wörterbucheinträge zusätzlich notwendigen Schritte sind weniger häufig und daher findet die teure Reorganisation seltener statt.

11.3 Selbsttest-Fragen

1. **Reihenfolge des Zugriffs auf Strukturen während des Einfügens**
   Auf welche Entität wird beim Einfügen zuerst zugegriffen?

   (a) Attribut-Vektor
   (b) Wörterbuch
   (c) Für das Einfügen wird kein Zugriff auf eine der Entitäten benötigt.
   (d) Auf beide wird parallel zugegriffen, um den Prozess zu beschleunigen.

2. **Neuer Eintrag im Wörterbuch**
   Gegeben seien die folgenden Entitäten:
   Altes Wörterbuch: Affe, Dachs, Elefant, Giraffe
   Alter Attribut-Vektor: 0, 3, 0, 1, 2, 3, 3
   Neuer Eintrag: Lamm
   Mit welchem Wert wird Lamm im neuen Attribut-Vektor abgebildet?

   (a) 1
   (b) 2
   (c) 3
   (d) 4

3. **Leistungsveränderung des Einfügens im zeitlichen Verlauf**
   Warum erreichen Column Stores im Produktiveinsatz im Laufe der Zeit oft eine Steigerung der Geschwindigkeit von Einfügeoperationen?

   (a) Weil das Wörterbuch einen Zustand der Sättigung erreicht, und somit ein Umschreiben des Attribut-Vektors unwahrscheinlicher geworden ist.
   (b) Weil die Hardware nach einiger Eingewöhnungszeit schneller läuft.
   (c) Weil die Spalte bereits in den Hauptspeicher geladen ist und nicht von der Festplatte geladen werden muss.
   (d) Eine Steigerung der Einfüge-Leistung ist nicht zu erwarten.

4. **Rückgriff auf das Spalten-Wörterbuch**
   Betrachten wir einen Wörterbuch-codierten Column Store (ohne Differential Buffer) und die folgenden SQL-Anweisungen für eine anfänglich leere Tabelle:
   INSERT INTO students VALUES('Daniel', 'Bones', 'USA');
   INSERT INTO students VALUES('Brad', 'Davis', 'USA');
   INSERT INTO students VALUES('Hans', 'Pohlmann', 'GER');
   INSERT INTO students VALUES('Martin', 'Moore', 'USA');

   Wie viele komplette Umschreibungen des Attribut-Vektors sind notwendig?

   (a) 2
   (b) 3
   (c) 4
   (d) 5

5. **Performance**

Welche der folgenden Anwendungsfälle haben die schlechteste Performance beim Einfügen, wenn alle Werte Wörterbuch-codiert werden?

(a) Eine Einwohner-Datenbank, die die Namen aller Einwohner einer Stadt speichert

(b) Eine Datenbank für Fahrzeugwartungsdaten, die Fehler, Fehlercodes und durchgeführte Reparaturen speichert

(c) Eine Passwort-Datenbank, die Passwort-Hashes speichert

(d) Eine Inventar-Datenbank eines Unternehmens, welche die Einrichtungsgegenstände für jeden Raum speichert

Kapitel 12
Aktualisieren von Einträgen – UPDATE

Die UPDATE-Operation ist Bestandteil der SQL Data Manipulation Language (DML) und wird für die Änderung eines oder mehrerer Tupel in einer Tabelle verwendet. Die UPDATE-Anweisung hat folgende allgemeine Form:

```
UPDATE TABLE table_name
SET column_name = value
[WHERE condition]
```

Auflistung 12.1: UPDATE-Syntax

Die optionale WHERE-Bedingung innerhalb einer UPDATE-Anweisung begrenzt die Aktualisierung auf die Tupel, die die angegebene Bedingung erfüllen. Wenn keine WHERE-Bedingung angegeben ist, werden alle Tupel in der Tabelle aktualisiert. Entsprechend der relationalen Algebra ist eine UPDATE-Anweisung logisch gesehen äquivalent zu einer DELETE-Anweisung gefolgt von einer INSERT-Anweisung.

12.1 Arten von Updates

In einer typischen Unternehmensanwendung findet man drei verschiedene Arten von Updates [Pla09]:

- *Aggregat-Update*: Die Attribute sind akkumulierte Werte als Bestandteil von materialisierten Sichten. Unserer Erfahrung nach werden in Unternehmenssystemen in der Regel zwischen ein und fünf materialisierte Aggregate pro Buchhaltungposten vorgehalten.
- *Status-Update*: binärer Wechsel einer Status-Variablen, in der Regel mit Zeitstempel
- *Wert-Update*: Der Wert eines Attributs wird durch einen neuen Wert ersetzt.

12.1.1 Aggregat-Updates

Die meisten Updates im Kontext von Finanzanwendungen werden auf komplette Datensätze angewandt, welche z.B. die Kontonummer, die rechtliche Organisation, das Jahr etc. beinhalten. BI-Systeme halten oft mehrere voraggregierte Werte für diese Datensätze vor, z.B. gruppiert nach Kundenkonto, nach Projekt oder Region. Das direkte Lesen dieser Aggregate ist schneller als sie „on the fly" zu berechnen.

12.1.2 Status-Updates

Spalten mit Status-Variablen (z.B. unbezahlt, bezahlt) verwenden in der Regel eine kleine, begrenzte Menge an Werten. Dadurch ergeben sich bei der Durchführung eines In-Place-

Updates keine Probleme, da sich die Kardinalität der Spalte nicht ändert. Es ist ratsam, die Kompression der Sequenzen (z. B. Lauflängencodierung) in den Spalten nicht für Statusfelder zu erlauben. Wenn die automatische Aufzeichnung von Statusänderungen für die Anwendung wünschenswert ist, kann auch der Insert-Only-Ansatz verwendet werden. Dieser wird in Kapitel 26 diskutiert. Falls die Status-Variable nur zwei Zustände aufweist, kann diese durch einen Nullwert bzw. einen ein Zeitstempel repräsentiert werden. Durch den Zeitstempel ist ein In-Place-Update auch für zeitliche Abfragen vollständig transparent.

12.1.3 Wert-Updates

Da in Unternehmensanwendungen die Veränderungen von Attributen in den meisten Fällen protokolliert werden müssen (Log of Changes), scheint ein Insert-Only-Ansatz die geeignetste Lösung zu sein. Im Durchschnitt werden nur 5 % der Tupel einer Finanzbuchhaltung tatsächlich über einen längeren Zeitraum geändert [KKG +11]. Die zusätzliche Last durch den Differential Buffer (dies ist der schreiboptimierte Speicher in SanssouciDB der Aktualisierungen und Einfügeoperationen übernimmt, siehe Kapitel 25) sowie der zusätzliche Bedarf an Hauptspeicher sind akzeptabel. Mit dem Insert-Only-Ansatz kann auch eine vollständige Änderungshistorie einschließlich des Zeitpunkts und der Herkunft der Änderung sichergestellt werden.

Ungeachtet der Tatsache, dass typische Unternehmenssysteme wie beschrieben nicht sehr aktualisierungsintensiv sind, können wir mithilfe von Insert-Only und durch den Verzicht auf Aggregate die Anzahl der Updates reduzieren, wodurch sich auch Locking-Probleme vermindern.

12.2 Update-Beispiel

Gegeben sei die Weltbevölkerungstabelle. Michael Berg zieht von Berlin nach Potsdam. Daher soll die folgende Abfrage ausgeführt werden:

```
UPDATE world_population SET city = 'Potsdam'
WHERE fname = 'Michael' AND
      lname = 'Berg' AND
      city = 'Berlin';
```

Auflistung 12.2: Michael Berg zieht von Berlin nach Potsdam

recID	fname	lname	gender	country	city	birthday
0	Martin	Albrecht	m	GER	Berlin	08-05-1955
1	Michael	Berg	m	GER	Berlin	03-05-1970
2	Hanna	Schulze	f	GER	Hamburg	04-04-1968
3	Anton	Meyer	m	AUT	Innsbruck	10-20-1992
4	Ulrike	Schulze	f	GER	Potsdam	09-03-1977
5	Sophie	Schulze	f	GER	Rostock	06-20-2012
...	...	...	...	...	...	...
8×10^9	Zacharias	Perdopolus	m	GRE	Athen	03-12-1979

Abb. 12.1 Die Weltbevölkerungstabelle vor dem Update

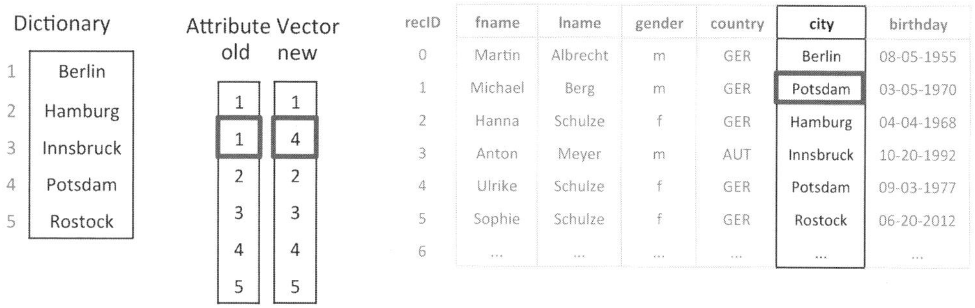

Abb. 12.2 Wörterbuch, alter und neuer Attribut-Vektor der Stadt-Spalte und Zustand der Weltbevölkerungstabelle nach dem Update

Abbildung 12.1 zeigt die Tabelle, bevor das Update ausgeführt wird. Da der Wert „Potsdam" bereits im Wörterbuch existiert, kann einfach der Wörterbuchschlüssel für den neuen Wert bestimmt und im Attribut-Vektor entsprechend aktualisiert werden. Dies wird in Abb. 12.2 gezeigt.

Nun wird angenommen, dass Hanna Schulze von Hamburg nach Bamberg zieht:

```
UPDATE world_population SET city = 'Bamberg'
WHERE fname = 'Hanna' AND
      lname = 'Schulze' AND
      city = 'Hamburg';
```

Auflistung 12.3: Hanna Schulze zieht von Hamburg nach Bamberg

Dieses Mal ist der Wert „Bamberg" noch nicht im Wörterbuch enthalten. Die Datenbank führt aus diesem Grund die folgenden Aktionen durch:

1. Der Wert „Bamberg" wird am Ende des Wörterbuchs eingefügt.
2. Das Wörterbuch wird neu organisiert, um die Sortierung, die für eine schnelle binäre Suche im Wörterbuch erforderlich ist, aufrechtzuerhalten.
3. Jeder Wert im Attribut-Vektor wird möglicherweise aktualisiert (d. h. durch die WertID, welche die Position des neuen Wörterbuch-Wertes repräsentiert, ersetzt). Abhängig von der Position des neuen Wertes im neu sortierten Wörterbuch wird dieser Schritt sehr teuer. In unserem Beispiel muss der komplette Attribut-Vektor umgeschrieben werden, weil „Bamberg" das erste Element im neu sortierten Wörterbuch ist.

Abbildung 12.3 zeigt diesen Prozess.

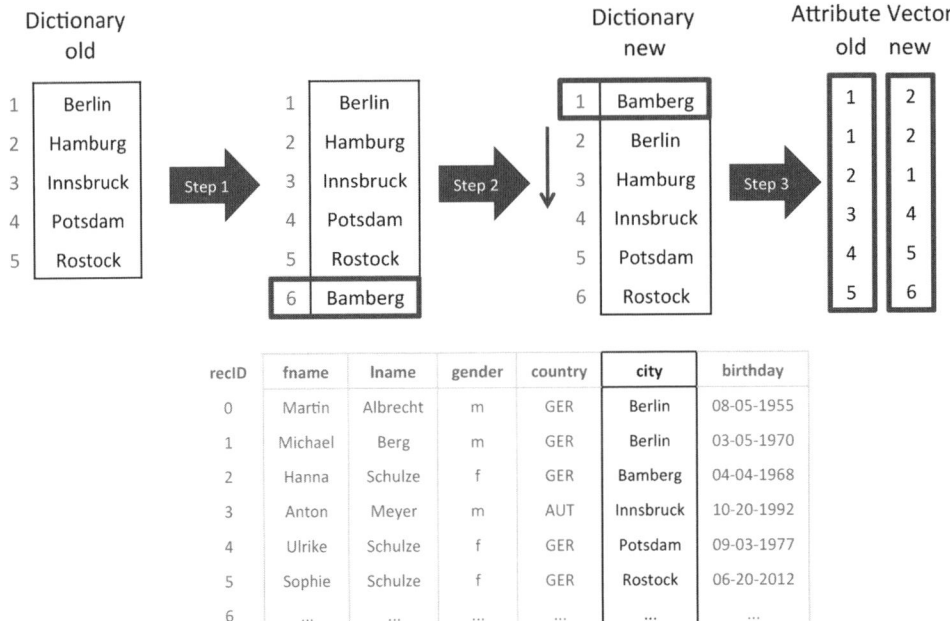

Abb. 12.3 Update der Weltbevölkerungstabelle mit einem Wert, der noch nicht im Wörterbuch enthalten ist

12.3 Selbsttest-Fragen

1. Realisierung des Status-Update

Wie sollten Status-Updates für binäre Status-Variablen realisiert werden, um möglichst viel Information, auch hinsichtlich der Änderungshistorie, bei möglichst geringen Kosten zu speichern?

(a) Mit einem Status Feld: „falsch" bedeutet Zustand 1, „richtig" bedeutet Zustand 2.

(b) Mit zwei Status Feldern: „richtig/falsch" bedeutet Zustand 1, „falsch/richtig" bedeutet Zustand 2.

(c) Mit einem Status Feld: „null" bedeutet Zustand 1, ein Zeitstempel bedeutet Übergang in den Zustand 2.

(d) Mit einem Status Feld: Zeitstempel 1 bedeutet Zustand 1, Zeitstempel 2 bedeutet Zustand 2.

2. Wert- Updates

Was ist ein „Wert-Update"?

(a) das Ändern des Wertes eines Attributs

(b) das Ändern des Wertes eines materialisierten Aggregats

(c) das Hinzufügen einer neuen Spalte

(d) das Ändern des Wertes einer Status-Variablen

3. Umschreiben des Attribut-Vektors nach Updates

Betrachten wir die Weltbevölkerungstabelle (Vorname, Nachname), die Informationen über alle Menschen in der Welt beinhaltet: Angela Müller heiratet Friedrich Schulze und erhält den Namen Angela Schulze. Sollte der komplette Attribut-Vektor für die Nachnamenspalte umgeschrieben werden?

(a) Nein, denn „Schulze" ist bereits im Wörterbuch und nur die WertID in der jeweiligen Zeile muss ersetzt werden.

(b) Ja, weil „Schulze" an eine andere Position im Wörterbuch bewegt wird.

(c) Es hängt von der Position ab: Alle Werte nach der aktualisierten Zeile müssen umgeschrieben werden.

(d) Ja, denn nach jedem Update werden alle betroffenen Attribut-Vektoren umgeschrieben.

Literaturhinweise

[KKG+11] J. Krüger, C. Kim, M. Grund, N. Satish, D. Schwalb, J. Chhugani, H. Plattner, P. Dubey, A. Zeier, Fast updates on read-optimized databases using multi-core cpus. PVLDB 5(1), 61–72 (2011)

[Pla09] H. Plattner, A common database approach for oltp and olap using an in-memory column database, in SIGMOD Conference, eds. By U. ÄZetintemel, S.B. Zdonik, D. Kossmann, N. Tatbul (ACM, 2009), S. 1–2

Kapitel 13
Tupel-Rekonstruktion

13.1 Einführung

Wie bereits erwähnt, können Daten mit Matrizen-Eigenschaften im linearen Arbeitsspeicher entweder spaltenweise (spaltenorientiertes Layout) oder zeilenweise (zeilenorientiertes Layout) gespeichert werden. Die Auswirkungen wurden bereits in Kapitel 8 ausführlich diskutiert. Das spaltenorientierte Layout ist für analytische Operationen optimiert, die viele Zeilen, aber nur einen kleinen Anteil aller Spalten verarbeiten. Das zeilenorientierte Layout zeigt eine bessere Leistung für ausgewählte Operationen, die auf vielen Attributen weniger Tupel arbeiten. In diesem Kapitel beschreiben wir im Detail, welche Operationen für die Tupel-Rekonstruktion benötigt werden und erklären, welchen Einfluss die verschiedenen Layouts auf die Leistung dieser Operationen haben. Tupel-Rekonstruktion stellt eine typische Funktionalität von OLTP-Anwendungen dar, welche immer dann ausgeführt wird, wenn mehr als eine Spalte aus der Datenbank angefordert wird. Dies ist beispielsweise der Fall, wenn der Nutzer in einem ERP-System „show"- oder „edit"-Transaktionen für ein Stammobjekt oder für ein Dokument aufruft.

Um den Einfluss der Organisation des Hauptspeichers auf die Leistung der Tupel-Rekonstruktion zu erklären, müssen wir den Cache-Zugriff und die Größe der Cache-Line betrachten. Ein CPU-Cache ist ein Cache, der von der zentralen Recheneinheit (engl. Central Processing Unit) eines Computers verwendet wird, um die durchschnittliche Zugriffszeit auf den Arbeitsspeicher zu verringern. Der Cache ist ein kleinerer, schnellerer Speicher, der meist Kopien der Daten aus den am häufigsten genutzten Bereichen des Hauptspeichers vorhält. Ein Speicher-Cache ist in 32 oder 64 Byte langen Cache-Lines angeordnet. Selbst wenn nur ein Byte aus dem Speicher gelesen werden soll, liest die CPU eine vollständige Cache-Line und legt sie im Cache ab. Diese Eigenschaft des Caches erleichtert es, die Antwortzeiten für die Tupel-Rekonstruktion für beide Layouts abzuschätzen.

13.2   Tupel-Rekonstruktion in zeilenorientierten Datenbanken

Betrachten wir zunächst ein Beispiel, das ein zeilenbasiertes Layout verwendet. Nehmen wir an, dass wir ein Tupel rekonstruieren müssen, dessen Position wir kennen. Für ein erstes Beispiel berücksichtigen wir die folgenden Eigenschaften des Tupels:

- die Größe eines Tupels beträgt 200 Byte;
- die Anzahl der Attribute im Tupel beträgt 6.

Um die Rekonstruktionszeit schätzen zu können, benötigen wir zusätzlich die folgenden Parameter:

- Geschwindigkeit des Lesevorgangs aus dem Hauptspeicher: 2 MB/ms/Kern;
- wir nehmen an, dass eine Cache-Line 64 Byte lang ist;
- alle Berechnungen werden von einem Kern pro CPU durchgeführt. Wenn wir mehrere Kerne betrachten, wird sich die Leistung entsprechend steigern.

Nun wollen wir berechnen, wie lange der Lesevorgang für die Tupel-Rekonstruktion dauert, wenn wir annehmen, dass die Daten in einem zeilenbasierten Layout angeordnet sind. Die Operation wird relativ schnell durchgeführt, da alle Attribute sequentiell gespeichert sind.

Wenn wir von einer Größe von 200 Bytes pro Tupel ausgehen, benötigen wir vier Cache-Zugriffe, um das gesamte Tupel aus dem Hauptspeicher zu lesen:

$$\left(\left\lceil \frac{200}{64} \right\rceil = 4\right)$$

Die CPU liest ein wenig mehr als die Größe eines Tupels (200 Byte), da sie für jeden Cache-Zugriff eine vollständige Cache-Line liest (im Fall eines zeilenbasierten Layouts werden somit zusätzlich einige Daten des folgenden Tupels in den Cache geladen). Dementsprechend werden 256 Byte aus dem Hauptspeicher gelesen. Unter Berücksichtigung der Geschwindigkeit von 2 MB/ms/Kern, können wir die benötigte Zeitspanne berechnen:

$$\text{Antwortzeit zur Tupel-Rekonstruktion (Zeilen-Layout)} = \frac{256 \text{ Byte}}{2.000.000 \text{ Byte/ms/Kern}}$$

$$= 0{,}128 \text{ µs}$$

13.3 Tupel-Rekonstruktion in spaltenorientierten Datenbanken

Nun wollen wir die Bearbeitungszeit für den gleichen Vorgang und für Tupel mit den gleichen Eigenschaften abschätzen, diesmal aber unter der Annahme, dass die Daten in einem spaltenorientierten Layout organisiert sind. Die Daten werden in diesem Fall attributweise gespeichert. Um die Tupel zu rekonstruieren, kann die CPU die Daten nicht einfach sequentiell aus dem Speicher lesen. Für jedes Attribut des Tupels, das für die Tupel-Rekonstruktion notwendig ist, sind separate Cache-Zugriffe nötig. Da die CPU die implizite DatensatzID des zu rekonstruierenden Tupels kennt, wird sie zwischen den Speicheradressen der Attribute des Tupels „springen", um die benötigten Werte zu laden (siehe Abb. 8.5). Nun wollen wir berechnen, wie lange in diesem Fall der Lesevorgang für die Tupel-Rekonstruktion dauert. Da wir davon ausgehen, dass das rekonstruierte Tupel sechs Attribute hat und für jeden kompletten Lesevorgang eines Attributs ein Cache-Zugriff erforderlich ist, benötigen wir sechs Cache-Zugriffe, um alle Attribute des Tupels aus dem Hauptspeicher zu lesen. Da wir von einer Cache-Line-Größe von 64 Byte ausgehen, muss die CPU 64 Byte · 6 = 384 Byte aus dem Hauptspeicher lesen. In diesem Fall liest die CPU deutlich mehr als den Umfang eines Tupels (200 Byte) aus, weil sie eine komplette Cache-Line für jeden Cache-Zugriff lesen muss (bei einem spaltenorientierten Layout werden damit zusätzlich einige Attribut-Werte der nachfolgenden Tupel geladen). Unter Berücksichtigung der Geschwindigkeit von 2 MB/ms/Kern können wir die benötigte Zeit wie folgt berechnen:

$$\text{Antwortzeit zur Tupel-Rekonstruktion (Spalten-Layout)} = \frac{384 \text{ Byte}}{2.000.000 \text{ Byte/ms/Kern}}$$

$$= 0{,}192 \text{ μs}$$

In diesem einfachen Beispiel ist die Leistung der Tupel-Rekonstruktion für das Spalten-Layout nicht signifikant schlechter als für das Zeilen-Layout. Dennoch kann der Unterschied in der Antwortzeit signifikanter sein, wenn wir ein Beispiel für ein Tupel mit einer größeren Anzahl von Attributen zugrunde legen.

13.4 Weitere Beispiele und Diskussion

Tabellen von Geschäftsanwendungen besitzen in der Realität bedeutend mehr Attribute als im beschriebenen Beispiel. Um die Auswirkungen zu verdeutlichen, wollen wir die Antwortzeit für eine Tupel-Rekonstruktion mit folgenden Eigenschaften berechnen:

- Die Größe eines Tupels beträgt 3.200 Byte. Für die Berechnung der Antwortzeit des Spalten-Layouts nehmen wir weiterhin an, dass für jedes Attribut des Tupels ein Cache-Zugriff ausreichend ist.
- Die Anzahl der Attribute im Tupel beträgt 100.

Wir berechnen die Antwortzeiten für die Tupel-Rekonstruktion für beide Layouts, wobei wir von den gleichen Eigenschaften der CPU wie im obigen Beispiel ausgehen wollen.

In einem Zeilen-Layout werden 50 Cache-Zugriffe von einer CPU benötigt, um das gesamte Tupel zu lesen: 50 · 64 Byte = 3.200 Byte.

$$\text{Antwortzeit zur Tupel-Rekonstruktion (Zeilen-Layout)} = \frac{3.200 \text{ Byte}}{2.000.000 \text{ Byte/ms/Kern}}$$

$$= 1{,}6 \text{ μs}$$

Bei einem Spalten-Layout sind 100 Cache-Zugriffe erforderlich, um alle Attribute des Tupels zu lesen: 100 · 64 Byte = 6.400 Byte.

$$\text{Antwortzeit zur Tupel-Rekonstruktion (Spalten-Layout)} = \frac{6.400 \text{ Byte}}{2.000.000 \text{ Byte/ms/Kern}}$$

$$= 3{,}2 \text{ μs}$$

Dieses Beispiel zeigt, wie die Antwortzeit von der Anzahl der Attribute eines Tupels beeinflusst wird. Die Leistung für die Tupel-Rekonstruktion des spaltenorientierten Layouts wird im Vergleich zur zeilenorientierten Speicherung zunehmend schlechter, wenn wir die Anzahl der Tupel-Attribute erhöhen und alle Attribute anfordern.

Daher ist es wichtig, nur die notwendigen Felder eines Tupels zu wählen. Auf diese Weise kann der potenzielle Nachteil eines spaltenorientierten Layouts auf ein Minimum reduziert werden.

13.5 Selbsttest-Fragen

1. **Performance der Tupel- Rekonstruktion für das Zeilen-Layout**
   Gegeben sei eine Tabelle mit den folgenden Eigenschaften:

   - physische Speicherung in Zeilen
   - Die Größe jedes Feldes beträgt 34 Byte.
   - Die Anzahl der Attribute beträgt 9.
   - Eine Cache-Line umfasst 64 Byte.
   - Die CPU verarbeitet 2 MB pro Millisekunde.

   Berechnen Sie die erforderliche Zeit für die Rekonstruktion eines vollständigen Tupels. Bitte verwenden Sie die folgenden Umwandlungen: 1 MB = 1.000 kB, 1 kB = 1.000 B

   (a) ≈ 0,1 μs
   (b) ≈ 0,275 μs
   (c) ≈ 0,16 μs
   (d) ≈ 0,416 μs

2. **Performance der Tupel-Rekonstruktion für das Spalten-Layout**
   Gegeben sei eine Tabelle mit den folgenden Eigenschaften:

   - physische Speicherung in Spalten
   - Die Größe jedes Feldes beträgt 34 Byte.
   - Die Anzahl der Attribute beträgt 9.
   - Eine Cache-Line umfasst 64 Byte.
   - Die CPU verarbeitet 2 MB pro Millisekunde.

   Berechnen Sie die erforderliche Zeit für die Rekonstruktion eines vollständigen Tupels. Bitte verwenden Sie die folgenden Umwandlungen: 1 MB = 1.000 kB, 1 kB = 1.000 B
   (a) ≈ 0,16 μs
   (b) ≈ 0,145 μs
   (c) ≈ 0,288 μs
   (d) ≈ 0,225 μs

3. **Tupel-Rekonstruktion im hybriden Layout**
   Eine Tabelle mit Informationen über Produkte, die auf Lager sind, hat die folgenden Attribute:

   Warehouse (4 Byte); Produkt-ID (4 Byte); Produktbezeichnung kurz (20 Byte); Produktbezeichnung lang (40 Byte); Eigenproduktion (1 Byte); Produktionsanlage (4 Byte); Produktgruppe (4 Byte); Sector (4 Byte); Lagerbestand (8 Byte); Maßeinheit (3 Byte); Preis (8 Byte); Währung (3 Byte); Wert des Gesamtbestandes (8 Byte); Lager-Währung (3 Byte)

- Der Speicherbedarf eines vollständigen Tupels ist 114 Byte.
- Eine Cache-Line umfasst 64 Byte.

Die Tabelle ist im Hauptspeicher im Hybrid-Layout gespeichert. Folgende Felder werden zusammen gespeichert:

- Lagerbestand und Maßeinheit
- Preis und Währung
- Wert des Gesamtbestandes und Lager-Währung

Alle anderen Felder werden spaltenweise gespeichert.
Berechnen und wählen Sie aus der folgenden Liste die Zeitspanne, die für eine vollständige Tupel-Rekonstruktion mit einem einzigen CPU-Kern benötigt wird. Bitte verwenden Sie die folgenden Umwandlungen:
1 MB = 1.000 kB; 1 kB =1.000 B

(a) ≈ 0.352 μs
(b) ≈ 0.020 μs
(c) ≈ 0.061 μs
(d) ≈ 0.427 μs

4. Leistungsvergleich von Tupel-Rekonstruktionen für unterschiedliche Layouts

Eine Tabelle mit Informationen über Waren, die auf Lager sind, hat die folgenden Attribute:

Warehouse (4 Byte); Produkt-ID (4 Byte); Produktbezeichnung kurz (20 Byte); Produktbezeichnung lang (40 Byte); Eigenproduktion (1 Byte); Produktionsanlage (4 Byte); Produktgruppe (4 Byte); Sector (4 Byte); Lagerbestand (8 Byte); Maßeinheit (3 Byte); Preis (8 Byte); Währung (3 Byte); Wert des Gesamtbestandes (8 Byte); Lager-Währung (3 Byte)

- Der Speicherbedarf eines vollständigen Tupels beträgt 114 Byte.
- Eine Cache-Line umfasst 64 Byte.

Welche der folgenden Aussagen sind wahr?

(a) Wenn die Tabelle physisch in einem Spalten-Layout gespeichert ist, benötigt die Rekonstruktion eines einzigen vollständigen Tupels ~0.192 μs, wenn ein einziger CPU-Kern genutzt wird.
(b) Wenn die Tabelle physisch in einem Zeilen-Layout gespeichert ist, benötigt die Rekonstruktion eines einzigen vollständigen Tupels ~128 ns, wenn ein einziger CPU-Kern genutzt wird.
(c) Wenn die Tabelle physisch in einem Spalten-Layout gespeichert ist, benötigt die Rekonstruktion eines einzigen vollständigen Tupels ~448 ns, wenn ein einziger CPU-Kern genutzt wird.
(d) Wenn die Tabelle physisch in einem Zeilen-Layout gespeichert ist, benötigt die Rekonstruktion eines einzigen vollständigen Tupels ~0,64 μs, wenn ein einziger CPU-Kern genutzt wird.

Kapitel 14
Scan-Leistung

14.1 Einführung

In diesem Kapitel diskutieren wir die Leistung des Scan-Vorganges. Charakteristisch für die Scan-Operation ist, dass sie nur mit den Werten eines einzelnen Attributes oder einer kleinen Gruppe von Attributen arbeitet. Für die in diesem Fall betrachteten Attribute wird der gesamte Datenbestand durchlaufen. Scan-Operationen durchsuchen ein oder mehrere Attribute nach passenden Werten. Solange die Tabelle nicht nach dem zu scannenden Attribut sortiert ist, muss ein Scanvorgang nacheinander alle Einträge durchlaufen und gibt im Anschluss diejenigen aus, die das in der WHERE-Klausel definierte Suchprädikat erfüllen (z. B. „SELECT * FROM world_population WHERE lastname= ‚Smith'"). Wie in Kapitel 13 werden wir in diesem Kapitel den Einfluss der verschiedenen Layouts (Zeilen- und Spalten-Layout) diskutieren. Weiterhin untersuchen wir die Leistung des Scan-Vorgangs unter verschiedenen Bedingungen. Dazu betrachten wir die folgenden drei Ansätze:

- vollständiger Tabellenscan im Zeilen-Layout
- Schrittweiten-Zugriff für die ausgewählten Attribute im Zeilen-Layout
- vollständiger Spalten-Scan im Spalten-Layout

In den folgenden Berechnungen wird die bereits aus den vorherigen Kapiteln bekannte Weltbevölkerungstabelle gescannt. Die Tabelle hat folgende Eigenschaften:

- 8 Mrd. Tupel
- Tupel-Größe von 200 Byte
- Tabellengröße von 8 Mrd • 200 Byte = 1,6 TB
- Attribute: Vorname, Nachname, Geschlecht, Land, Stadt, Geburtstag
- Alle Attribute haben eine feste Länge.

Zusätzlich werden wieder die bisherigen Annahmen für die Berechnungen der Antwortzeiten verwendet:

- Scangeschwindigkeit für Lesevorgänge aus dem Hauptspeicher: 2 MB/ms/Kern
- Cache-Line-Größe von 64 Byte

Im ersten Beispiel verwenden wir den Scan-Vorgang, um die Frage zu beantworten: „Wie viele Frauen gibt es auf der Welt?".

Zur Beantwortung der Frage muss die „Geschlechter"-Spalte gescannt werden, welche lediglich zwei mögliche Werte enthält. Der Einfachheit halber erfolgen die Berechnungen der Scan-Leistung auf einem einzigen Kern. Bei der Durchführung des Scan-Vorgangs kann jede Zeile der Tabelle unabhängig von allen anderen Zeilen betrachtet werden. Folglich kann der Scan-Vorgang effizient parallelisiert werden und skaliert nahezu linear.

14.2 Zeilen-Layout: vollständiger Tabellen-Scan

Wenn die Daten zeilenorientiert organisiert sind, liegt der erste und naheliegendste Ansatz, um die genaue Anzahl der Frauen in der Weltbevölkerung zu finden darin, nacheinander alle Zeilen zu scannen und lediglich das Geschlecht-Attribut auszuwerten. Wir haben dieses Verhalten oft in Softwaresystemen beobachtet, die Object-Relational Mapping (ORM) verwenden und jegliche Berechnungen auf der Anwendungsseite durchführen. Das Abrufen der vollständigen Datensätze zur Erstellung der benötigten Objekte resultiert in einem vollständigen Tabellenscan. Während dieser Operation liest die CPU daher 1.6 TB aus dem Hauptspeicher. Unter Berücksichtigung der Scan-Geschwindigkeit von 2 MB/ms pro Kern, können wir die Laufzeit auf einem Kern wie folgt berechnen:

$$\textit{Antwortzeit für vollständigen Tabellenscan auf einem Kern} = \frac{\textit{1,6 TB}}{\textit{2 MB/ms}} = 800 \text{ s}$$

Wir müssten mehr als zehn Minuten warten, um die Antwort auf unsere Frage zu erhalten. Um eine bessere Leistung zu erzielen, müssen wir nach Optimierungsmöglichkeiten suchen. Eine naheliegende und einfache Lösung ist es, die Frage vom Computer parallel auf mehreren Kernen bzw. CPUs berechnen zu lassen. Dazu könnten wir eine vertikale Partitionierung der Tabelle vornehmen und den Scanvorgang auf den einzelnen Partitionen mit den vorhandenen Kernen parallel durchführen.

Werfen wir als Beispiel einen kurzen Blick auf eine Quad-Core-CPU. Die Scan-Geschwindigkeit für eine Quad-Core-CPU kann wie folgt berechnet werden: 4 Kerne · 2 MB/ms/Kern = 8 MB/ms. Die Antwortzeit für einen vollständigen Tabellenscan beträgt 1,6 TB/8 MB/ms = 200 s. Selbst mit vier Kernen dauert die Ausführung der Abfrage einige Minuten.

Ein weiterer Ansatz, um die Leistung des Scan-Vorgangs zu erhöhen, nutzt die Vorteile der Hauptspeicherdatenbank und den damit verbundenen direkten Zugriff auf die Werte der Geschlechter-Spalte. Bei festplattenbasierten Datenbanken hingegen sind in der Regel nur Seiten anstelle von einzelnen Attributen direkt zugänglich (siehe Abschnitt 4.4). Die Ergebnisse für diesen Ansatz werden im folgenden Abschnitt besprochen.

14.3 Zeilen-Layout: Schrittweiten-Zugriff

Nehmen wir an, dass wir weiterhin das Zeilen-Layout verwenden, um die Daten zu speichern. Statt die gesamte Tabelle zu scannen und alle Tabellenfelder aus dem Hauptspeicher zu lesen, greifen wir nun direkt auf die benötigten Attribute zu. Dies ist natürlich nur möglich, wenn die Schrittweite zwischen zwei zu lesenden Werten konstant und bekannt ist. Um alle Einträge der Geschlechter-Spalte zu scannen, benötigt die CPU einen Cache-Zugriff pro Tupel (d.h. insgesamt acht Milliarden Zugriffe). Unter der Annahme, dass die Cache-Line eine Größe von 64 Byte hat und dass die CPU bei jedem Cache-Zugriff, unabhängig von der Größe der Geschlechter-Spalte, genau 64 Byte liest, können wir das Datenvolumen berechnen, das aus dem Hauptspeicher während des gesamten Scan-Vorgangs gelesen wird:

$$\text{Datenvolumen} = 8 \text{ Mrd} \cdot 64 \text{ Byte} \approx 512 \text{ GB}$$

Unter Berücksichtigung der Scan-Geschwindigkeit, erhalten wir die folgende Antwortzeit für einen Kern:

Antwortzeit des Schrittweiten-Zugriffs auf einem Kern = 512 GB/2 MB/ms = 256 s

Das Ergebnis ist besser als das des vollständigen Tabellenscans, jedoch dauert die Beantwortung der Frage immer noch mehrere Minuten. Es gibt allerdings weitere Möglichkeiten, um die Scan-Geschwindigkeit für unsere Ausgangsfrage zu optimieren.

14.4 Spaltenorientiertes Layout: vollständiger Spalten-Scan

Bei Verwendung eines spaltenorientierten Layouts werden die Daten attributweise im Hauptspeicher gespeichert. Diese Tatsache führt uns zu den folgenden Schlussfolgerungen:

- Da Attribute gleichen Typs zusammen gespeichert sind, können wirksame Kompressions-Algorithmen verwendet werden, um die Datenmenge zu reduzieren, die im RAM vorgehalten wird und zwischen Hauptspeicher und CPU übertragen werden muss.
- Da die Werte für die gleichen Attribute fortlaufend gespeichert sind, ist die Wahrscheinlichkeit je nach Länge der komprimierten Werte relativ hoch, dass der nächste benötigte Eintrag in der aktuell gelesenen Cache-Line bereits enthalten ist. Je kürzer die Werte, desto höher ist die Wahrscheinlichkeit.

Aus diesem Grund können zwei Aspekte von spaltenorientierten Layouts vorteilhaft genutzt werden: das ausschließliche Scannen der tatsächlich benötigten Attribute und das Lesen von komprimierten Werten. Beide Aspekte reduzieren die Datenmenge, die zwischen Hauptspeicher und CPU übertragen werden muss, und führen dadurch zu einer Reduktion der Antwortzeiten.

Nehmen wir an, dass die Geschlechter-Spalte, wie in Kapitel 6 beschrieben, Wörterbuchcodiert ist und somit nur ein Bit benötigt wird, um die beiden möglichen Werte „m" und „f" zu codieren. Wie zuvor können wir das Datenvolumen, das aus dem Hauptspeicher gelesen werden muss, mithilfe der Attributgröße und der Anzahl der Tupel berechnen:

8 Mrd · 1 Bit ≈ 1 GB, was zu einer Antwortzeit von 1 GB/2 MB/ms/Kern = 0,5 s für den vollständigen Spalten-Scan auf einem Kern führt.

Das Ergebnis zeigt einen signifikanten Leistungsunterschied im Vergleich zu den beiden vorgestellten Ansätzen für das Zeilen-Layout. Unter Berücksichtigung der Möglichkeit, mehrere Kerne zu nutzen und die Scan-Operation parallel auszuführen, können wir ferner mit dem Spalten-Layout die Antwortzeit auf unsere Beispielabfrage sogar noch stärker verkürzen. Unsere Beispielabfrage arbeitet lediglich auf einer Spalte, dafür aber mit einer großen Anzahl von Tupeln. Da das Beispiel stark vereinfacht ist, stellt dies vielleicht nicht den typischen Anwendungsfall im Unternehmensumfeld dar. Es kann hieraus jedoch geschlussfolgert werden, dass bei analytischen Workloads aufgrund der in Kapitel 3 vorgestellten Charakteristika diese Scan-Methode favorisiert werden sollte. Abfragen, die eine kleine Anzahl von Spalten bearbeiten, dabei jedoch auf einer großen Datenmenge operieren, sind charakteristisch für analytische Unternehmensanwendungen.

14.5 Weitere Beispiele und Diskussion

In unserem vorherigen Beispiel haben wir einen fast „perfekten" Fall betrachtet. Bei einer Größe von 1 Bit wurde das Geschlechter-Attribut auf das absolute Minimum für Wörterbuch-codierte Werte komprimiert. Dieser Umstand verringert das Datenvolumen, das zwischen der CPU und dem Hauptspeicher übertragen werden muss. Selbstverständlich hängt das Ergebnis der Leistungsberechnung immer von der Größe des gescannten Attributs ab. Bei größeren Attributen muss die CPU ein größeres Datenvolumen durchsuchen und es werden weniger Werte in eine Cache-Line passen.

Um das Ergebnis in Relation betrachten zu können, führen wir die Berechnungen zusätzlich für ein weiteres Attribut aus unserer Beispieltabelle durch. Im folgenden Beispiel berechnen wir daher die Antwortzeit für die Operation eines vollständigen Spalten-Scans der Geburtstags-Spalte. Diese Spalte hat bedeutend mehr einmalige Werte als die Geschlechter-Spalte.

Unter Berücksichtigung der Tatsache, dass jede WertID eines komprimierten Wertes in der „Geburtstag"-Spalte eine Größe von 2 Byte hat, können wir die zu übertragende Datenmenge und die dazugehörige Antwortzeit wie folgt berechnen:

- Aus dem Hauptspeicher zu lesendes Datenvolumen = 8 Mrd. · 2 Byte ≈ 16 GB
- Antwortzeit für einen vollständigen Spalten-Scan = 16 GB/2 MB/ms/Kern = 8 s (mit einem Kern)

Aus den oben durchgeführten Berechnungen können wir zusammenfassend schließen, dass die folgenden Parameter einer CPU und einer gescannten Tabelle Einfluss auf die Scan-Leistung haben:

- Ausnutzung von Caches
- Speicherbandbreite
- Anzahl der CPUs bzw. Kerne
- Tabellen-Kardinalität (Anzahl der Tupel in einer Tabelle)
- verwendetes Kompressionsverfahren
- verwendetes Layout (Spalten- oder Zeilen-Layout)

Die Beispielrechnungen in diesem Kapitel zeigen eine signifikante Beschleunigung der Scan-Leistung beim Umstieg von einem Zeilen- auf ein Wörterbuch-codiertes Spalten-Layout. Neben der Tatsache, dass das spaltenorientierte Layout durch eine höhere Datendichte die CPU-Caches besser ausnutzt, ermöglicht es weiterhin zusätzliche Optimierungen wie z. B. die Verwendung von SIMD/SSE-Operationen (siehe Abschnitt 17.1.2).

14.6 Selbsttest-Frage

1. **Laden von Tupeln aus einem Wörterbuch-codierten zeilenorientierten Layout**
   Betrachten Sie das in Abschnitt 14.2 vorgestellte Beispiel nun mit Wörterbuch-codierten
   Attributen. Jede der 8 Milliarden komprimierten Zeilen habe eine Gesamtgröße von 32
   Byte. Wie viel Zeit benötigt ein Single-Core-Prozessor, um die gesamte Weltbevölke-
   rungstabelle zu scannen, wenn alle Daten in einem Wörterbuch-codierten Zeilen-Layout
   gespeichert sind?

   (a) 128 s
   (b) 256 s
   (c) 64 s
   (d) 96 s

Kapitel 15
Abfragen von Einträgen – SELECT

In diesem Kapitel beschreiben wir, wie eine Anwendung Daten auslesen kann, die in der Datenbank gespeichert wurden.

15.1 Relationale Algebra

Die SELECT-Anweisung ist eine Kombination aus mehreren Operationen der relationalen Algebra, hauptsächlich der Selektion, der Projektion und des kartesischen Produkts. Wir konzentrieren uns hier auf die Auswirkungen, die sich durch die Verwendung des spaltenorientierten Daten-Layouts von SanssouciDB für diese Operationen ergeben.

15.1.1 Kartesisches Produkt

Das kartesische Produkt (oder Kreuzprodukt) ist eine binäre Operation, die aus zwei gegebenen Relationen R_1 und R_2 die Ergebnisrelation $R_3 = R_1 \times R_2$ produziert. Die Eingaberelationen verfügen über n_{R_1} bzw. n_{R_2} Attribute und eine Kardinalität von $|R_1|$ und $|R_2|$. Die Operation x bildet die Menge aller geordneten Paare $R_3 = (R_1, R_2)$, wobei gilt: $R_1 \in R_1$, $R_2 \in R_2$. Die Relation R_3 hat dementsprechend $n_{R_3} = n_{R_1} + n_{R_2}$ Attribute und eine Kardinalität von $|R_3| = |R_1| \cdot |R_2|$. Nachdem beide Relationen kombiniert wurden, können Projektionen und Selektionen angewandt werden, um die Größe der Ergebnismenge zu reduzieren. Datenbanksysteme verwenden oft Join-Operationen anstelle des kartesischen Produkts, um die Größe der Zwischenergebnisse zu reduzieren. Mögliche Join-Operationen werden in Kapitel 19 näher beschrieben.

15.1.2 Projektion

Die Projektions-Operation wird verwendet, um die Attribute ihrer Eingaberelation zu beschränken. Mit Blick auf das logische Layout einer Tabelle ist Projektion ein „vertikaler" Operator. Eine Projektion wird wie folgt in der relationen Algebra ausgedrückt: $\pi_{j_1, \dots, j_n}(R)$. Die geordnete Folge von j_1 bis j_n, stellt hierbei die geordnete Sequenz der Attribute von R dar und bildet das Projektionsergebnis. Unter Verwendung eines spaltenorientierten Datenlayouts müssen nur die Spalten, die Teil der Projektion sind bzw. die Attribute, die in Prädikaten verwendet werden, von der Datenbank gelesen werden. Die Abfragebearbeitung benötigt somit weniger Ressourcen, wenn nur eine Teilmenge aller verfügbaren Attribute berücksichtigt werden muss.

15.1.3 Selektion

Wenn die Daten einer Relation anhand von zusätzlichen Kriterien gefiltert werden sollen, wird die Selektions-Operation verwendet. Dieser in der relationalen Algebra als σ geschriebene „horizontale" Operator bewirkt eine Auswahl von Tupeln aus der betrachteten Tupelmenge. Dazu wertet er einen aus zwei Operanden a und b bestehenden Ausdruck aus, die über eine binäre Operation θ kombiniert sind.

a und b können definierte oder berechnete Werte, Attributnamen oder wiederum komplexe Ausdrücke sein. θ stellt jegliche binären Operationen dar (z. B. gleich, größer, kleiner), die zu „wahr" oder „falsch" ausgewertet werden können. Nur diejenigen Tupel der Relation, die den resultierenden Ausdruck erfüllen, werden in die Ergebnisrelation aufgenommen.

15.2 Abfrageausführung

Innerhalb der meisten Anwendungen ist SELECT ein häufig verwendeter Befehl. Eine typische dem SQL-Standard entsprechende SELECT-Anweisung gestaltet sich wie folgt:

$$
\begin{aligned}
&\text{SELECT} && \pi_{j_1,\ldots,j_n}(R) \\
&\text{FROM} && R \\
&\text{WHERE} && \sigma_{a\theta b}(R)
\end{aligned}
$$

Da eine SQL-Anweisung eine deklarative Beschreibung des aus der Datenbank angeforderten Ergebnisses darstellt, ist eine geordnete Menge von Ausführungsschritten erforderlich, um die Daten aus der Datenbank abzurufen: ein sogenannter Abfrageausführungsplan. Für jede SQL-Abfrage können mehrere Ausführungspläne existieren, die die gleichen Ergebnisse mit unterschiedlicher Laufzeit liefern. Abfrage-Optimierer werden verwendet, um die Kosten für verschiedene Abfrageausführungspläne zu berechnen. Basierend auf Kostenmodellen und Heuristiken innerhalb des Optimierers wird ein effektiver Plan ausgewählt. Das Ziel ist, die Größe der Ergebnismenge so früh wie möglich zu reduzieren, z. B. durch

* möglichst früh angewendete Selektionen
* Anordnen von sequentiellen Selektionen, sodass die restriktivsten zuerst ausgeführt werden
* Anordnen von Joins entsprechend ihrer Tabellen-Kardinalitäten (kleinste Tabellen werden zuerst verwendet).

Als konkretes Beispiel verwenden wir die in Abb. 15.1 gezeigte Tabelle und führen die folgende SELECT-Anweisung aus, welche die Vornamen und Nachnamen aller männlichen Italiener aus der Weltbevölkerungstabelle abruft:

```
SELECT    fname, lname
FROM      world polulation
WHERE     country = 'Italy' AND gender = 'm'
```

Der entsprechende Abfrageausführungsplan für diese SQL-Abfrage könnte wie in Abb. 15.2 gezeigt aussehen.

id	fname	lname	country	gender
2394	Gianluigi	Buffon	Italy	m
3010	Lena	Gercke	Germany	f
3040	Mario	Balotelli	Italy	m
3949	Manuel	Neuer	Germany	m
4902	Lukas	Podolski	Germany	m
20102	Klaas-Jan	Huntelaar	Netherlands	m

Abb. 15.1 Beispieldatenbanktabelle *world_population*

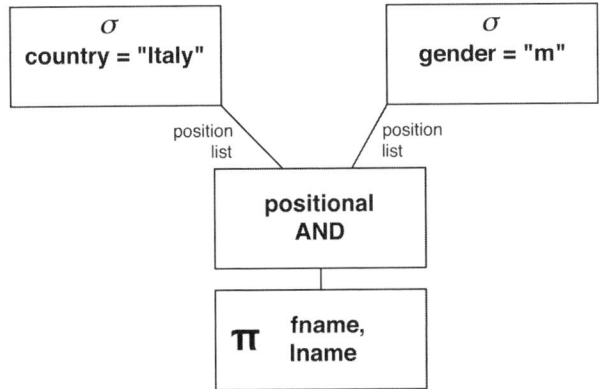

Abb. 15.2 Beispiel eines Abfrageausführungsplans für das SELECT-Statement

Der Abfrageplan würde dann in der Datenbank ausgeführt werden, wie in Abb. 15.3 gezeigt. Datenbank-Operationen mit unabhängigen Eingaben können parallel abgearbeitet werden.

Aufgrund der Wörterbuch-Codierung von SanssouciDB wird zuerst im Wörterbuch nachgeschlagen, um die WertIDs für „Italien" und „m" zu finden; in unserem Beispiel sind dies 3 und 1. Danach werden die Attribut-Vektoren von Land und Geschlecht gescannt und Positionslisten erstellt, welche die jeweils gültigen Tupel kennzeichnen. Die Schnittmenge dieser beiden Listen bildet eine neue Liste, welche die Positionen aller Tupel enthält, die beide Bedingungen erfüllen und damit die gewünschte Ergebnismenge darstellt. Als letzter Schritt werden die resultierenden Tupel auf die Vor- und Nachnamen projeziert und die sich ergebenden Werte als Antwort auf die Abfrage zurückgegeben.

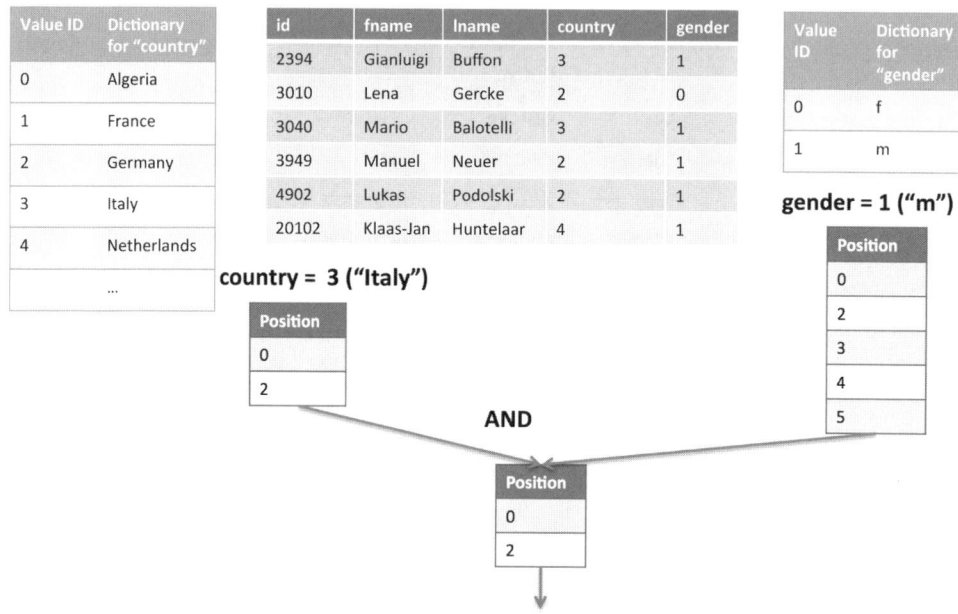

Abb. 15.3 Ausführung des erzeugten Abfrageplans

15.3 Selbsttest-Fragen

1. **Tabellen- Größe**

   Wie groß ist die Tabelle, wenn sie 8 Mrd. Tupel enthält und jedes Tupel eine Gesamtgrö-ße von 200 Byte hat?

   (a) ≈ 12.8 TB
   (b) ≈ 12.8 GB
   (c) ≈ 2 TB
   (d) ≈ 1.6 TB

2. **Optimierung der SELECT-Anweisung**

   Wie wird die Leistung von SELECT-Anweisungen, zum Beispiel durch den Query Opti-mierer, verbessert?

   (a) durch Reduzierung der Anzahl von Indizes
   (b) mit dem Schlüsselwort FAST SELECT
   (c) durch Anordnen mehrerer aufeinanderfolgender Selektionen von niedrigerer Selekti-vität zu hoher Selektivität
   (d) Optimierer versuchen Zwischenergebnismengen groß zu halten, um eine maximale Flexibilität bei der Bearbeitung von Abfragen zu gewährleisten.

3. **Reihenfolge der Ausführung einer Selektion**

   Gegeben sei eine Abfrage, die die Namen aller deutschen Frauen, die nach dem 1. Januar 1990 geboren sind, aus der Weltbevölkerungstabelle auswählt. In welcher Reihenfolge

sollte der Abfrage-Optimierer die Selektion durchführen? Gehen Sie von einem sequentiellen Abfrageausführungsplan aus.

(a) erstens Land, zweitens Geburtstag, zuletzt Geschlecht

(b) erstens Land, zweitens Geschlecht, zuletzt Geburtstag

(c) erstens Geschlecht, zweitens Land, zuletzt Geburtstag

(d) erstens Geburtstag, zweitens Geschlecht, zuletzt Land

4. **Berechnung der Selektivität**

   Gegeben sei eine Abfrage, welche die Namen aller deutschen Männer, die nach dem
   1. Januar 1990 und vor dem 31. Dezember 2010 geboren sind, aus der Weltbevölkerungstabelle (8 Milliarden Menschen) auswählt. Berechnen Sie die Selektivität.

   Selektivität = Anzahl der ausgewählten Tupel/Anzahl der Tupel in der Tabelle

   Annahmen:

   - Es gibt etwa 80 Millionen Deutsche in der Tabelle.
   - Männer und Frauen sind in jedem Land gleichmäßig verteilt (50/50).
   - Es gibt eine gleiche Verteilung über alle Generationen hinweg von 1910 bis 2010.

   (a) 0.001

   (b) 0.005

   (c) 0.1

   (d) 1

5. **Abfrageausführungspläne**

   Für jede beliebige SELECT-Anweisung ...

   (a) gibt es stets genau zwei Abfrageausführungspläne, die sich in jeglicher Hinsicht identisch verhalten.

   (b) existiert genau ein Abfrageausführungsplan.

   (c) können mehrere Abfrageausführungspläne mit der gleichen Ergebnismenge, aber unterschiedlicher Performance existieren.

   (d) können mehrere Abfrageausführungspläne existieren, die unterschiedliche Ergebnismengen liefern.

Kapitel 16
Materialisierungsstrategien

SQL ist die am häufigsten eingesetzte Sprache, um mit Datenbanken zu interagieren. Die Benutzer sind an das tabellenorientierte Ausgabeformat von SQL gewöhnt. Um in Column Stores die gleichen Daten-Schnittstellen bereitzustellen, wie sie von Row Stores her bekannt sind, müssen die aus einer Abfrage resultierenden Ergebnisse in Tupel im Zeilenformat umgewandelt werden. Der Prozess der Umwandlung von codierten spaltenorientierten Daten in Tupel wird als Materialisierung bezeichnet.

Insbesondere für spaltenorientierte Datenbanken mit leichtgewichtiger Kompression ist eine angemessene Materialisierungsstrategie entscheidend. Abadi et al. [AMDM07] analysierten verschiedene Materialisierungsstrategien für spaltenorientierte Datenbanken und stellten fest, dass je nach Speicherungstechnik (z. B. komprimierte vs. unkomprimierte Daten, Wörterbuch-Codierung vs. keine Wörterbuch-Codierung), verschiedene Materialisierungsstrategien geeignet sind. Grund et al. [GKK +11] analysierten unterschiedliche Datenbank-Operatoren und die Auswirkungen der Materialisierungsstrategien auf Zwischenergebnisse, insbesondere für Wörterbuch-codierte spaltenorientierte Datenstrukturen.

16.1 Aspekte der Materialisierung

Abadi et al. [AMDM07] unterteilen das Thema der Materialisierung in zwei Bereiche, die Ausführung der Materialisierung und den Zeitpunkt der Materialisierung. Die Ausführung kann wiederum in Parallele- und Pipeline-Materialisierung aufgeteilt werden. Die Vor- und Nachteile beider Ansätze werden im Detail von Grund et al. [GKK +11] diskutiert. Alle folgenden Beispiele verwenden eine Nicht-Pipeline-Ausführung, in der jeder Operator unabhängig von den anderen ist.

In Bezug auf den Aspekt des Zeitpunktes der Materialisierung gibt es zwei verschiedene Strategien: frühe und späte Materialisierung. Bei früher Materialisierung werden die Daten bereits im Verlauf der Durchführung einer Abfrage durch Nachschlagen im Wörterbuch decodiert, also in die tatsächlichen Ausgabewerte übersetzt.

Als Beispiel betrachten wir eine Wörterbuch-codierte Spalte, welche String-Werte speichert. Sie besteht aus dem Attribut-Vektor der Integer-Werte und dem sortierten Wörterbuch der gespeicherten Zeichenketten. Hier ersetzt die eigentliche Zeichenkette bereits während der Ausführung der Abfrage den Integer-Wert, der die entsprechende Wörterbuch-Position repräsentiert. Also wird eine zeilenorientierte Tupel-Darstellung früh erstellt.

Bei der späten Materialisierungsstrategie werden während der Abfrageausführung die Positionen des Wertes bzw. die WertID anstelle des tatsächlichen Wertes so lang wie möglich verwendet. Im Idealfall wird das zeilenorientierte Tupel erst im allerletzten Schritt, bevor das Ergebnis an den Benutzer zurückgegeben wird, materialisiert.

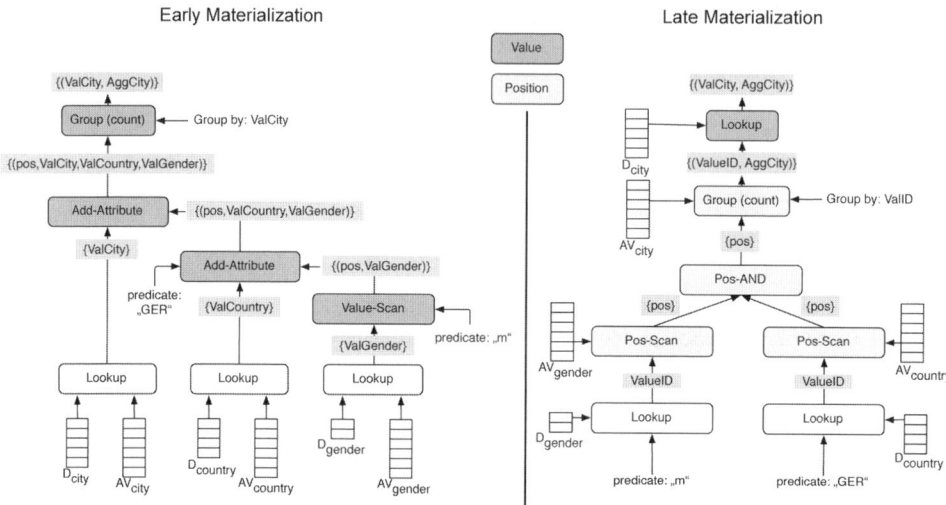

Abb. 16.1 Beispielhafter Vergleich von Ausführungsplänen früher und später Materialisierung

An welchen Stellen aktuelle Werte und Positionen bei der frühen und späten Materialisierung verwendet werden, wird anhand eines Beispiels in Abbildung 16.1 gezeigt.

In vielen Fällen kann späte Materialisierung die Performance von Column Stores verbessern, insbesondere bei der Verwendung von leichtgewichtigen Kompressionstechniken [AMDM07]. In den folgenden Abschnitten werden die beiden Strategien anhand einer Beispielabfrage diskutiert.

16.2 Beispiel

Um detaillierter auf die Unterschiede zwischen früher und später Materialisierung einzugehen, werden wir die Abfrage „Liste alle deutschen Städte und die jeweilige Anzahl der männlichen Einwohner auf" untersuchen, siehe SQL-Abfrage in Auflistung 16.1.

> **SELECT** city, **COUNT**(*)
> **FROM** world_population
> **WHERE** gender = "m"
>   **AND** country = "GER"
> **GROUP BY** city

Auflistung 16.1: Beispielabfrage

In den beiden folgenden Beispielen wird eine einzige Strategie über die gesamte Abfrageausführung hindurch exemplarisch verwendet, obwohl eine Kombination in realen Situationen oftmals von Vorteil ist. Die Beispieldaten der *Weltbevölkerungstabelle*, die in der Abfrage verwendet werden, sind in Abb. 16.2 dargestellt.

Table "world_population"

fname	lname	gender	country	city	birthday
Martin	Albrecht	m	GER	Berlin	08-05-1955
Michael	Berg	m	GER	Berlin	03-05-1970
Hanna	Schulze	f	GER	Bonn	04-04-1968
Ulrich	Schulze	m	GER	Bonn	10-20-1992
...	...	...	...	...	...

Dictionary encoded attribute vectors

53946	10435	0	68	357	15556
54368	25063	0	68	357	20882
30145	99645	1	68	443	20182
99312	99645	0	68	443	29147
fname	lname	gender	country	city	birthday

Abb. 16.2 Beispieldaten der Tabelle „world_population"

16.3 Frühe Materialisierung

Wenn während der gesamten Abfrage frühe Materialisierung als Materialisierungsstrategie verwendet wird, werden zuerst alle erforderlichen Spalten materialisiert. In unserem Fall sind die erforderlichen Spalten diejenigen, die in der Abfrage als Prädikate verwendet werden (d. h. *country* (Land) und *gender* (Geschlecht)) sowie alle Spalten, die Teil des Ergebnisses sind (d. h. *city* (Stadt)). Für jede dieser Spalten werden Wörterbuch-Abfragen mit den WertIDs in den entsprechenden Attribut-Vektoren durchgeführt. Das Ergebnis dieser Abfragen für die Geschlechter-Spalte ist der Vektor {ValGender}, der die tatsächlichen Werte enthält (siehe Abb. 16.3a). Der nächste Schritt besteht darin, den Zwischen-Vektor {ValGender} nach dem Geschlechter-Prädikat „m" zu durchsuchen. Für jeden Eintrag, der diese Bedingung erfüllt, wird die entsprechende Position hinzugefügt und in den Zwischen-Vektor {(pos, ValGender)} kopiert (siehe Abb. 16.3b). Im nächsten Schritt werden die Spalten kombiniert, wie in Abb. 16.4 gezeigt. Der {ValCountry}-Vektor wird dem Zwischenergebnis {(pos, ValGender)} hinzugefügt. Während des Zusammenführens wird im {ValCountry}-Vektor nach dem Prädikatswert „GER" gesucht. Nur diejenigen Einträge, die diesen Wert aufweisen, werden in den Ergebnisvektor aufgenommen.

Der letzte Schritt besteht darin, die von der SQL-Abfrage angeforderten Daten zu aggregieren und zurückzugeben. Dafür wird das Zwischenergebnis {(pos, ValGender, ValCountry, ValCity)} anhand des Attributs ValCity gruppiert und durch die Aggretatsfunktion COUNT aggregiert. Das Ergebnis besteht aus {(ValCity, AggCity)}, wie in Abb. 16.5 gezeigt.

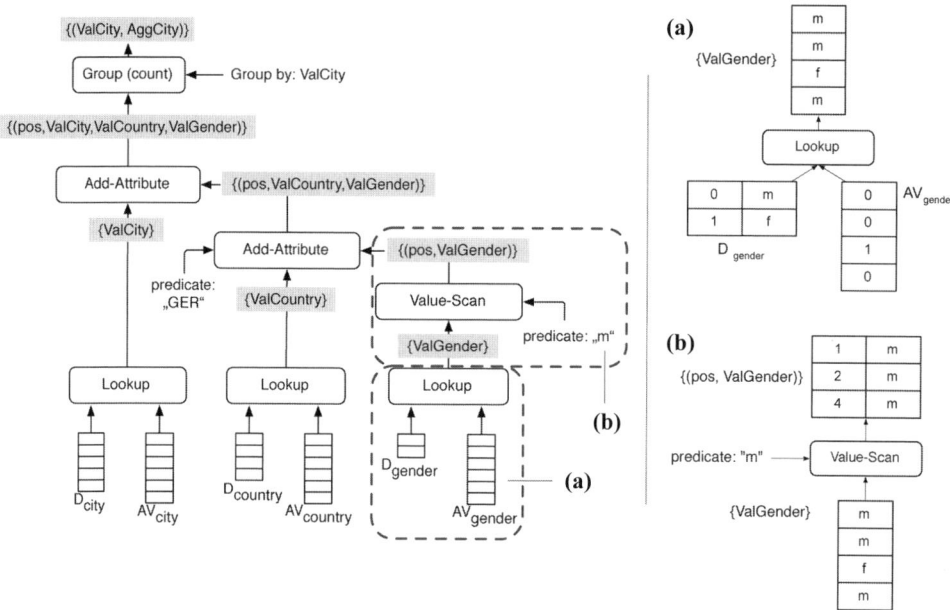

Abb. 16.3 Frühe Materialisierung: Spalten-Materialisierung mittels Wörterbuch-Suche und Scannen nach dem Prädikat

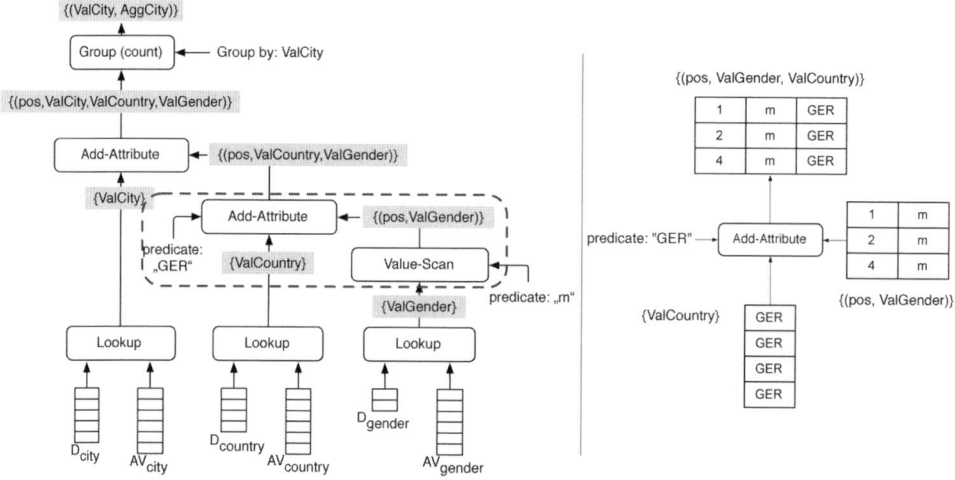

Abb. 16.4 Frühe Materialisierung: Scannen nach einer Bedingung und Hinzufügen zum Zwischenergebnis

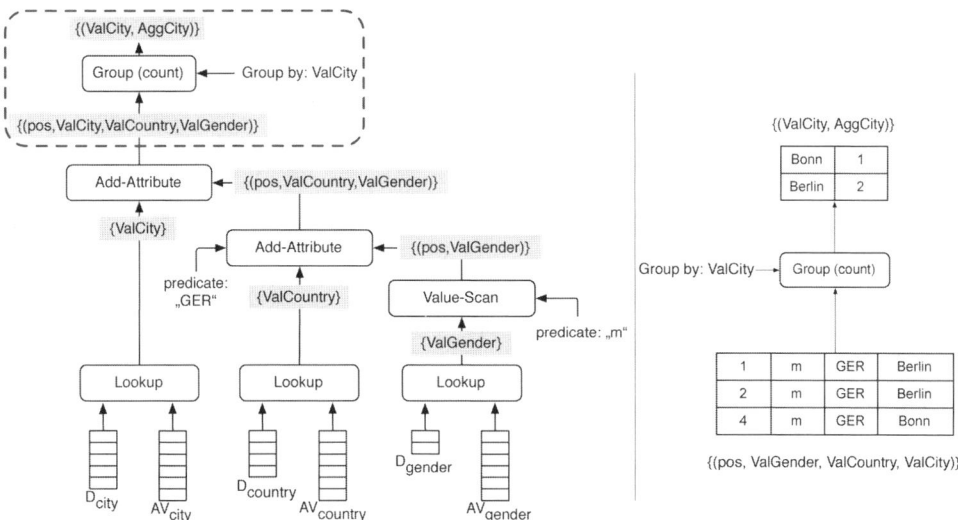

Abb. 16.5 Frühe Materialisierung: gruppieren mit (group by) ValCity und Aggregation

16.4 Späte Materialisierung

Statt die Werte der Wörterbuch-Abfrage früh zu materialisieren, wird während der Abfrage-ausführung der im Attribut-Vektor enthaltene Wörterbuch-codierte Wert (WertID) verwendet. Idealerweise wird die Wörterbuchsuche für die Materialisierung erst im allerletzten Schritt, unmittelbar vor der Rückgabe des Gesamtergebnisses, durchgeführt.

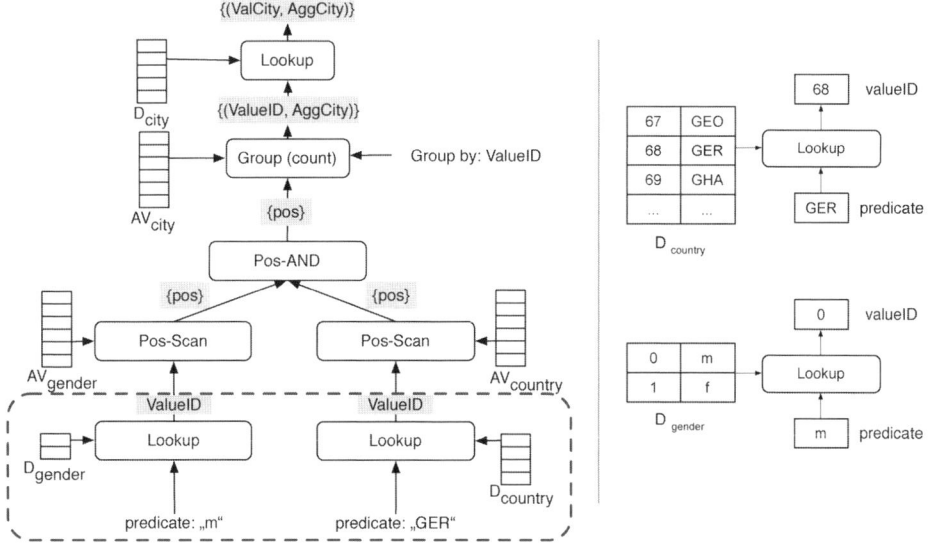

Abb. 16.6 Späte Materialisierung: Nachschlagen der Prädikatswerte im Wörterbuch

Abbildung 16.6 zeigt den ersten Schritt der Abfrageausführung mit später Materialisierung. Hier werden die Prädikate für das Geschlecht und das Land (*gender* = „m" und *country* = „GER") für die Suche mithilfe der entsprechenden Wörterbücher verwendet. Das Ergebnis ist ein Vektor der Wörterbuchpositionen (WertIDs) pro Spalte, auf die die angegebenen Prädikate zutreffen. Beachten Sie, dass für die Spalte „Stadt" (*city*) nicht auf das Wörterbuch zugegriffen wird, da es für die Verarbeitung dieser Abfrage im Augenblick nicht benötigt wird. Es wird nur nach den WertIDs der Spalten *gender* und *country* gesucht, da sie für den nachfolgenden Scan-Vorgang erforderlich sind.

Auch wenn die bildliche Darstellung der späten Materialisierungsstrategie auf eine parallele Ausführung der Abfragen schließen lässt, kann die Ausführung auch sequenziell durchgeführt werden. Tatsächlich ist für ein Prädikat wie *country* = „GER", auf das weniger als 2 % der Weltbevölkerung zutreffen, eine sequenzielle Ausführung vorteilhafter (siehe Kapitel 15).

Abbildung 16.7a zeigt die Scan-Phase. In dieser Phase werden die Attribut-Vektoren auf die WertIDs aus dem ersten Schritt gescannt. Die Position jeder passenden WertID im Attribut-Vektor wird dem Ergebnis-Vektor dieses Schrittes ({pos}) hinzugefügt. Der Merge-Prozess dieser Positionslisten ist in Abb. 16.7b gezeigt. Dabei wird jeder Wert, der in beiden Vektoren vorhanden ist, an den Ergebnis-Vektor dieses Schrittes angehängt.

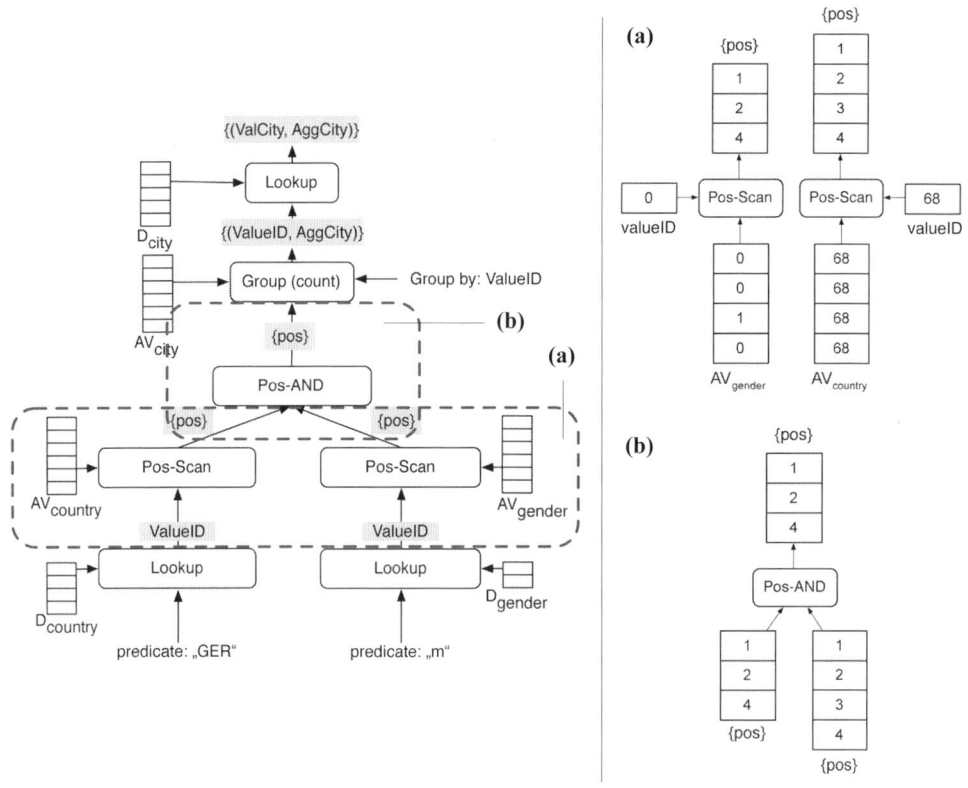

Abb. 16.7 Späte Materialisierung: Scan und logisches AND

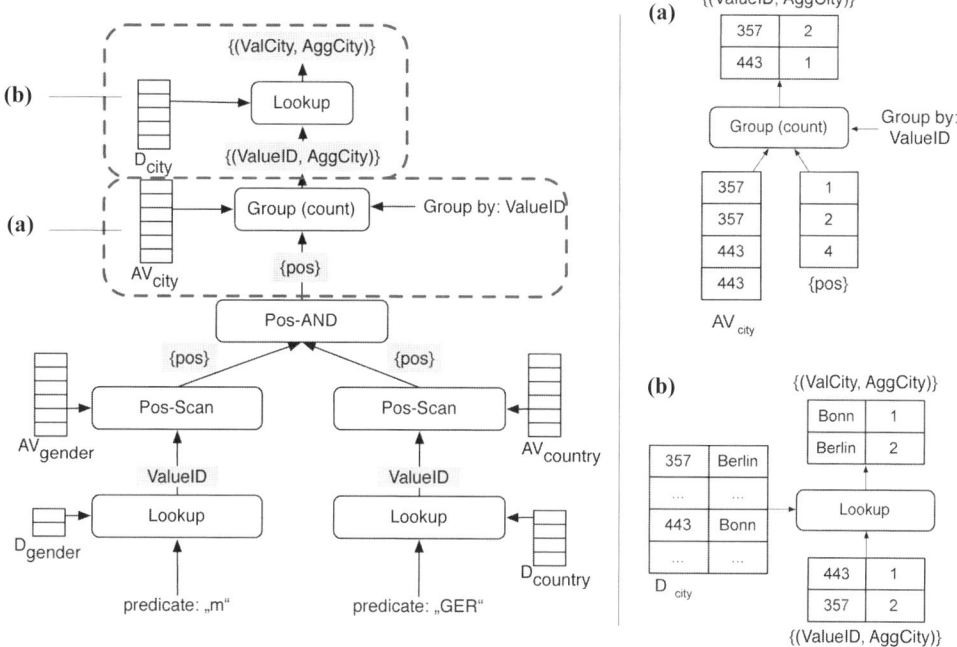

Abb. 16.8 Späte Materialisierung: Filtern des Atrribut-Vektors und Nachschlagen im Wörterbuch

Abbildung 16.8a zeigt die Ausführung der Group-by-Operation. Hierbei werden die Zwischenvektoren herangezogen, um die Positionen in {pos} nach den WertIDs aus dem Stadt-Attribut-Vektor zu gruppieren und die jeweilige Summe der Männer für jede Stadt dem Ausgangs-Vektor hinzuzufügen. Im letzten Schritt wird der verbleibende Scan nach den WertIDs der Stadt-Spalte durchgeführt, wie in Abb. 16.8b gezeigt.

Im Vergleich zur frühen Materialisierungsstrategie muss die späte Materialisierungsstrategie ggf. einen zusätzlichen Suchlauf durchführen, falls z. B. das Geschlecht ebenfalls Teil des Ergebnisses wäre.

Diese Verzögerung kann die zuvor gewonnenen Vorteile schmälern, zum Beispiel wenn viele Spalten materialisiert werden müssen. Durch die zusätzlichen Materialisierungen werden viele Wörterbuch-Abfragen notwendig, insbesondere wenn ‚SELECT *‘ verwendet wird oder die Ergebnismenge sehr groß ist.

Im Allgemeinen hängt die Frage, bis zu welchem Ausmaß – und ob überhaupt – später Materialisierung Vorrang gegenüber früher Materialisierung gegeben werden sollte, von vielen Faktoren ab, wie u. a. den verwendeten Abfrage-Operationen und der Selektivität [GKK +11].

16.5 Selbsttest-Fragen

1. **Performance von Materialisierungsstrategien**
   Welche Materialisierungsstrategie – späte oder frühe Materialisierung – bietet die bessere Performance?

   (a) frühe Materialisierung
   (b) späte Materialisierung
   (c) Die Performance ist abhängig von den Eigenschaften der ausgeführten Abfrage.
   (d) Späte und frühe Materialisierung bieten immer die gleiche Performance.

2. **Nachteile der frühen Materialisierung**
   Welche der folgenden Aussagen ist wahr?

   (a) Die Ausführung eines Abfrageplans mit früher Materialisierung kann nicht parallelisiert werden.
   (b) Ob frühe oder späte Materialisierung verwendet wird, wird durch die Systemuhr bestimmt.
   (c) Frühe Materialisierung erfordert ein Nachschlagen im Wörterbuch, was sehr teuer sein kann und nicht erforderlich ist, wenn späte Materialisierung eingesetzt wird.
   (d) Je nach den Werttypen einer Spalte kann der Gebrauch von Positionsinformationen anstelle der tatsächlichen Werte von Vorteil sein (z. B. in Bezug auf die Cache-Nutzung oder SIMD-Ausführung).

Literaturhinweise

[AMDM07] D.J. Abadi, D.S. Myers, D.J. DeWitt, S. Madden, Materialization strategies in a column-oriented dbms, in ICDE, ed. by R. Chirkova, A. Dogac, M.T. Ã-zsu, T.K. Sellis (IEEE, New York, 2007), S. 466–475 Url: http://dblp.uni-trier.de/db/conf/icde/icde2007.html#AbadiMDM07, zugegriffen 27.07.2013.
[GKK+11] M. Grund, J. Krueger, M. Kleine, A. Zeier, H. Plattner, Optimal Query Operator Materialization Strategy for Hybrid Databases, in DBKDA (IARIA, Cancun, 2011), S. 169–174

Kapitel 17
Parallele Datenverarbeitung

In diesem Kapitel betrachten wir, wie Parallelität bei In-Memory- und traditionellen Datenbankmanagementsystemen erreicht werden kann. Dabei stellen Pipeline-Parallelität und Datenparallelität zwei Ansätze zur Beschleunigung der Abfrageverarbeitung dar.

Bei Pipeline-Parallelität beginnt der nächste Operator bereits, bevor der aktuelle Operator fertig ist. Der aktuelle Operator hat zum Startzeitpunkt des nächsten Operators allerdings bereits Teilergebnisse berechnet. Somit überlappen sich die Ausführungszeiten der Operatoren teilweise. Betrachten wir zum Beispiel einen SCAN- und einen SORT-Operator bei der Auswertung eines Ausdrucks. Wenn für den Scan erste Ergebnisse vorliegen, werden sie vom nächsten Operator bereits sortiert, wie in Abb. 17.1 auf der linken Seite dargestellt. Diese Hintereinanderschaltung von Operatoren wird als Pipleline bezeichnet und ist prinzipiell beliebig weit möglich.

Durch Datenparallelität wird der Datensatz partitioniert, sodass die Operatoren einer Abfrage an unterschiedlichen Teilen des Datensatzes parallel arbeiten. Anschließend werden die Ergebnisse der parallelen Operationen in eine gemeinsame Ergebnismenge (siehe Abb. 17.1 auf der rechten Seite) überführt. Der Abfrageplan wird komplexer, da alle Operatoren in jeder Datenpartition individuell ausgeführt werden müssen und eine zusätzliche Merge-Operation notwendig wird.

In Datenbankmanagementsystemen können noch weitere Aspekte der Parallelisierung berücksichtigt werden. So unterscheiden wir zwischen Intra- und Inter-Query-Parallelität. Intra-Query-Parallelität bezeichnet die Parallelisierung von Operatoren innerhalb einer Abfrage. Dies bedeutet: Von außen betrachtet sieht die Abfrage wie eine einzige Operation aus. Intern wird sie hingegen parallelisiert, z.B. durch das Starten mehrerer Threads und die Verwendung von Datenparallelität. Inter-Query-Parallelität zielt darauf ab, Pläne für unterschiedliche Abfragen auf identische Teilstücke zu untersuchen, um diese dann für mehrere Abfragen gemeinsam auszuführen. Dies führt allgemein zu einer effizienteren Nutzung der Caches und minimiert den notwendigen Datentransfer.

17.1 Hardware-Schicht

Parallele Datenverarbeitung ist ein wesentlicher Aspekt dafür, dass In-Memory-Datenbanksysteme eine hohe Leistung erzielen. Doch welche Gründe sprechen für den Einsatz von Parallelisierung anstelle der Verwendung eines einzigen CPU-Kerns, der mit einer enorm hohen Frequenz, wie z.B. 1 PHz, läuft?

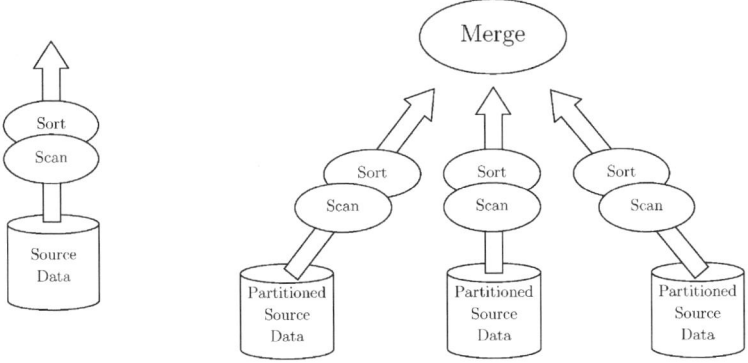

Pipelined Parallelism   Data Parallelism

Abb. 17.1 Pipeline- und Datenparallelität

17.1.1 Multi-Core-CPUs

Im Idealfall würde ein moderner Computer aus einem einzigen CPU-Kern, der mit 1 PHz läuft, und aus einem riesigen persistenten integrierten Hauptspeicher bestehen (siehe Abb. 17.2). Die Realität sieht jedoch anders aus. Heutzutage gibt es in der Regel mehrere CPU-Kerne auf einer Platine. Darüber hinaus bestehen moderne Server-Systeme aus mehreren CPUs, wodurch sich die Anzahl der Kerne vervielfacht.

Die Gründe für die Entwicklung von Multi-Core-Systemen beruhen auf den Hardware-Entwicklungen des letzten Jahrzehnts. Die als Moores Gesetz bekannte Annahme von 1975, dass sich die Anzahl der Transistoren alle 18 Monate verdoppelt, ist immer noch gültig [Moo65]. Jedoch kann man die Taktrate der Transistoren nicht unendlich erhöhen. Zum Beispiel steigt das Verhältnis des Wärmeverlustes zur Leistung mit zunehmender Taktrate an.

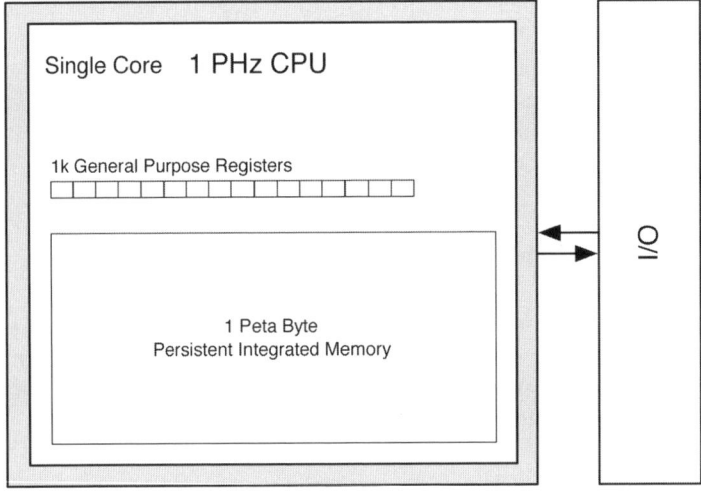

Abb. 17.2 Die ideale Hardware?

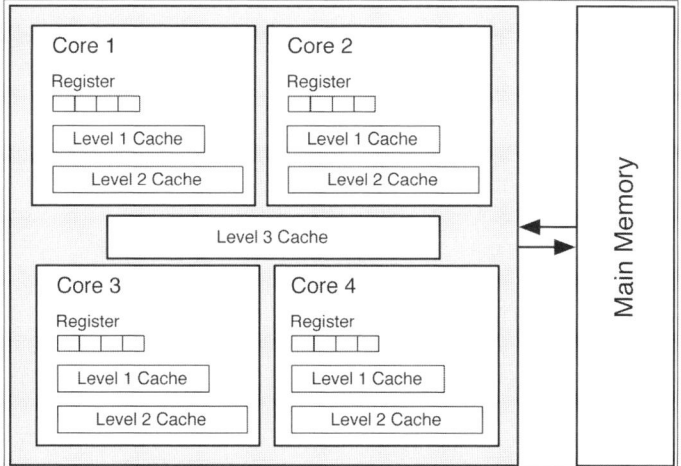

Abb. 17.3 Aus vier Kernen bestehender Multi-Core-Prozessor

Das hat zur Folge, dass sich die Energieeffizienz verschlechtert, weil immer mehr zusätzliche Energie zur Kühlung der Transistoren benötigt wird. Hardware-Hersteller haben gezeigt, dass die Verwendung mehrerer CPU-Kerne, die bei einer niedrigeren Frequenz arbeiten, z. B. 2,4 - 2,7 GHz, die Effizienz erhöht, wobei der Bedarf an Kühlung auf einem angemessenen Niveau gehalten werden kann. Als Beispiel hierfür zeigt Abb. 17.3 die grundlegende Architektur einer CPU mit vier Kernen. Die Kombination mehrerer CPUs innerhalb eines einzigen Servers ist in Abb. 17.4 gezeigt. Wie eine Kombination mehrerer Server aussehen kann, um ein leistungsfähigeres Datenverarbeitungssystem zu bilden, ist in Abb. 17.5 dargestellt.

17.1.2 Single Instruction Multiple Data (SIMD)

Mithilfe von Single Instruction Multiple Data (SIMD)-Anweisungen kann innerhalb eines Kerns parallelisiert werden. SIMD ermöglicht es, innerhalb eines Taktes eine bestimmte Operation auf mehreren Werten des gleichen Typs auszuführen. Im Gegensatz zu Reduced Instruction Set Computing (RISC)-CPUs, baut SIMD-Parallelisierung auf der Verwendung von sogenannten vektorisierten Operatoren auf. Diese Operatoren sind direkt in der CPU implementiert, um in speziellen CPU-Registern Operationen mit mehreren Datenworten parallel auszuführen. Grafikkarten zum Beispiel machen sich Streaming SIMD Extensions (SSE)-Anweisungen zunutze, die mit entweder 128- oder 256-Bit großen Registern arbeiten. Auf diese Weise kann man in einem 128-Bit-Register zwei 64-Bit-Werte speichern, um ein Parallel Add (PADD) durchzuführen (siehe Abb. 17.6). Somit können innerhalb eines Anweisungsschrittes zwei Berechnungen verarbeitet werden, anstelle ein Scalar Add (SADD) durchzuführen, bei dem jeweils eine Berechnung nach der anderen vorgenommen wird.

Als Beispiel betrachten wir die Aggregation offener Posten. Mit PADD reduziert sich die Zeit, um die einzelnen Posten zu summieren drastisch, da mehrere Posten in einem einzigen Befehl aufsummiert werden.

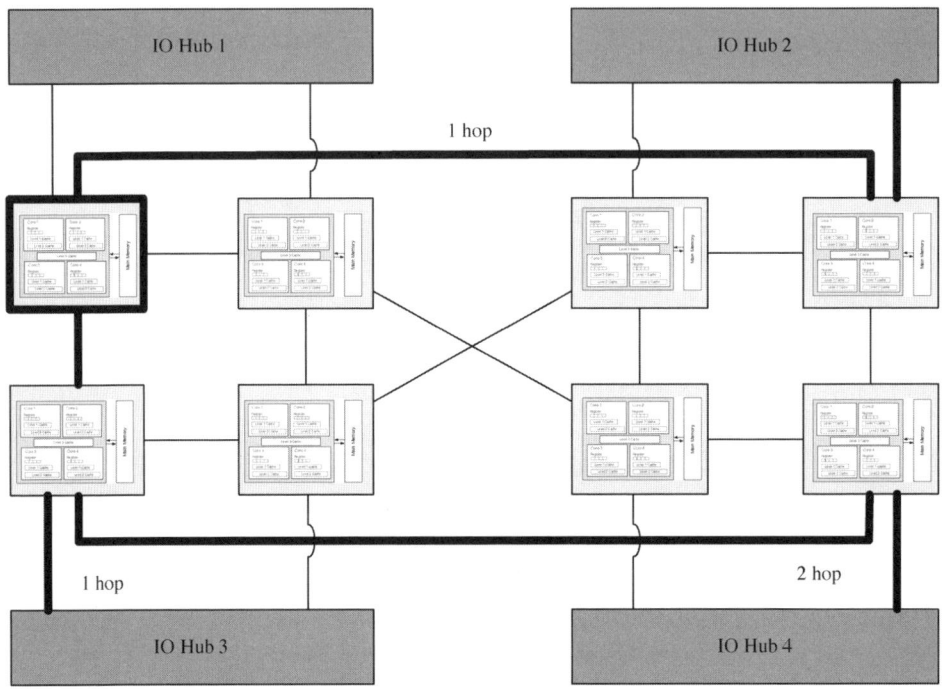

Abb. 17.4 Ein aus mehreren Prozessoren bestehender Server

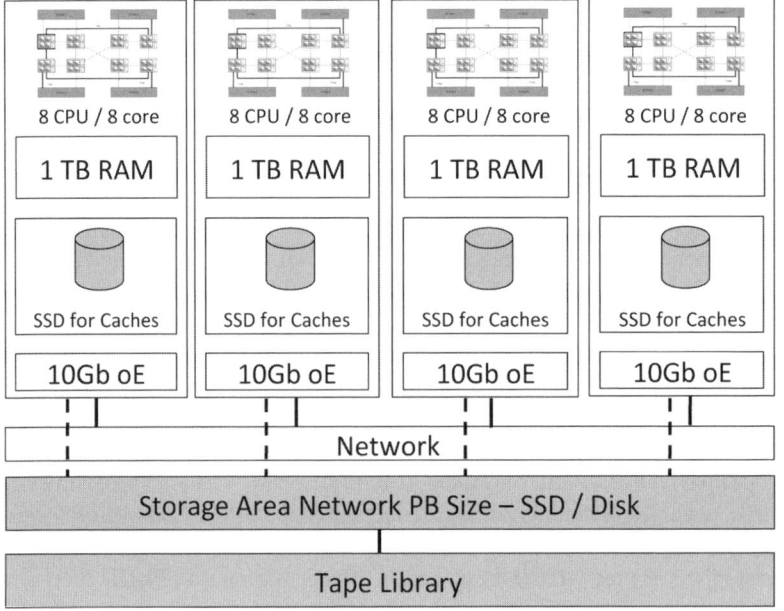

Fig. 17.5 Ein aus mehreren Servern bestehendes System

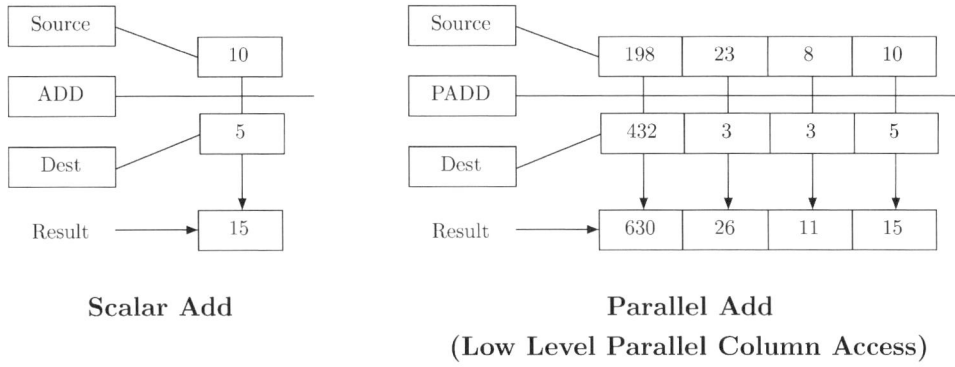

Scalar Add

Parallel Add
(Low Level Parallel Column Access)

Abb. 17.6 Parallelität bei Single Instruction Multiple Data

Untersuchen wir nun ein anderes Beispiel: Die Geschlechter-Attribut-Werte benötigen jeweils lediglich ein einziges Bit. Mit SIMD kann man daher das Geschlechtsattribut von 128 Personen in einem einzigen CPU-Takt bearbeiten. Wenn man beispielsweise männlich als 1 und weiblich als 0 codiert, kann die Berechnung des Verhältnisses von männlichen zu weiblichen Personen innerhalb dieser Gruppe von 128 Personen mit nur einer einzigen PADD-Anweisung durchgeführt werden. Zum Vergleich: Moderne Prozessor-Familien sind in der Lage, 100.000 Mio. Instruktionen pro Sekunde (MIPS) und mehr durchzuführen [HP11]. SIMD stellt die unterste Ebene der Parallelisierung innerhalb eines Computersystems dar.

17.2 Software-Schicht

Ergänzend zur Hardware-Parallelität betrachten wir im folgenden Abschnitt Parallelität auf Software-Ebene.

17.2.1 Amdahls Gesetz

Gene Amdahl hat sich mit grundlegenden Prinzipien zur Parallelität auf Software-Ebene auseinandergesetzt. Er definierte, dass der maximale Speedup der parallelen Ausführung eines Codestücks von der Zeit begrenzt wird, die benötigt wird, um den längsten sequentiellen Anteil des Codes zu bearbeiten. Diese Abschätzung ist heute als Amdahls Gesetz [Amd67] bekannt.

$$\text{max. speedup}(N) = \frac{1}{(1-P) + \frac{P}{N}} \tag{17.1}$$

Gleichung (17.1) definiert Amdahls Gesetz, wobei P den Anteil des Codes angibt, der parallel bearbeitet werden kann, und N den Grad der Parallelität, z. B. die Anzahl der CPU-Kerne.

Betrachten wir das folgende Beispiel: Das Verhältnis des parallelen zum sequentiellen Teil des Codes sei 3:1. Wenn die Ausführungszeit des parallelen Teils verringert wird, z. B.

durch die Erhöhung der Anzahl der Kerne, kann der maximale Speedup vier nicht überschreiten, wie aus Gleichung (17.2) zu ersehen ist.

$$\lim_{N \to \infty} \text{speedup}(N) = \frac{1}{\left(1 - \frac{3}{4}\right) + \frac{3}{4N}} = \frac{1}{\frac{1}{4}} = 4 \qquad (17.2)$$

Amdahls Gesetz geht davon aus, dass der Lösungsraum eine fixe Größe hat, d.h. Aufgaben erzeugen wiederholbar eine begrenzte Anzahl von Ergebnissen. Im Gegensatz dazu nimmt Gustafson an, dass es eine maximal akzeptable Antwortzeit gibt, wohingegen der Lösungsraum nicht im Voraus bekannt ist [Gus88]. Gleichung (17.3) definiert Gustafsons Gesetz, in dem C die Anzahl der Kerne und α den nicht-parallelisierbaren Anteil des Programmcodes definiert.

$$\text{max. speedup}(C) = C - \alpha\,(C - 1) \qquad (17.3)$$

17.2.2 Shared Memory

In einem Shared-Memory-System [Li86] können alle Prozessoren auf dieselbe Art und Weise auf alle Daten zugreifen, die in einem geteilten Bereich des Hauptspeichers (Shared-Memory-Segment) gespeichert sind. Spezielle Programmier-Konzepte, wie Mutexe und Semaphoren, werden verwendet, um konkurrierenden Datenzugriff, z.B. gleichzeitiger Schreibzugriff, im Shared-Memory-Segment zu vermeiden. Obwohl Shared Memory eine einfache Möglichkeit bietet, Daten über Prozesse oder CPU-Kerne hinweg zu teilen, bringt es Probleme bei der Skalierung mit sich.

Shared-Memory-Systeme leiden unter einem Skalierbarkeitsproblem, da die maximale Größe des Shared-Memory-Segments durch die verfügbaren Größe an Hauptspeicher eines Systems begrenzt ist. Die Gesamtgröße des Hauptspeichers eines einzelnen Systems ist im Vergleich zur Gesamtgröße eines Hauptspeichers, der von mehreren Servern gebildet wird, klein.

17.2.3 Message Passing

Message Passing ist ein sehr mächtiges Paradigma, um die Verarbeitung von algorithmischen Problemen [GLS94] zu verbessern. Statt die Kommunikation von Threads über einen gemeinsam genutzten Speicherbereich zu realisieren, werden bei dieser Kommunikationsform Nachrichten zwischen den Threads ausgetauscht. Dieses Paradigma wird häufig für datenintensive Aufgaben verwendet, wie z.B. Wettervorhersagen, Erdbebenvoraussagen und andere Arten von Simulationen.

Im Vergleich zum Shared-Memory-Ansatz skaliert Message Passing besser, da die Prozessoren unabhängig vom gemeinsam genutzten Arbeitsspeicher sind. So können sie ihre Aufgaben einzeln durchführen, während sie Nachrichten, z.B. über ein Netzwerk, austauschen. Wenn jedoch die Summe der ausgetauschten Nachrichten die Kapazität des Netzwerks übersteigt, wird das Netzwerk ein Engpass für dieses Parallelitäts-Paradigma.

17.2.4 MapReduce

Dieses Daten-Parallelitäts-Paradigma zielt darauf ab, einen bestimmten Teil der Daten zu identifizieren, sodass jeder dieser Teile autark verarbeitet werden kann. Darauf basierend führt jede Ausführungseinheit die gleiche Aufgabe mit dem ihr zugewiesenen Teil der gesamten Datenmenge aus. Beispiele für Daten-Parallelitäts-Paradigmen sind das MapReduce-Framework und die OpenMP-Bibliothek [DG08, DM98].

MapReduce besteht aus zwei spezifischen Funktionen: der Map- und der Reduce-Funktion. Die Erstere arbeitet parallel mit einzelnen Datenpartitionen und erzeugt Teilergebnisse $r_1 .. r_n$ für ihre zugewiesene Partitionen $p_1 .. p_n$. Die Reduce-Funktion bildet ein Gesamtergebnis r_{all} durch die Zusammenführung aller Teilergebnisse $r_1 .. r_n$. Generell sollten die einzelnen Map- und Reduce-Schritte möglichst klein und einfach gewählt werden, um die Skalierbarkeit zu verbessern. Zur Lösung komplexer Aufgaben werden dann mehrere dieser simplen Map- und Reduce-Schritten zu Sequenzen verkettet.

Das bekannteste Beispiel für MapReduce besteht darin zu zählen, wie häufig ein bestimmtes Wort in einer definierten Menge eines Textdokumentes auftritt. Jede Map-Funktion verarbeitet ein einzelnes Textdokument oder einen Teil davon. Sie zählt, wie häufig ein bestimmtes Wort in diesem Dokument (oder dessen Teil) auftritt. Da Map-Funktionen parallel ausgeführt werden, werden mehrere Textdokumente parallel nach dem gewünschten Wort abgesucht. Die anschließende Reduce-Funktion berechnet die Gesamtanzahl, wie häufig das spezifische Wort vorkommt, indem die einzelnen Ergebnisse aufsummiert werden.

MapReduce fordert von einem Entwickler, sowohl das „Wie" und das „Was" einer Aufgabe zu definieren, d.h. wenn ein gewählter Algorithmus nicht effizient skaliert, wird die Gesamtantwortzeit nicht reduziert. Diese direkte Kontrolle kann für einige Aufgaben auch von Nachteil sein, wenn z.B. nur das „Was" definiert werden soll. Beispielsweise wird von einem Datenbankmanagementsystem erwartet, dass der Optimierer den passenden Code generiert (das „Wie"), um die gewünschten Daten abzurufen (das „Was"). Folglich lassen sich mit MapReduce nicht alle Probleme effizient angehen. Es ist primär für die parallele Verarbeitung eines Batch-Jobs, wie z.B. Wörter zählen, konzipiert. Interaktive analytische Abfragen benötigen allerdings einen flexiblen Datenzugriff. Zum Beispiel erfordert das Durchsuchen der Datenbank nach säumigen Zahlern im Anschluss an die erste Anfrage zum Abruf von Übersichtsinformationen weiterführende Analysen von Datenteilmengen, um mehr über die Hintergründe der Verzögerungen zu erfahren. Solche Fragestellungen sind nur schwierig per MapReduce abzubilden, da im Normalfall nicht alle mögliche Folgeanfragen als Sequenzen von MapReduce-Aufgaben vorliegen.

17.3 Selbsttest-Fragen

1. **Amdahls Gesetz**

   Amdahls Gesetz besagt, dass ...

   (a) sich die Anzahl der CPUs jedes Jahr verdoppelt.

   (b) der Grad der Parallelisierung nicht höher als die Anzahl der verfügbaren CPUs sein kann.

   (c) der Speedup der Parallelisierung durch die für die sequentiellen Anteile des Programms benötigte Zeit begrenzt wird.

   (d) sich die Menge des verfügbaren Speichers jedes Jahr verdoppelt.

2. Shared Memory

Wodurch wird die Verwendung von Shared Memory begrenzt?

(a) Durch die Anzahl der Threads, die sich die gleichen Ressourcen und den begrenzten Arbeitsspeicher teilen
(b) Durch die Caches der CPU
(c) Durch die Taktrate des Prozessors
(d) Durch die Verwendung von SSE-Befehlen

Literaturhinweise

[Amd67] G.M. Amdahl, Validity of the single processor approach to achieving large scale computing capabilities. In: Proceedings of the April 18–20, 1967, Spring Joint computer Conference, AFIPS '67 (Spring). (ACM, New York, 1967), S. 483–485

[DG08] Jeffrey Dean, Sanjay Ghemawat, Mapreduce: simplified data processing on large clusters. Commun. ACM 51(1), 107–113 (2008)

[DM98] Leonardo Dagum, Ramesh Menon, Openmp: an industry-standard api for shared- memory programming. IEEE Comput. Sci. Eng. 5(1), 46–55 (1998)

[GLS94] William Gropp, Ewing Lusk, Anthony Skjellum, Using MPI: portable parallel programming with the message-passing interface (MIT Press, Cambridge, 1994)

[Gus88] J.L. Gustafson, Reevaluating amdahl's law. Commun. ACM 31(5), 532–533 (1988)

[HP11] J.L. Hennessy, D.A. Patterson, Computer Architecture: a quantitative approach 5th edn. (Elsevier Science, Burlington, 2011)

[Li86] K. Li, Shared virtual memory on loosely coupled multiprocessors. Ph.D. thesis. (New Haven, 1986), AAI8728365

[Moo65] G. Moore, Cramming more components onto integrated circuits. Electroni. 38, S. 114 ff. (1965)

Kapitel 18
Indizes

18.1 Indizes: Ein Ansatz zur Optimierung von Abfragen

Anwendungen arbeiten je nach Aufgabe normalerweise jeweils nur mit einer Teilmenge der Datensätze. Daher muss dieser Teilbereich der Daten vor der Verarbeitung innerhalb der Datenbank lokalisiert werden. Die Datensätze sollten dafür auf eine Art gespeichert werden, die es ermöglicht, sie effizient zu lokalisieren, wann immer sie benötigt werden. Der Prozess zur Lokalisierung einer spezifischen Menge von Einträgen wird durch die Prädikate bestimmt, die zur Kennzeichnung dieser Einträge verwendet werden.

SanssouciDB organisiert seine Datensätze in Spalten (siehe Kapitel 8). Um hier die gewünschten Datensätze zu bestimmen, ist es notwendig, einen Scan aller Spalten durchzuführen, die als Filterkriterien verwendet werden. Bei spaltenorientierten Hauptspeicherdatenbanken, die spaltenorientierte Werte fortlaufend speichern, kann die Suche nach einem bestimmten Wert durch einen vollständigen Scan wesentlich schneller durchgeführt werden als bei zeilenorientierten Datenbanken. Daher ist bei spaltenorientierten Datenbanken der Nutzen von Index-Strukturen von vornherein begrenzt. Weil jedoch die Komplexität eines vollständigen Spalten-Scans linear ist, ist es dennoch nur eine Frage des Datenumfangs, ab dem der Geschwindigkeitsvorteil durch Indizes für spaltenorientierter Hauptspeicherdatenbanken relevant wird.

In diesem Kapitel gehen wir auf das Thema invertierter Indizes im Kontext der Hauptspeicherdatenbanken im Detail ein.

18.2 Technische Betrachtungen

Für das folgende Beispiel beziehen wir uns abermals auf die Weltbevölkerungstabelle, die zur Vereinfachung in Abb. 18.1 noch einmal abgebildet ist. Nehmen wir an, dass wir die Datensätze aller Menschen aus Berlin ermitteln möchten. Das Wörterbuch und der Attribut-Vektor der Spalte sind dabei wie in Abb. 18.2 dargestellt aufgebaut. Um die gesuchten Datensätze zu bestimmen, müssen wir das Filterkriterium *berlin* auf das Stadt-Attribut (*city*) der Tabelle anwenden. Eine entsprechende SQL-Abfrage ist in Auflistung 18.1 dargestellt.

SELECT * **FROM** world_population **WHERE** city = 'berlin';

Auflistung 18.1: Abfrage zur Selektion aller Menschen aus Berlin

Angenommen, die Tabelle enthält 8 Mrd. Datensätze, unsere CPU ist in der Lage, 2 GB pro Sekunde pro Kern zu bearbeiten, und die Stadt-Spalte wird mit 20 Bit codiert, dann kann

Example Table: world_population

recID	fname	lname	gender	country	city	birthday
0	Martin	Albrecht	m	GER	Berlin	08-05-1955
1	Michael	Berg	m	GER	Berlin	03-05-1970
2	Hanna	Schulze	f	GER	Hamburg	04-04-1968
3	Anton	Meyer	m	AUT	Innsbruck	10-20-1992
4	Sophie	Schulze	f	GER	Potsdam	09-03-1977
...	...	...	...	...	...	...

INSERT INTO world_population
VALUES (Karen, Schulze, f, GER, Rostock, 06-20-2012)

Abb. 18.1 Die Beispieldatenbanktabelle „world_population"

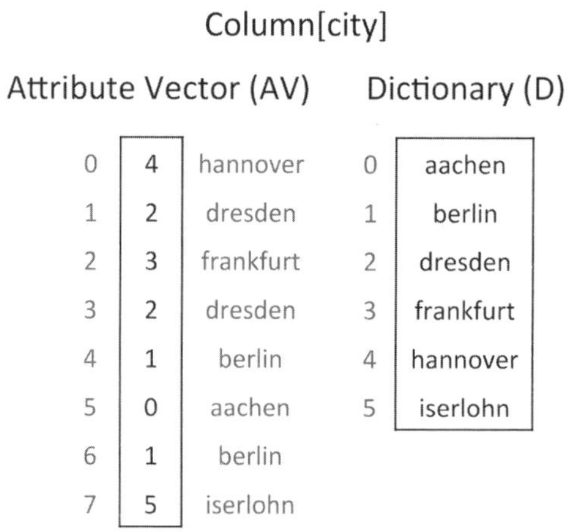

Column[city]

Attribute Vector (AV)		Dictionary (D)	
0	4 hannover	0	aachen
1	2 dresden	1	berlin
2	3 frankfurt	2	dresden
3	2 dresden	3	frankfurt
4	1 berlin	4	hannover
5	0 aachen	5	iserlohn
6	1 berlin		
7	5 iserlohn		

Abb. 18.2 Stadt-Spalte der „world_population" Tabelle

der Speicherbedarf des Attribut-Vektors der Stadt-Spalte *(city)* folgendermaßen berechnet werden:

$$8 \text{ Mrd} \cdot 20 \text{ Bit} = 160 \text{ Mrd. Bit} = 20 \text{ Mrd. Byte} \approx 18{,}6 \text{ GB}$$

Die Zeit, die ein Kern braucht, um diese Menge an Daten zu scannen, kann folgendermaßen errechnet werden:

$$18{,}6 \text{ GB} \div 2 \text{ GB/sec} \approx 9{,}3 \text{ sec}$$

Diese Berechnung zeigt, dass das Scannen der gesamten Spalte mit 40 Kernen $\approx$230 ms benötigt. Obwohl diese Scan-Geschwindigkeit für eine zeilenorientierte Datenbank undenkbar ist, könnte es sein, dass sie nicht für alle Anwendungen ausreicht.

18.3 Invertierter Index

Betrachten wir nun einen effizienteren Algorithmus, der in [FSKP12] im Detail vorgestellt wird. Nehmen wir an, dass das Stadt-Attribut *city* über einen invertierten Index verfügt. Ein invertierter Index bildet jeden einmaligen Wert auf eine Positionsliste ab. Diese enthält alle Positionen, auf denen die einmaligen Werte in der Spalte gefunden werden können. Der Index für die Wörterbuch-codierte Spalte besteht aus den folgenden beiden Teilen (Abb. 18.3):

- Index-Offsets (IO): Der Index-Offset-Vektor speichert für jeden Wörterbucheintrag (oder in anderen Worten, für jeden eindeutigen Wert des Attribut-Vektors) den Offset der Positionsliste im Positions-Vektor. Dies bedeutet, dass der Offset-Vektor Referenzen zum ersten Auftreten des jeweiligen Wörterbuch-Wertes im Positions-Vektor speichert.
- Index-Positionen (IP): Der Index-Positions-Vektor enthält eine Positionsliste aller einmaligen Werte des Attribut-Vektors, die nach der WertID sortiert ist. Im Gegensatz dazu speichert der Attribut-Vektor WertIDs nach Positionen.

Unter Verwendung der Abfrage aus Auflistung 18.1 untersuchen wir zunächst, wie viele Daten die CPU lesen muss, wenn ein invertierter Index verwendet wird. Um die Position von *berlin* im Attribut-Vektor zu bestimmen, müssen die folgenden Schritte ausgeführt werden:

1. Über eine binäre Suche im Wörterbuch wird die Wörterbuchposition bestimmt, die sich auf *berlin* bezieht. Wie in Abb.18.4 dargestellt, ist *berlin* auf Position 1.
2. Die Wörterbuchposition von *berlin* entspricht direkt der Position des Index-Offset-Vektors (siehe Abb.18.5). In diesem Beispiel ist die Wörterbuchposition von *berlin* 1, dementsprechend ist die dazugehörige Position des Index-Offset-Vektors ebenfalls 1.
3. Da das Attribut des jeweiligen Suchprädikats nicht notwendigerweise ein Primärschlüssel ist, besteht die Möglichkeit, dass der gleiche Wert von vielen Datensätzen verwendet wird. Folglich kann mehr als ein Attribut-Vektor-Eintrag mit diesem Wert gefüllt werden. Wie bereits zu Beginn dieses Kapitels erklärt, stellt der Index-Positions-Vektor eine sortierte Liste der Werte des Attribut-Vektors dar.

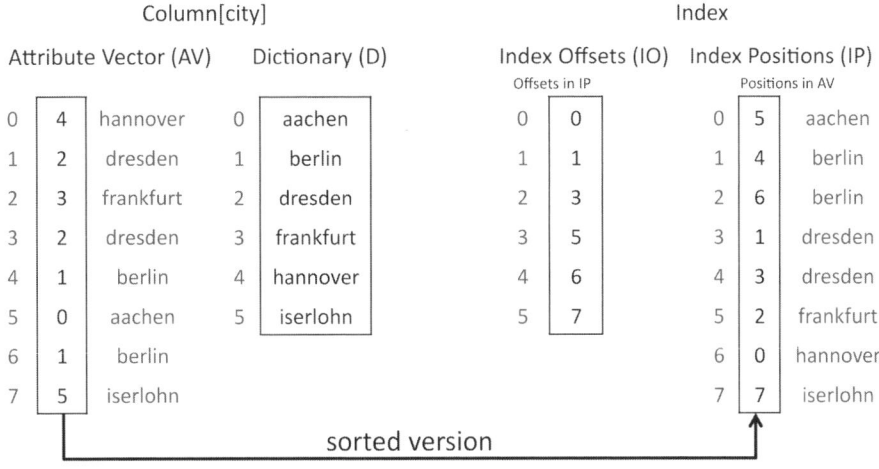

Abb. 18.3 Index-Offset und Index-Positionen

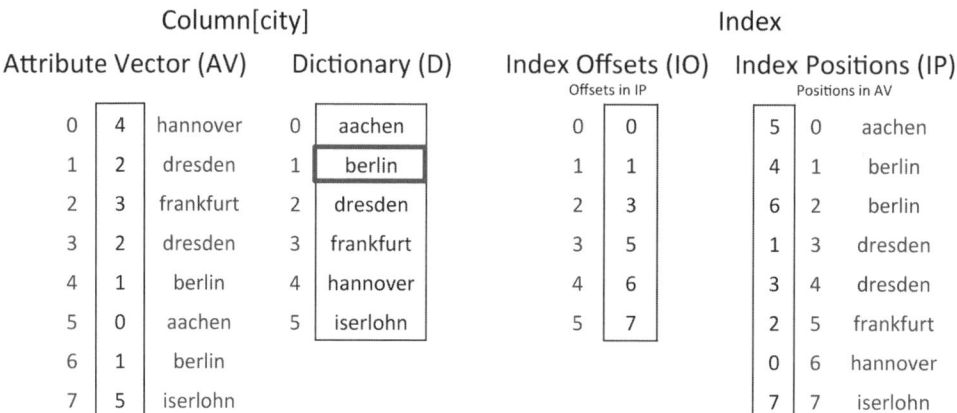

Abb. 18.4 Abfragebearbeitung unter Verwendung von Indizes: Schritt 1

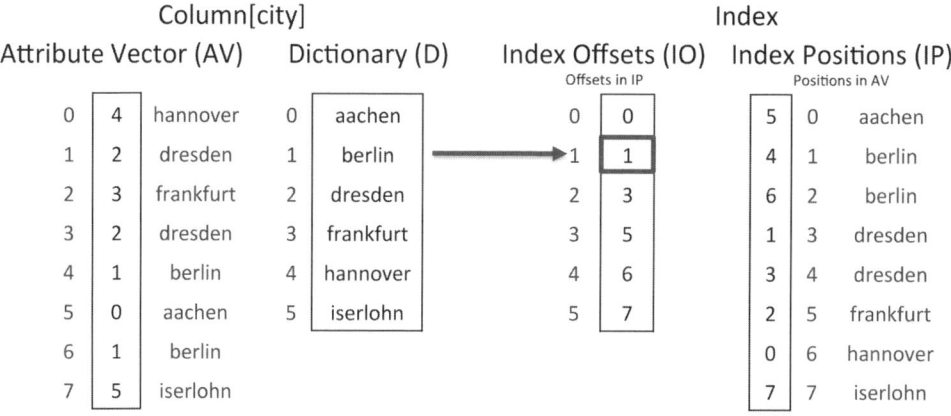

Abb. 18.5 Abfragebearbeitung unter Verwendung von Indizes: Schritt 2

Um den Bereich der Werte festzulegen, die aus dem Index-Positions-Vektor gelesen werden müssen, benutzen wir einfach den Wert des Index-Offset-Vektors auf der Position, die wir in Schritt 1 ermittelt haben, sowie den Wert der nächst höheren Position (siehe Abb. 18.6).

4. Der ermittelte Bereich im Index-Positions-Vektor erstreckt sich daher von der Position 1 (inklusive) bis Position 3 (exklusive, da 3 bereits der Offset des nächsten Wertes ist). Wie in Abb. 18.7 gezeigt, enthält der IP-Vektor an Position 1 den Wert 4 und an Position 2 den Wert 6, welches die genauen Positionen des Wörterbuch-Wertes für *berlin* im Attribut-Vektor sind. Mithilfe der Offsets von *berlin* und *dresden* aus dem IO-Vektor sind wir in der Lage, den genauen Bereich aller Werte zu bestimmen, die wir lesen müssen, um die jeweiligen Attribut-Vektor-Positionen von *berlin* zu ermitteln.

5. Mit den Positionen, die wir in Schritt 4 ermittelt haben, sind wir in der Lage, direkt zu den Positionen der jeweiligen Attribut-Vektoren aller anderen Spalten dieser Tabelle zu springen, um die vollständigen Datensätze aller Einwohner Berlins (Abb. 18.8) zu materialisieren.

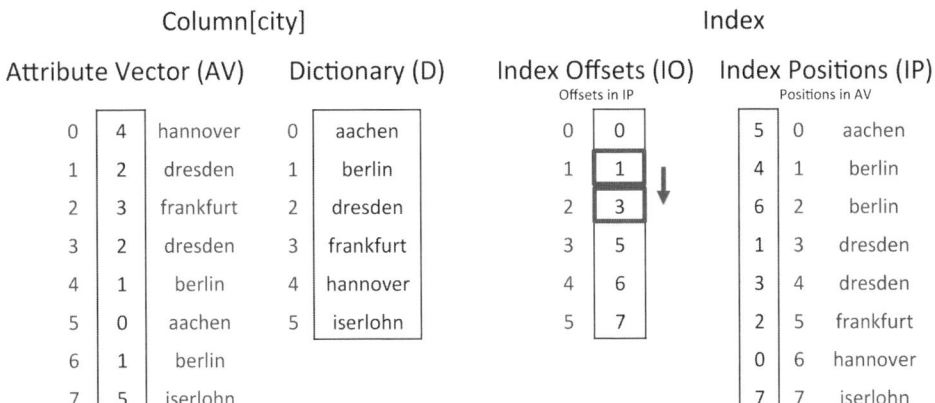

Abb. 18.6 Abfragebearbeitung unter Verwendung von Indizes: Schritt 3

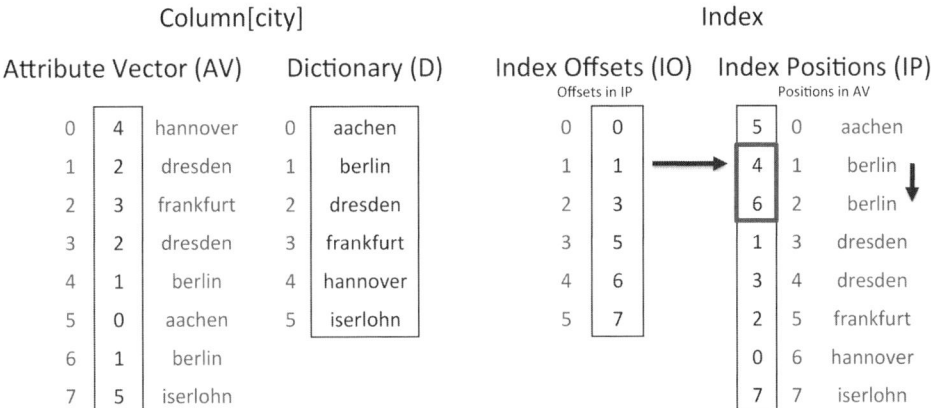

Abb. 18.7 Abfragebearbeitung unter Verwendung von Indizes: Schritt 4

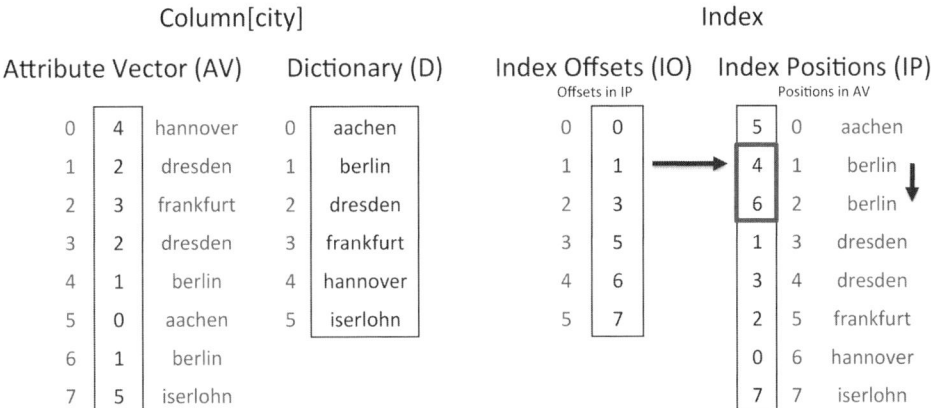

Abb. 18.8 Abfragebearbeitung unter Verwendung von Indizes: Schritt 5

Mit diesem Ansatz reduzieren wir das Datenvolumen, das von einer CPU aus dem Hauptspeicher gelesen werden muss, indem wir eine Datenstruktur erstellen, die nicht den Scan des gesamten Attribut-Vektors erfordert. Untersuchungen über den Einfluss der Verwendung von Indizes auf den Datenverkehr des Arbeitsspeichers und die Performance werden in Abschnitt 18.4 gezeigt.

18.4 Diskussion

Im vorigen Abschnitt haben wir die Idee erläutert, einen invertierten Index auf eine Wörterbuch-codierte Spalte anzuwenden, um die Antwortzeit für Suchabfragen zu verbessern. Allerdings erhöht jeder Index den Speicherverbrauch. In diesem Abschnitt vergleichen wir eine Suche, die einen vollständigen Scan der gesamten Tabelle durchführt, mit einer Suche, die einen Index verwendet. Hierbei konzentrieren wir uns auf die Aspekte des Speicherverbrauchs und der Abfrageperformance. Zunächst führen wir jedoch einige Abkürzungen ein, die wir im Weiteren verwenden werden.

18.4.1 Speicherverbrauch

Am Anfang dieses Kapitels haben wir erläutert, dass ein Index aus einem Index-Offset-Vektor (kurz: IO) und einem Index-Positions-Vektor (kurz: IP) besteht. Um die Gesamtgröße des Index zu bestimmen, müssen wir die Größe dieser beiden Strukturen berechnen.

$$I_m = IO_m + IP_m$$

Der von einem Vektor allokierte Speicher kann einfach durch Multiplikation der Länge (Anzahl der Einträge) mit seiner Breite (Größe eines einzelnen Eintrags) berechnet werden.

$$IO_m = IO_l \cdot IO_w$$
$$IP_m = IP_l \cdot IP_w$$

Die Länge von IP korreliert direkt mit der Länge des Attribut-Vektors AV_l, da er im Grunde eine sortierte Version des entsprechenden Attribut-Vektors ist. Die Breite von IP wird durch die Bit-codierte Länge des Attribut-Vektors bestimmt, da er die direkten Positionen der Werte im Attribut-Vektor enthält.

$$IP_l = AV_l$$
$$IP_w = \lceil \log_2 (AV_l) \rceil \, \text{Bits}$$

Die Länge von IO korreliert direkt mit der Länge des Wörterbuchs D_l, die wiederum durch die Anzahl der einmaligen Werte in der jeweiligen Spalte bestimmt wird. Die Breite von IO wird aus dem größten Offset in IP abgeleitet, denn IO enthält die Bit-codierten Offsets, die verwendet werden, um die Positionsbereiche in IP zu bestimmen. Da der maximale Offset, der in IO gespeichert wird, die Länge von IP selbst sein kann, ist die resultierende Breite des IO $\lceil \log_2(IP_l) \rceil$.

$$IO_l = D_l$$
$$IO_w = \lceil \log_2(IP_l) \rceil \, \text{Bits}$$

Zusammenfassend verbinden wir die gelisteten Formeln zu einer einzigen Gleichung zur Berechnung der Größe der Index-Struktur.

$$I_m = D_l \cdot \lceil \log_2(IP_l) \rceil + AV_l \cdot \lceil \log_2(AV_l) \rceil \, \text{Bits}$$
$$I_m = (D_l + AV_l) \cdot (\lceil \log_2(AV_l) \rceil) \, \text{Bits}$$

Lassen Sie uns nun die tatsächliche Größe eines Indexes für die Stadt-Spalte (*city*) in unserer Weltbevölkerungstabelle (*world_population*) aus Abb. 18.1 berechnen.

Wir müssen D_l, IP_l, und AV_l bestimmen. Basierend auf den Annahmen, dass es etwa 1 Million Städte auf der ganzen Welt gibt, und dass die Weltbevölkerung 8 Mrd. beträgt, brauchen wir nur diese Zahlen in unsere Formel einzusetzen.

$$I_m = 10^6 \cdot \lceil \log_2(8 \cdot 10^9) \rceil + 8 \cdot 10^9 \cdot \lceil \log_2(8 \cdot 10^9) \rceil \, \text{Bits}$$

Aus dieser Formel erhalten wir dementsprechend eine Indexgröße von etwa 31 GB für die Stadt-Spalte.

18.4.2 Abfrage-Leistung

Unabhängig davon, ob ein Index verwendet wird oder nicht, muss eine binäre Suche im Wörterbuch durchgeführt werden, um den codierten Wert für den jeweiligen Suchbegriff zu bestimmen. Wir nehmen an, dass wir $\log_2(D_l)$ Einträge lesen müssen, um die binäre Suche durchzuführen. Da die binäre Suche im Wörterbuch für beide Zugriffsmethoden erfolgen muss, können wir ihren Einfluss ignorieren, wenn wir die Methoden vergleichen.

Beschreibung	Einheit	Symbol
Speicherverbrauch des Index	Bits	I_m
Länge des Index-Offset-Vektors	–	IO_l
Breite des Index-Offset-Vektors	Bits	IO_w
Speicherverbrauch des Index-Offset-Vektors	Bits	IO_m
Länge des Index-Positions-Vektors	–	IP_l
Breite des Index-Positions-Vektors	Bits	IP_w
Speicherverbrauch des Index-Positions-Vektors	Bits	IP_m
Länge des Wörterbuchs (Anzahl der einmaligen Werte in der Spalte)	–	D_l
Länge des Attribut-Vektors	–	AV_l
Breite des Attribut-Vektors	Bits	AV_w

Im Fall eines vollständigen Spalten-Scans müssen wir den Attribut-Vektor sequenziell durchlaufen, indem wir die AV_l Einträge lesen, von denen jeder eine Größe von $\lceil \log_2(D_l) \rceil$ Bits umfasst. Unter den bereits getroffenen Annahmen müssen wir

$$8 \cdot 10^9 \cdot \lceil \log_2(10^6) \rceil \, \text{Bits} = 160.000.000.000 \, \text{Bits}$$

für einen vollständigen Scan des Attribut-Vektors lesen.

Wenn wir jedoch einen Index nutzen, sieht die Situation anders aus. Im Anschluss an die Wörterbuchsuche lesen wir direkt die obere und untere Grenze aus dem Index-Offset-Vektor (siehe Abb. 18.6). Wir vernachlässigen diesen Schritt für unsere Überlegungen in Bezug auf die Leistung, da dieser konstante Aufwand keine Auswirkungen auf die tatsächliche Scan-Leistung hat. Nach der Bestimmung der oberen und unteren Grenze für den Index-Positions-Vektor müssen wir diesen durchlaufen (siehe Abb. 18.7). Die Anzahl der Einträge, die aus dem Index-Postions-Vektor gelesen werden müssen, hängt von der Verteilung der Werte in der eigentlichen Tabellenspalte ab. Bei häufig verwendeten Attribut-Werten müssen logischerweise mehr Einträge gelesen werden, als bei selten verwendeten Werten. Unter der Annahme einer gleichmäßigen Verteilung der Werte müssen wir $AV_l \div D_l$ Einträge lesen.

Die Breite der Einträge ist $\lceil \log_2(AV_l) \rceil$. Durch die Kombination beider Gleichungen erhalten wir

$$\text{Index-Positionen} = \frac{AV_l \lceil \log_2(AV_l) \rceil}{D_l}$$

für die Anzahl an Bits, die aus dem Index-Positions-Vektor gelesen werden müssen. Für unser Weltbevölkerungsbeispiel, in dem wir alle Einwohner Berlins suchen, kommen wir auf

$$\frac{8 \cdot 10^9 \cdot \lceil \log_2(8 \cdot 10^9) \rceil \text{ Bits}}{10^6} = 264.000 \text{ Bits,}$$

die unter Verwendung eines Indexes zu lesen sind. Geht man von einer CPU-Leistung von 2 MB/ms/Kern aus, benötigt ein einzelner Kern etwa 9 s, um den gesamten Attribut-Vektor zu scannen. Erfolgt der Zugriff auf die Spalte über einen Index, benötigt er lediglich 0,0157 ms, um alle Positionen der Einwohner Berlins im Attribut-Vektor zu lesen. Verglichen mit einem sequentiellen Attribut-Vektor-Scan verbessern wir in diesem Beispiel durch die Verwendung eines Index die Leistung somit um den Faktor ≈573.248. In Abb. 18.9 vergleichen wir den

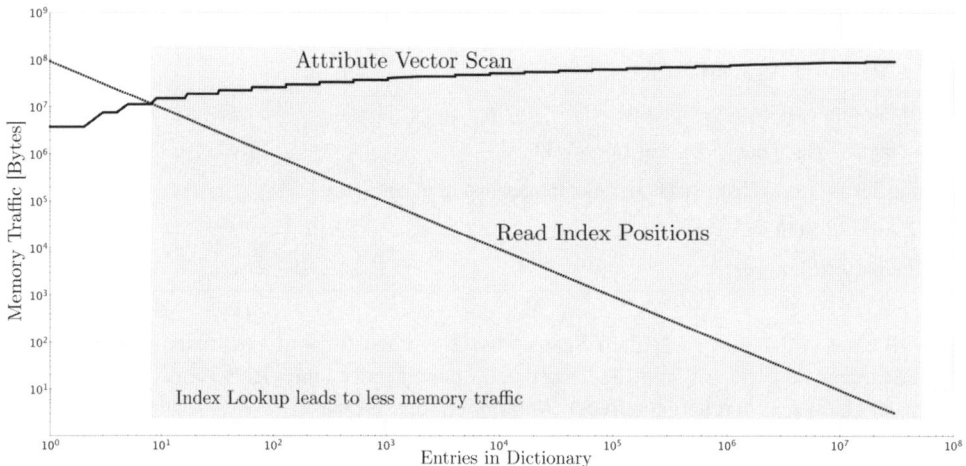

Abb. 18.9 Scan des Attribut-Vektors vs. Lesen der Index-Positionsliste für eine Spalte mit 30 Mio. Einträgen (logarithmische Skalierung)

theoretischen Datentransfer für den Scan des Attribut-Vektors und das Lesen der Indexpositionen für verschiedene Wörterbuchgrößen in einer Spalte mit 30 Millionen Einträgen. Bei einer gleichmäßigen Verteilung führt der Index zu weniger Datentransfer, wenn mindestens acht einmalige Werte vorhanden sind.

18.5 Selbsttest-Fragen

1. Index-Merkmale
Die Einführung eines Index ...

(a) verringert den Speicherverbrauch.
(b) erhöht den Speicherverbrauch.
(c) beschleunigt Insert-Operationen.
(d) verlangsamt Suchabfragen.

2. Invertierter Index
Was ist ein invertierter Index?

(a) Eine Struktur, die einmalige Werte des Wörterbuchs in umgekehrter Reihenfolge enthält
(b) Eine Liste von Texteinträgen, die entschlüsselt werden müssen; sie wird für erhöhte Sicherheit verwendet.
(c) Eine Struktur, die den Unterschied jedes Eintrags im Vergleich zum größten Wert enthält
(d) Eine Struktur, die jeden einmaligen Wert auf eine Positionsliste abbildet. Diese Positionsliste enthält alle Positionen, an denen der Wert in der Spalte gefunden werden kann.

Literaturhinweis

[FSKP12] M. Faust, D. Schwalb, J. Krueger, H. Plattner, Fast lookups for in-memory column stores: group-key indices, lookup and maintenance. in ADMS '12: Proceedings of the 3rd International Workshop on Accelerating Data Management Systems Using Modern Processor and Storage Architectures at VLDB'12, 2012

Kapitel 19
JOIN

Dieses Kapitel behandelt den Join-Operator und die Frage, wie dieser in In-Memory-Datenbank-Systemen ausgeführt wird. Im Allgemeinen stellen Joins eine Möglichkeit dar, Tupel aus zwei oder mehr Tabellen zu kombinieren. Es existieren zwei allgemeine Kategorien von Joins, die jeweils noch weiter spezialisiert werden können:

- *Inner-Joins* erstellen eine Ergebnistabelle, welche die Tupel aus den beiden Eingabetabellen auf Basis eines Join-Prädikats kombiniert. Der Inner-Join verbindet also jedes Tupel aus der ersten Tabelle mit jedem Tupel der zweiten Tabelle, um sie auf das Join-Prädikat zu überprüfen.
- *Outer-Joins* werden verwendet, um Informationen von einer Eingabetabelle in die Ergebnistabelle aufzunehmen, auch wenn für das Tupel aus der ersten Eingabetabelle eventuell kein Join-Partner in der zweiten Eingabetabelle vorhanden ist. Ein Beispiel, bei dem ein äußerer Join verwendet werden könnte, stellt die Umsatzberechnung in einer bestimmten Region und Periode dar. Wenn man den Umsatz aller Regionen über das ganze Jahr hinweg anzeigen möchte, es aber eine Region ohne Umsatz in einem bestimmten Zeitraum gibt, dann würde diese Information mit einem regulären Equi-Join verloren gehen. Demgegenüber fügt der Outer-Join den Wert *Null* ein, wenn es in der zweiten Relation kein passendes Tupel gibt. Dies ermöglicht es, die gewünschten Informationen direkt in das Ergebnis aufzunehmen. Für unser Beispiel bedeutet dies, dass die Ergebnistabelle bei Regionen für die keine Umsatzdaten in einer Periode vorliegen *Null*-Werte aufweist. Den Anwendern werden also trotzdem alle Regionen und Perioden angezeigt und es wird klar ersichtlich, für welche Kombinationen keine Informationen vorliegen.

Weitere Spezialisierungen der Join-Typen sind:

- *Equi-Joins* stellen den häufigsten und wichtigsten Join-Typ dar. Sie selektieren Tupelkombinationen aus zwei Eingaberelationen genau dann, wenn die Werte der für den Equi-Join verwendeten Attribute identisch sind.
- *Semi-Joins* sind Joins, die lediglich die Attribute einer der beiden Eingaberelationen in die Ergebnisrelation aufnehmen, sofern das Join-Prädikat erfüllt ist.

Der bekannteste Anwendungsfall für Joins sind normalisierte Datenbank-Schemata, bei denen auf Fremdschlüsseln basierende Verbindungen zwischen Tabellen hergestellt werden. Joins verknüpfen die Eingaberelationen anhand der gegebenen Join-Attribute beider Relationen. Diese Attribute müssen dabei nicht den gleichen Bezeichner aufweisen.

Zwischen zwei Tabellen existieren verschiedene Arten von Beziehungen. Diese sind die Eins-zu-Eins-, Eins-zu-Viele- und Viele-zu-Viele-Beziehung. Eine Eins-zu-Eins-Beziehung verbindet jedes Tupel der ersten Tabelle mit keinem oder genau einem Tupel der zweiten Tabelle. Dies bedeutet, beim Join beider Tabellen erhält jedes Tupel maximal einen Partner für den Join. In einer Eins-zu-Viele-Relation wird jedes Tupel der ersten Tabelle mit mehreren Tupeln der zweiten Tabelle verknüpft. Ein Beispiel für eine Eins-zu-Viele-Beziehung wäre die Weltbevölkerungstabelle, in der ein Fremdschlüssel das Land repräsentiert (zum Beispiel die Abkürzung „GER" für die „Bundesrepublik Deutschland"), und sich die eigentlichen Namen der Länder in einer separaten Ländertabelle mit genau einem Tupel pro Land befinden. Die sich zwischen dem Land und der Weltbevölkerungstabelle ergebende Beziehung verbindet jedes Land der Ländertabelle mit all seinen Einwohnern aus der Weltbevölkerungstabelle. In einer Viele-zu-Viele-Beziehung kann jedes Tupel aus der ersten Relation mit mehreren Tupeln aus der zweiten Relation über einen Join verbunden sein, und jedes Tupel aus der zweiten Relation kann mit mehreren Tupeln aus der ersten Relation verbunden sein. Ein Beispiel für eine Viele-zu-Viele-Beziehung stellt die Bücher-und-Autoren-Beziehung dar. Ein Buch kann viele Autoren aufweisen, und ein Autor kann viele Bücher geschrieben haben. Eine Viele-zu-Viele-Beziehung kann als zusätzliche Tabelle implementiert werden, die Paare von Fremdschlüsseln enthält. Diese Tabelle enthält dabei Einträge für diejenigen Paare der beiden verknüpften Tabellen, die tatsächlich in Zusammenhang stehen.

19.1 Ausführung von Joins im Hauptspeicher

Ein Blick auf die Eigenschaften des Hauptspeichers zeigt, dass sequentielle Scans um ein Vielfaches schneller als zufällige Zugriffe sind, wenn mehrere Werte verarbeitet werden. Darum nutzen Join-Algorithmen in Hauptspeicher-Systemen so oft wie möglich sequentielle Scans und versuchen zufällige Lookups so weit wie möglich zu vermeiden. Ein weiteres Ziel dieser Algorithmen liegt darin, die Materialisierung der Daten so spät wie möglich durchzuführen, um mit der sehr viel kleineren Positionsinformation zu arbeiten, damit z. B. mehr Daten in eine Cache-Line passen (siehe Kapitel 16).

Die nächsten beiden Abschnitte stellen den *Hash-Join* und den *Sort-Merge-Join* als zwei Join-Algorithmen vor, die die Eigenschaften von In-Memory-Datenbanken besonders gut ausnutzen. Der Hash-Join basiert auf einer Hash-Funktion, welche die Zugriffskosten vermindert indem sie Eingabewerten beliebiger Länge Ausgabewerte mit fester Länge zuordnet. Der Sort-Merge-Join verwendet die Eigenschaften eines eindeutig sortierbaren Datentyps. Nach dem Sortieren der beiden Join-Spalten werden sie im sogenannten Merge-Prozess zusammengeführt.

Um die Algorithmen vorzustellen, verwenden wir die Weltbevölkerungstabelle und eine zusätzliche Standorttabelle, die weitere Informationen über die einzelnen Standorte enthält. Abbildung 19.1 gibt einen Überblick über die beiden Beispiel-Tabellen (beide sind vereinfacht, um die IDs klein zu halten).

Darüber hinaus nutzen wir die SQL-Abfrage in Auflistung 19.1. Sie ruft den Namen jeder Stadt im Bundesland ‚Hessen', den Bürgermeister dieser Stadt und die Zahl der Einwohner ab. Der Einfachheit halber nehmen wir hier an, dass Stadtnamen pro Bundesland einmalig sind. Da diese SQL-Abfrage einen Inner-Join enthält, werden nur Städte mit mindestens einem Join-Partner aus der Weltbevölkerungstabelle in der Ergebnismenge angezeigt.

```
SELECT count(∗) As population , wp.city , locations.mayor
FROM world_population AS wp
INNER JOIN locations ON world_population.city = locations.city
WHERE locations.state = 'Hessen'
GROUP BY wp.city , locations.mayor;
```

Auflistung 19.1: SQL-Abfrage mit Join-Operator

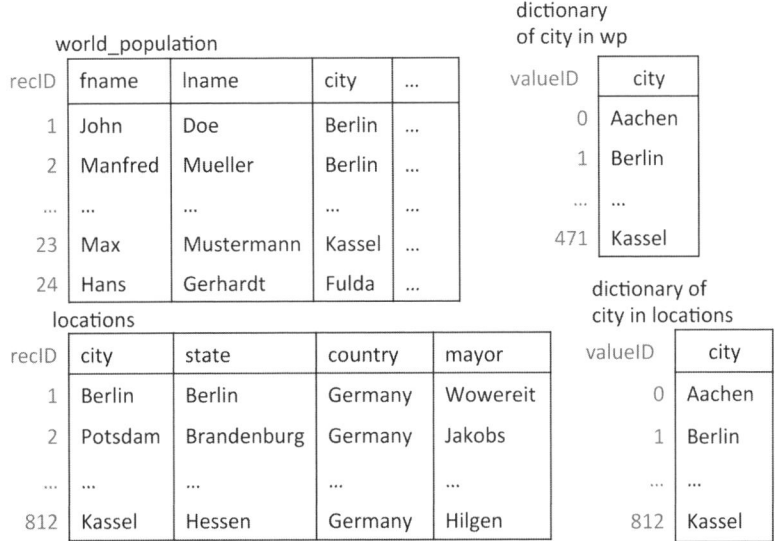

Abb. 19.1 Join-Tabellen des Beispiels

19.2 Hash-Join

Der Hash-Join basiert auf einer Hash-Funktion, die einen Zugriff in konstanter Zeit erlaubt. Ein zweites Merkmal dieser Funktion ist, dass sie auf Schlüssel fester Längen abbildet, auch wenn die Eingabewerte der Funktion eine variable Länge haben.

Der Hash-Join-Algorithmus selbst besteht aus zwei Phasen: einer Hash-Phase und einer Hash-Join-Phase. Während der Hash-Phase wird in der Relation mit der niedrigeren Tabellen-Kardinalität sequentiell die Spalte, die das Join-Prädikat enthält, gescannt und der Hash-Schlüssel für jeden Attribut-Wert berechnet. Die DatensatzID des gehashten Wertes wird in die Hash-Map an der Position des berechneten Hash-Schlüssels eingefügt. Für die Erzeugung der Hash-Map wird die kleinere der beiden Join-Tabellen verwendet, um die Hash-Map möglichst klein zu halten. Dies geschieht mit dem Ziel, die Hash-Map möglichst dauerhaft im Cache vorhalten zu können.

Während der Hash-Join-Phase wird die größere Tabelle sequentiell gescannt. Jeder Wert wird gegen die Hash-Map geprüft, indem der Hash-Schlüssel berechnet und in der Hash-Map nachgeschlagen wird. Wenn dieser Wert dort vorhanden ist, werden die Position des gerade untersuchten Tupels und der errechnete Wert aus der Hash-Map (entspricht der DatensatzID des zugehörigen Tupels aus der kleineren Relation) als passendes Paar zurückgegeben. Ein

Wert, dessen Schlüssel in der Hash-Map keine Werte aufweist, erzeugt hingegen kein Positionspaar. Die Positionspaare werden im Anschluss für die Materialisierung der Ergebnistabelle des Joins genutzt.

19.2.1 Beispiel: Hash-Join

Dieser Abschnitt bietet einen tieferen Einblick in den in SanssouciDB verwendeten Hash-Join-Algorithmus, indem die Ausführung der Beispielabfrage (siehe Auflistung 19.1) analysiert wird. Der hier verwendete Algorithmus ist eine abgewandelte Form des allgemeinen Hash-Joins und nutzt eine zusätzliche Mapping-Struktur, um möglichst lange mit komprimierten Werten zu arbeiten.

Der erste Schritt der Abfrageausführung besteht darin, alle Prädikate zu finden, die bereits vor der eigentlichen Join-Ausführung ausgewertet werden können. Dies ermöglicht es, die Größe der Zwischenergebnisse zu verringern, was wiederum Speicherplatz und damit Bandbreite spart. In unserem Beispiel wird daher die Filteroperation der *WHERE*-Klausel zuerst ausgeführt.

Das führt zu einer geringeren Menge an Städten, auf die der Join-Operator angewendet werden muss. In unserem Beispiel ist das Ergebnis der WHERE-Klausel eine Liste aller Positionen der Städte der Standorttabelle aus ‚Hessen'. Diese lauten: *812, 912, 1023, 4581, etc.* Anschließend beginnt der eigentliche Join mit der Hash-Phase. Die Städte in ‚Hessen' stellen die kleinere Eingaberelation des Join-Operators dar, weshalb sie gescannt werden, um die Hash-Map zu erzeugen. Dabei wird für jede Stadt Hessens der Hash der jeweiligen WertID berechnet. Die DatensatzIDs der jeweiligen Einträge (in unserem Fall jeweils nur ein Eintrag, da jede Stadt nur einen Bürgermeister hat) werden an die durch den Hashwert bestimmte Position in der Hash-Map geschrieben.

Als Nächstes wird die Sondierungsphase durchgeführt. Da die Weltbevölkerungstabelle und die Standorttabelle unterschiedliche Wörterbücher für ihre jeweiligen Stadt-Spalten verwenden, unterscheiden sich die jeweils den Städten zugeordneten WertIDs. Um zum Beispiel die WertID der Stadt „Kassel" in der Weltbevölkerungstabelle der WertID von „Kassel" in der Standorttabelle zuzuordnen, wird eine zusätzliche Mapping-Struktur angelegt, welche die jeweiligen WertIDs der Wörterbücher verbindet (siehe Abb. 19.2). Für „Kassel" wäre dies das WertID-Paar 471 (Weltbevölkerungstabelle) und 812 (Standorttabelle).

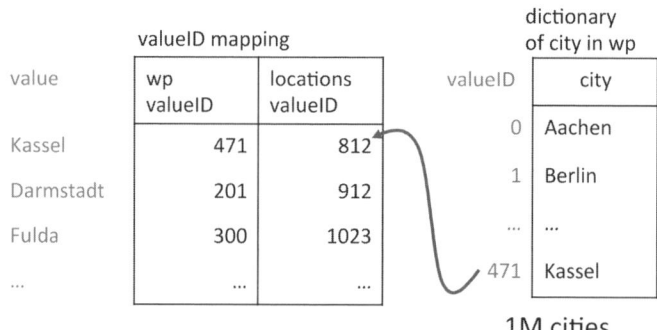

Abb. 19.2 Erstellung der Hash-Map

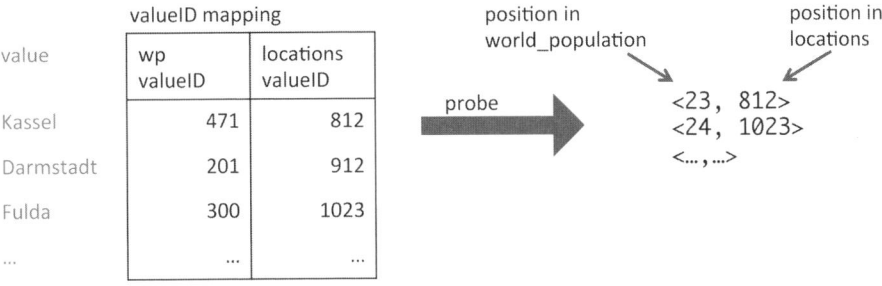

Abb. 19.3 Hash-Join-Phase

Danach wird die Stadtspalte der Weltbevölkerungstabelle gescannt und für jede WertID die zugehörige WertID für die Standorttabelle aus der Mapping-Struktur bestimmt. Anhand der WertID für die Standorttabelle wird die Hash-Map aus der ersten Phase sondiert (siehe Abb. 19.3), um zu überprüfen, ob sie den jeweiligen Schlüssel enthält. Dieser Zugriff ist von konstanter Komplexität. Wenn ein Schlüssel gefunden wird, werden die DatensatzID der derzeit sondierten Zeile und die DatensatzIDs, die zusammen mit dem passenden Hash-Schlüssel gespeichert wurden, als passendes Positionspaar zurückgegeben. Diese Paare sind die Ergebnismenge der eigentlichen Join-Operation.

In einem letzten Schritt wird der Rest der Abfrage ausgeführt. Dies umfasst die Ausführung der auf den gefundenen Positionspaaren basierenden COUNT-Aggregation, um zu berechnen, wie viele Menschen in jeder Stadt leben. Schließlich können der Bürgermeister und der Name der Stadt ermittelt werden, und das materialisierte Ergebnis der Abfrage ist vollständig.

Das größte Problem bei Hash-Joins ist die Auswahl der Hash-Funktion. Der Grund dafür ist, dass eine gute Hash-Funktion für größere Byte-Werte, wie z. B. Zeichenketten, schwierig zu finden ist. Wenn die Funktion nicht hundertprozentig passt, muss der Algorithmus mit Kollisionen umgehen. Kollisionen treten auf, wenn die Hash-Funktion aus mehreren einmaligen Werten den gleichen Schlüssel erzeugt. Solche Kollisionen machen den Hash-Join-Algorithmus komplexer. Eine Alternative zum Hash-Join ist der Sort-Merge-Join, der im nächsten Abschnitt besprochen wird.

19.3 Sort-Merge-Join

Der Sort-Merge-Join besteht aus mehreren Phasen. Zuerst wird die Spalte des Join-Prädikats der kleineren Relation gescannt und die Positionen der für die weitere Abfrageausführung verwendeten Tupel werden zusammen mit ihrer WertID in einer Liste (A) sortiert nach den WertIDs gespeichert. Aus der erstellten Positions-WertID-Liste wird zusätzlich eine Liste mit den eindeutigen WertIDs aufgebaut um eine Übersetzungstabelle (ähnlich der Mapping-Struktur aus dem Hash-Join) zu erstellen.

Die Übersetzungstabelle stellt eine Zuordnung der WertID einer Stadt aus dem Wörterbuch der Weltbevölkerungstabelle zur WertID aus dem Wörterbuch der Standorttabelle bereit. Sie wird durch den Vergleich der tatsächlichen Werte der beteiligten Wörterbücher erstellt (siehe Abb. 19.4).

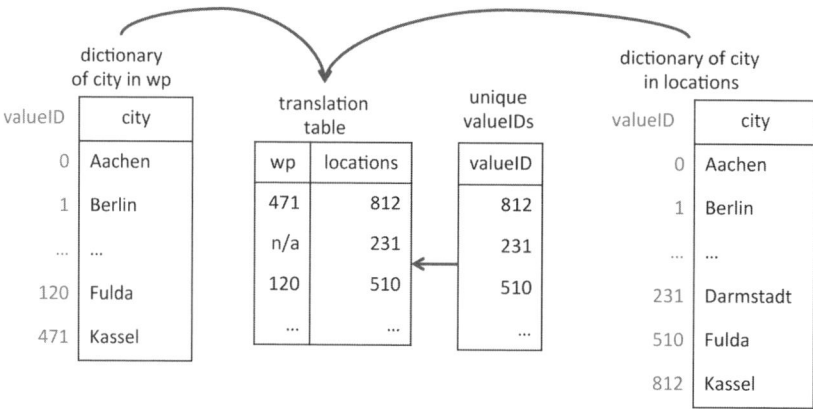

Abb. 19.4 Erstellung der Übersetzungstabelle

Nun wird die größere Relation sequentiell gescannt, und alle Werte, die in der Überset-zungstabelle zugeordnet werden können, werden in eine Hilfsliste eingetragen. Anhand der Übersetzungstabelle kann nun für jeden Eintrag die WertID aus der Weltbevölkerungstabelle in die entsprechende WertID für die Standorttabelle übersetzt werden. Das Ergebnis ist eine Liste (B) der Positionen in der Weltbevölkerungstabelle mit einer Zuordnung zu den WertIDs der Standorttabelle. Diese Liste wird nach den WertIDs der Standorttabelle sortiert.

Als letzter Schritt wird der eigentliche Merge durchgeführt. Sowohl Liste A als auch Liste B sind nach den WertIDs der Standorttabelle sortiert. Die WertIDs der beiden Listen können daher effizient verglichen werden (siehe hierzu auch Abschnitt 27.2). Bei Übereinstimmung der WertIDs werden die jeweiligen Positionspaare in die Ergebnismenge des Joins aufge-nommen. Allgemein werden also die beiden Semi-Joins zusammengefügt, um die Ergebnis-menge zu bilden.

19.3.1 Beispiel: Sort-Merge-Join

Dieser Abschnitt zeigt die Ausführung eines Sort-Merge-Joins anhand eines Beispiels. Die Abfrage aus Auflistung 19.1 wird wieder verwendet, jedoch wird dieses Mal ein anderer Join-Algorithmus eingesetzt. Eine Übersicht über beide Join-Tabellen und die Wörterbücher ihrer Join-Spalten ist in Abb. 19.1 dargestellt. Die Position der Stadt ‚Kassel' in der Standort-Tabelle, ist wie in vorigem Beispiel 812. Die WertID von ‚Kassel' ist 471 im Stadt-Wörter-buch der Weltbevölkerungstabelle und 812 im Stadt-Wörterbuch der Standorttabelle.

Die erste Phase des Sort-Merge-Joins ist der ersten Phase des Hash-Joins sehr ähnlich. Zuerst wird die Filteroperation ausgeführt, um die Anzahl der Eingabetupel für die tatsächli-che Join-Operation zu verringern.

Im zweiten Teil der Join-Ausführung wird aus der kleineren Relation eine eindeutige Liste von WertIDs sowie die sortierte Positions-WertID-Liste A erzeugt. Diese Liste enthält alle WertIDs der Städte in ‚Hessen', (d.h. 812, 231, und 510) und bildet die Basis für die Übersetzungstabelle (siehe Abb. 19.4).

Der nächste Schritt des Sort-Merge-Joins besteht darin, alle Zeilen aus der Übersetzungs-tabelle zu entfernen, in denen ein Teil der Übersetzung (also eine Zuordnung) fehlt. Im Beispiel gilt dies für die Zeile mit der WertID 231 aus dem Wörterbuch der Standorttabelle, für die keine WertID aus dem Wörterbuch der Weltbevölkerungstabelle vorhanden ist. Die Entfernung dieser Zeilen komplettiert den ersten Teil des Semi-Joins. Bis jetzt hat der Algorithmus hauptsächlich mit Wörterbüchern anstelle der tatsächlichen Daten gearbeitet.

Der zweite Teil des Semi-Joins nutzt die Übersetzungstabelle, um alle passenden Positionen in der Weltbevölkerungstabelle zu finden. Die resultierende Liste B wird wie oben beschrieben nach den WertIDs sortiert.

Die beiden aus den Semi-Joins entstandenen Listen A und B werden zu einer Liste passender Positionspaare kombiniert (siehe Abb. 19.5). Der letzte Schritt ist dem letzten Schritt des Hash-Joins wieder sehr ähnlich. Die Aggregation, d. h. die Anzahl der Einwohner aller Städte in ‚Hessen‘, wird berechnet, und anschließend werden die tatsächlichen Namen der jeweiligen Städte und der jeweiligen Bürgermeister aus dem Wörterbuch ermittelt.

19.4 Die Wahl eines Join-Algorithmus

Neben Hash-Join und Sort-Merge-Join ist der *Nested-Loop-Join* eine dritte Option, einen Join auszuführen. Im Grunde genommen wird die erste Eingaberelation gefiltert und gescannt, und für jedes darin enthaltene Tupel wird die gesamte andere Relation nach passenden Tupeln durchsucht. Dies führt zu einer Komplexität von $O(n \cdot m)$ mit n Tupeln in der ersten und mit m Tupeln in der zweiten Tabelle.

Der Algorithmus des Hash-Joins hat eine Komplexität von $O(n + m)$, weil die Join-Spalte der ersten Relation einmal gescannt wird, um die Hash-Map zu erstellen, und danach die Join-Spalte der zweiten Relation einmal gescannt wird, um die Werte in der Hash-Map zu sondieren.

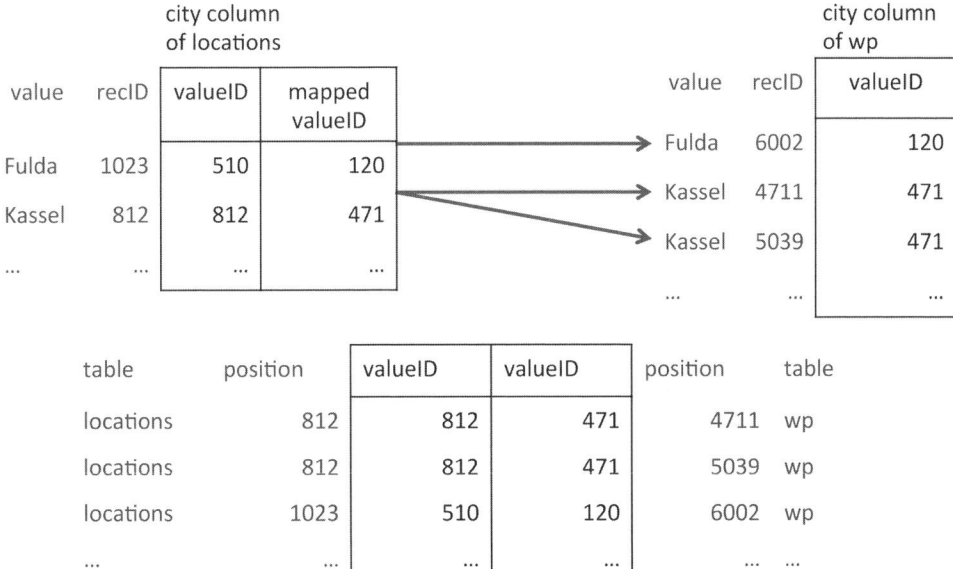

Abb. 19.5 Passende Paare aus beiden Positionslisten

Die Komplexität des Sort-Merge-Joins ist $O(n \cdot \log(n) + m \cdot \log(m))$. In der Regel ist die erreichte Laufzeit schlechter als die des Hash-Joins, weil eine Sortierung der Zwischenergebnisse erforderlich ist, bevor der Merge-Prozess erfolgen kann.

Zusammenfassend kann man sagen, dass im Allgemeinen der Hash-Join am besten abschneidet. Er erreicht eine höhere Leistung, wenn es einen Index (siehe Kapitel 18) für das Attribut gibt, da dieser das Erstellen der Hash-Map verbessert. Eine Limitierung des Algorithmus stellt die Hash-Map dar. Wenn die Erstellung der Hash-Map sehr kompliziert ist oder sie zu groß werden würde, sollten andere Alternativen gewählt werden. Einen zuverlässigen Algorithmus, auf den man in solchen Fällen zurückgreifen kann, stellt der Sort-Merge-Join dar, weil dieser Join keinen Index für das Attribut benötigt. Der Nested-Loop-Algorithmus ist für sehr kleine Datensätze geeignet, bei denen die Erzeugung der erforderlichen Datenstrukturen für die anderen Algorithmen zu viel Aufwand mit sich bringen würde.

19.5 Selbsttest-Fragen

1. **Komplexität des Hash-Joins**
   Welche Komplexität hat der Hash-Join?

   (a) $O(n + m)$
   (b) $O(n^2/m^2)$
   (c) $O(n \cdot m)$
   (d) $O(n \cdot \log(n) + m + \log(m))$

2. **Komplexität des Sort-Merge-Joins**
   Welche Komplexität hat der Sort-Merge-Join?

   (a) $O(n + m)$
   (b) $O(n^2/m^2)$
   (c) $O(n \cdot m)$
   (d) $O(n \cdot \log(n) + m \cdot \log(m))$

3. **Join-Algorithmus bei kleinen Datensätzen**
   Gegeben ist ein extrem kleiner Datensatz. Welchen Join-Algorithmus würden Sie wählen, um die beste Leistung zu erhalten?

   (a) Alle Join-Algorithmen haben die gleiche Leistung.
   (b) Nested-Loop-Join
   (c) Sort-Merge-Join
   (d) Hash-Join

4. **Join-Algorithmus bei großen Datensätzen**
   Stellen Sie sich einen großen Datensatz mit einem Index vor. Welchen Join-Algorithmus würden Sie wählen, um die beste Leistung zu erhalten?

   (a) Nested-Loop-Join
   (b) Sort-Merge-Join
   (c) Alle Join-Algorithmen haben die gleiche Leistung.
   (d) Hash-Join

5. **Equi-Join**

   Was ist ein Equi-Join?

   (a) Wenn Tupel aus beiden Relationen selektiert werden, wird nur die Hälfte der Join-Relation verwendet, die andere Hälfte der Tabelle wird verworfen.

   (b) Wenn Tupel aus beiden Relationen selektiert werden, werden diejenigen Tupel verwendet, die sich durch ein zuvor festgelegtes Gleichheitsprädikat qualifizieren.

   (c) Er ist ein Join-Algorithmus, der gewährleistet, dass das Ergebnis aus gleich großen Anteilen der beiden Eingaberelationen besteht.

   (d) Er ist ein Join-Algorithmus, um Informationen abzurufen, die möglicherweise nicht vorhanden sind. Wenn also ein Tupel aus einer Relation selektiert wird und dieses Tupel kein passendes Tupel in der anderen Relation hat, werden für die fehlenden Werte sog. NULL-Werte einfügen.

6. **Eins-zu-Eins-Beziehung**

   Was ist eine Eins-zu-Eins-Beziehung?

   (a) Eine Eins-zu-Eins-Beziehung zwischen zwei Objekten bedeutet, dass sich für jedes Objekt auf der linken Seite ein oder mehrere Objekte auf der rechten Seite der durch einen Join verbundenen Tabelle befinden, und jedes Objekt auf der rechten Seite genau einen Join-Partner auf der linken Seite hat.

   (b) Eine Eins-zu-Eins-Beziehung zwischen zwei Objekten bedeutet, dass für genau ein Objekt auf der linken Seite des Joins höchstens ein Objekt auf der rechten Seite existiert und umgekehrt.

   (c) Eine Eins-zu-Eins-Beziehung zwischen zwei Objekten bedeutet, dass jedes Objekt auf der linken Seite mit einem oder mehreren Objekten auf der rechten Seite der Tabelle durch einen Join verbunden ist, und umgekehrt jedes Objekt auf der rechten Seite einen oder mehrere Join-Partner auf der linken Seite der Tabelle hat.

   (d) Jede Abfrage, die genau einen Join zwischen genau zwei Tabellen hat, wird Eins-zu-eins-Beziehung genannt, weil eine Tabelle genau mit einer anderen Tabelle verknüpft wird.

Kapitel 20
Aggregatfunktionen

In diesem Kapitel werden die Aggregatfunktionen genauer betrachtet. Es beschreibt, was Aggregatfunktionen sind, wie sie funktionieren und wie sie in einem In-Memory-Datenbanksystem ausgeführt werden können.

Aggregatfunktionen sind eine spezifische Menge an Funktionen die mehrere Tupel als Eingabe verwenden um eine Ausgabe zu erzeugen. Dabei arbeiten sie statt auf einzelnen Werten auf Mengen, die erzeugt werden, indem die Eingaberelation nach spezifischen Attributgruppen gruppiert wird. Grundlegende Aggregatfunktionen sind z. B. *COUNT*, *SUM*, *AVERAGE*, *MEDIAN*, *MAXIMUM* und *MINIMUM*. Weiterhin ist es möglich, zusätzliche Funktionen für spezielle Anwendungsfälle zu erzeugen, z. B. OLAP-Funktionen die Standardfunktionen erweitern.

Die Standard-SQL-Syntax, um eine Aggregatfunktion zu nutzen, ist in Auflistung 20.1 dargestellt.

```
SELECT AggregateFunction(attribute1), attribute2, attribute3
FROM table_name
WHERE attribute2 = some_value
GROUP BY attribute2, attribute3
HAVING AggregateFunction(attribute1) > 5;
```

Auflistung 20.1: Syntax zur Verwendung der SQL-Aggregatfunktionen

Die „*GROUP BY*"-Klausel spezifiziert die Attribute, nach denen die Eingaberelation gruppiert wird. Alle abgefragten Attribute, die nicht in der „*GROUP BY*"-Klausel verwendet werden, sollten Teil einer Aggregatfunktion in der SELECT-Klausel sein, anderenfalls ist ihr Wert undefiniert. Die WHERE- und HAVING-Klauseln sind optional.

20.1 Aggregation am Beispiel der Funktion COUNT

Betrachten wir ein Beispiel für den Einsatz der *COUNT*-Aggregatfunktion. Zur Illustration verwenden wir abermals die Weltbevölkerungstabelle (siehe Abb. 20.1).

Wir wollen mit einer Abfrage alle Einwohner pro Land zählen. Unter Verwendung der *COUNT*-Aggregatfunktion sieht eine entsprechende SQL-Abfrage wie in Auflistung 20.2 dargestellt aus.

```
SELECT country, COUNT(*) AS citizens
FROM world_population
GROUP BY country;
```

Auflistung 20.2: SQL-Abfrage, welche die Aggregatfunktion COUNT verwendet

recID	fname	lname	gender	city	country	birthday
0	John	Smith	m	Chicago	USA	12.03.1964
1	Mary	Brown	f	London	UK	12.05.1964
2	Jane	Doe	f	Palo Alto	USA	23.04.1976
3	John	Doe	m	Palo Alto	USA	17.06.1952
4	Peter	Schmidt	m	Potsdam	GER	11.11.1975
...	...	...	...		...	...

Abb. 20.1 Weltbevölkerungstabelle (world_population)

Abbildung 20.2 zeigt, wie eine solche Abfrage bearbeitet werden würde. Zuerst durchläuft das System den Attribut-Vektor der Länder-Spalte (*country*). Für jede neue Länder-WertID wird ein Eintrag mit dem Anfangswert „1" der Ergebnis-Map hinzugefügt. Sollte die WertID in der Ergebnis-Map bereits vorhanden sein, wird der entsprechende Eintrag um eins erhöht. Auf diese Weise wird mit der Ergebnis-Map eine Struktur erstellt, die die WertIDs aller Länder und die jeweilige Anzahl ihres Auftretens enthält. Anschließend werden die tatsächlichen Namen der Länder mithilfe der WertIDs aus dem Wörterbuch der Länder-Spalte ermittelt, und das endgültige Ergebnis der COUNT-Funktion wird erstellt. Das Ergebnis enthält Paare von Ländernamen und der Anzahl, wie oft die Länder in der Ursprungstabelle auftreten, die dabei mit der Anzahl der Einwohner übereinstimmt.

Andere Aggregatfunktionen zeigen ein ähnliches Muster. Bei der *SUM*-Funktion wird in einer Hilfsdatenstruktur gezählt, wie oft jede WertID vorkommt. Die Summe wird in einem letzten Schritt berechnet, indem die Anzahl der Vorkommen mit dem entsprechenden Wert jeder WertID multipliziert wird. Der Mittelwert *AVERAGE* kann mithilfe der Division von *SUM* durch *COUNT* berechnet werden. Um den Median zu erhalten muss die gesamte Relation sortiert und der mittlere Wert zurückgegeben werden. Die *MAXIMUM*- und die *MINIMUM*-Funktion vergleichen einen temporären Extremwert mit dem nächsten Wert aus der

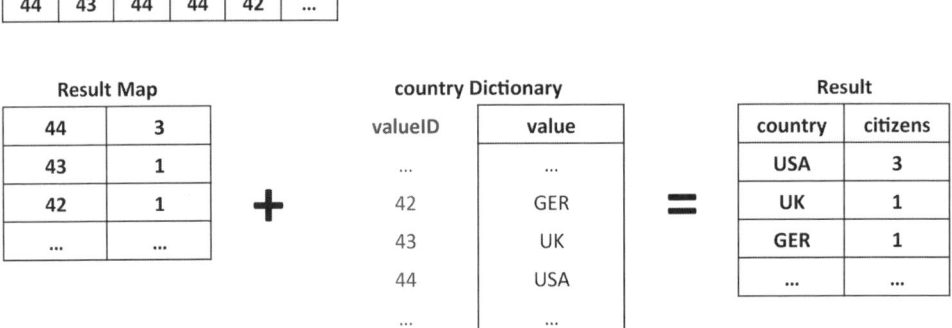

Fig. 20.2 Ausführung der COUNT Funktion

Relation und ersetzen ihn, falls der neue Wert höher (bei *MAXIMUM*) oder niedriger (bei *MINIMUM*) ist.

20.2 Selbsttest-Fragen

1. **Definition der Aggregatfunktion**
   Was sind Aggregatfunktionen?

   (a) eine Menge von Funktionen, die Werte von einem Datentyp in einen anderen Datentyp transformieren
   (b) eine Menge von Indizes, welche die Bearbeitung eines bestimmten Reports beschleunigen
   (c) eine Menge von Tupeln, die entsprechend spezifischer Anforderungen zusammen gruppiert werden
   (d) eine bestimmte Menge von Funktionen, die mehrere Werte aus einem Eingabedatensatz zusammenfassen und für diese einen Ausgabewert liefern

2. **Aggregatfunktionen**
   Welches der folgenden Schlüsselwörter bezeichnet eine Aggregatfunktion?

   (a) HAVING
   (b) MINIMUM
   (c) SORT
   (d) GROUP BY

Kapitel 21
Paralleles SELECT

In Kapitel 18 wurde das Konzept eines invertierten Indexes eingeführt, um zu vermeiden, dass das Datenbanksystem jedes Mal einen vollständigen Spalten-Scan durchführen muss, wenn eine Abfrage nach einem Prädikat in dieser Spalte sucht. Einen Index zu pflegen ist jedoch teuer, es entsteht Wartungsaufwand und es wird zusätzlicher Speicher verbraucht. Somit sollte die Entscheidung, einen Index zu verwenden, sorgfältig unter Berücksichtigung aller Vor- und Nachteile, die ein Index in der jeweiligen Situation bringen würde, abgewogen werden. Dieses Kapitel beschreibt, wie ein Scan einer gesamten Spalte beschleunigt werden kann, ohne dass ihr ein Index hinzugefügt werden muss. Parallelität als allgemeines Mittel zur Optimierung der Performance von Datenbank-Operationen wurde bereits in Kapitel 17 beschrieben. In diesem Kapitel stellen wir detaillierter vor, wie Parallelität zur Beschleunigung der Ausführung einer SELECT-Anweisung eingesetzt werden kann.

21.1 Parallelisierung

Der Zweck einer SELECT-Operation ist es, alle Positionen der Werte, die einem bestimmten Such-Prädikat entsprechen, in einer Spalte zu finden. Das bedeutet, dass wir zum Beispiel bei einem Test auf Gleichheit mit einer Zeichenkette den Attribut-Vektor scannen müssen, um alle Position (DatensatzIDs) des Wörterbuch-Eintrags, der mit dem gesuchten Prädikat übereinstimmt, zu finden. Durch die Aufteilung des Vektors in Daten-Chunks (dt. Datensegmente, d. h. eine feste Anzahl an Datenpartitionen) kann ein sequentieller Scan über den Attribut-Vektor einer Spalte hinweg parallelisiert werden. Jeder Daten-Chunk kann unabhängig von den anderen bearbeitet werden. Die Ergebnisse werden anschließend kombiniert. Lassen Sie uns dazu ein Beispiel betrachten: Wir möchten die Namen aller Männer aus Italien finden. Die entsprechende Abfrage ist in Auflistung 21.1 dargestellt. Bitte beachten Sie, dass diese Abfrage nur Demonstrationszwecken dient. Es gibt bessere Implementierungen dieser Abfrageausführung, die wir wissentlich ignorieren, um ein zwar nicht optimales, dafür aber einfaches Beispiel zu zeigen.

```
SELECT fname, lname
FROM world_population
WHERE country = 'Italy' AND gender = 'm';
```

Auflistung 21.1: Abfrage zur Selektion aller Männer aus Italien

Abbildung 21.1 zeigt den Abfrageplan, der sich ergibt, wenn die Spalten in vier Chunks aufgeteilt werden. In diesem Fall können die Scans der Attribut-Vektoren parallel von acht unabhängigen Threads durchgeführt werden.

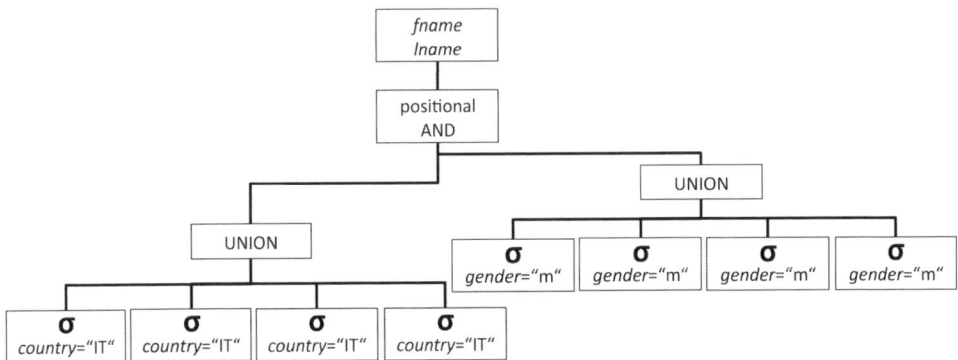

Abb. 21.1 Paralleler Scan, bei dem jede Spalte in 4 Chunks aufgeteilt wird

Gender Column   ## Country Column

Dictionary			Attribute Vector					Attribute Vector			Dictionary	
0	m		0	0		chunk 1		0	0		0	AUS
1	f		1	0				1	1		1	GER
			2	1				2	2		2	IT
			3	0		chunk 2		3	2		...	...
			4	1				4	1			
			5	1				5	0			
			6	1		chunk 3		6	1			
			7	0				1	2			
			8	1				8	2			
			9	0		chunk 4		9	0			
			10	0				10	0			
			11	1				11	2			

Abb. 21.2 Gleich partitionierte Spalten (eingeteilt in Chunks)

Wie in Abbildung 21.1 außerdem zu sehen ist, benötigen wir zwei parallele *UNION*-Operationen, um die Ergebnisse aus den verschiedenen Threads zu kombinieren. Die positionale AND-Operation wird sequentiell ausgeführt. Abbildung 21.2 zeigt ein Szenario, das auf unserem Beispiel basiert. Die beiden Attribut-Vektoren der Spalten sind in vier Chunks partitioniert. Die Positionsbereiche in den jeweiligen Chunks sind bei beiden Spalten die gleichen (0...2, 3...5, 6...8 und 9...11). Parallele Scans in den einzelnen Chunks führen zu der in Abb. 2 1.3 dargestellten Selektion. Nachdem die parallelen Scans die individuellen Positionen bestimmt haben, die mit dem Suchprädikat in der entsprechenden Spalte korrespondieren, müssen wir die Positionen innerhalb jedes Chunks unter Verwendung der positionalen AND-Operation vergleichen. Wenn die gleiche Position in beiden Spalten markiert

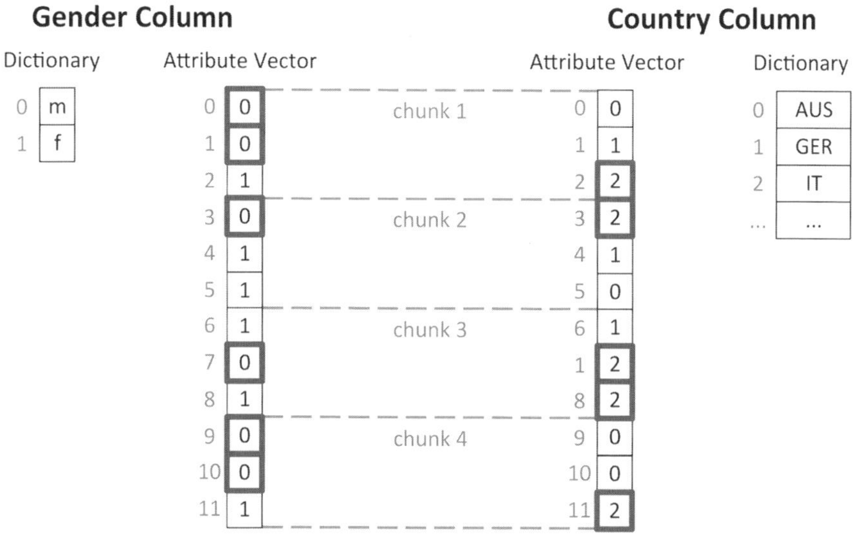

Gender Column

Dictionary   Attribute Vector

| 0 | m |
| 1 | f |

0	0	chunk 1
1	0	
2	1	
3	0	chunk 2
4	1	
5	1	
6	1	chunk 3
7	0	
8	1	
9	0	chunk 4
10	0	
11	1	

Country Column

Attribute Vector   Dictionary

0	0
1	1
2	2
3	2
4	1
5	0
6	1
1	2
8	2
9	0
10	0
11	2

0	AUS
1	GER
2	IT
...	...

Abb. 21.3 Ergebnis der Parallelen Scans

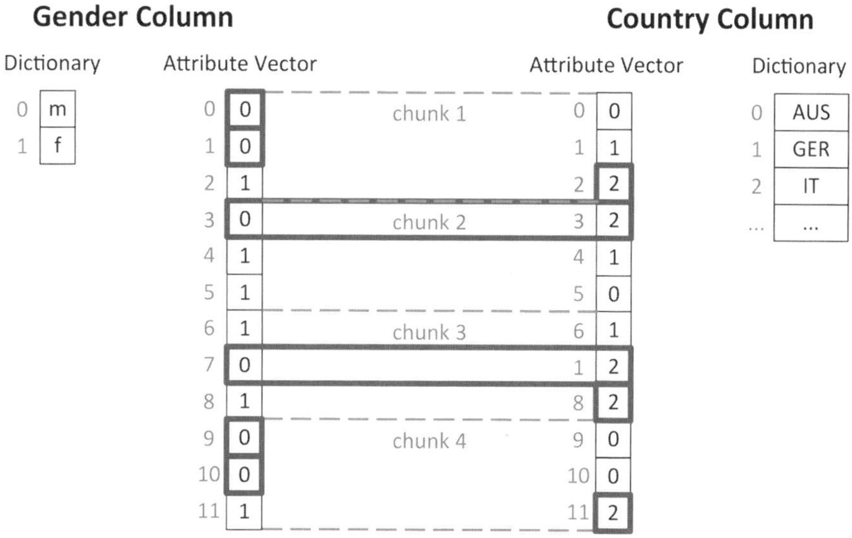

Gender Column

Dictionary   Attribute Vector

| 0 | m |
| 1 | f |

0	0	chunk 1
1	0	
2	1	
3	0	chunk 2
4	1	
5	1	
6	1	chunk 3
7	0	
8	1	
9	0	chunk 4
10	0	
11	1	

Country Column

Attribute Vector   Dictionary

0	0
1	1
2	2
3	2
4	1
5	0
6	1
1	2
8	2
9	0
10	0
11	2

0	AUS
1	GER
2	IT
...	...

Abb. 21.4 Ergebnis des positionalen ANDs

wurde, haben wir einen Datensatz gefunden, der unsere Suchprädikate erfüllt. Abbildung 21.4 zeigt das Ergebnis des Vergleichs.

Wenn die beiden zu scannenden Spalten gleich partitioniert sind, d. h., dass wenn die Anzahl der Partitionen gleich ist und die Positionsbereiche innerhalb jeder entsprechenden Partition gleich sind, kann die positionale AND-Operation ebenfalls parallel ausgeführt werden.

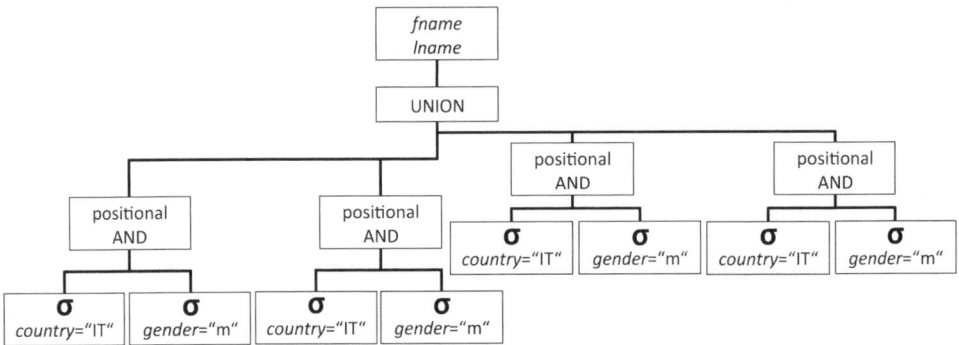

Abb. 21.5 Paralleler Scans mit parallelem positionalen AND

Wird diese Optimierung vorgenommen, so ändert sich der ausgeführte Abfrageplan wie in Abb. 21.5 dargestellt.

Die letzte Operation in der Abfragebearbeitung ist die *UNION*-Operation, welche die Ergebnisse aus den unterschiedlichen *positionalen AND-Operationen* zusammenführt.

21.2 Selbsttest-Frage

1. **Abfrageausführungspläne von parallelisierten SELECTs**
   Wenn ein SELECT-Statement parallel ausgeführt wird, ...

   (a) werden alle anderen SELECT-Statements angehalten.
   (b) wird sein Abfrageausführungsplan im Vergleich zu sequentieller Ausführung um vieles einfacher.
   (c) wird sein Abfrageausführungsplan entsprechend angepasst.
   (d) wird sein Abfrageausführungsplan überhaupt nicht verändert.

Kapitel 22
Workload-Management und Scheduling

22.1 Die Macht der Geschwindigkeit

Einer der wichtigsten Faktoren, der die Nutzbarkeit einer Anwendung bestimmt, ist die Antwortzeit. Psychologische Studien zeigen, dass die vom User maximal akzeptierte Antwortzeit etwa drei Sekunden beträgt. Nach drei Sekunden verliert der User normalerweise die Konzentration und wendet sich etwas anderem zu. Wenn dann die Anwendung ihre Bearbeitung beendet hat und für die nächste Eingabe bereit ist, muss sich der User wieder neu auf die Anwendung konzentrieren. Solche Kontext-Wechsel sind zeitraubend und auf Dauer anstrengend. Die ständigen Unterbrechungen mindern daher die Produktivität der Benutzer erheblich. Ein wichtiges Ziel von Unternehmensanwendungen muss demzufolge sein, auch bisher zeitintensive Abfragen schnell auszuführen.

Aus technischer Sicht gesehen sind sich Online Transaction Processing (OLTP) und Online Analytical Processing (OLAP) sehr ähnlich, aus Sicht der Benutzerinteraktion gesehen sind sie jedoch völlig unterschiedlich. OLAP-Transaktionen sind sehr langlebig, während OLTP-Transaktionen kurzlebig sind, aber häufig und von vielen Benutzern parallel ausgeführt werden.

Ein für eine OLAP-Abfrage notwendiger Tabellen-Scan kann von einem Abfrage-Optimierer leicht in einem hohen Maß parallelisiert werden. Wenn der Abfrage-Optimierer feststellt, dass die Abfrage parallel ausgeführt werden kann, teilt er die Abfrage in mehrere Sub-Queries auf. Diese führt er dann parallel aus und kombiniert ihre Zwischenergebnisse. Um einen in einem hohen Maß parallelisierten analytischen Workload mit einem transaktionalen Workload zu mischen, sind zwei Warteschlangen (engl. Queues) erforderlich. Eine Warteschlange wird für transaktionale und die andere für parallelisierbare analytische Abfragen verwendet. Wenn analytische Abfragen so klein sind, dass sie nicht parallelisiert werden müssen, werden sie wie normale transaktionale Abfragen behandelt, sodass sie in die gleiche Warteschlange wie diese eingeordnet werden. Infolgedessen kann der Abfrage-Optimierer transaktionale Abfragen sofort ausführen und analytische Abfragen mit ansonsten ungenutzten Ressourcen bewältigen.

Die zusätzliche Herausforderung besteht darin, mehreren Usern zu erlauben, die Daten, wann immer sie wollen, simultan durchsuchen und manipulieren zu können. Aufgrund der neuen Architektur von SanssouciDB ist es möglich, den Nutzern die Freiheit zu geben, Daten auf eine sehr schnelle und uneingeschränkte Weise zu analysieren. Dies führt von einem Anwender, der nicht länger beim Einsatz von IT-Systemen frustriert ist, zu einem Anwender, der mit den Daten tatsächlich gerne interagiert. Dadurch arbeitet der Anwender verstärkt mit den verfügbaren Daten und durchsucht sie eventuell sogar aus eigenem Interesse, da es interessante Zusammenhänge zu entdecken gibt.

In der Unternehmenswelt werden Anwender häufig in verschiedene Gruppen mit unterschiedlichen Ausführungsprioritäten aufgeteilt. Es ist üblich, dass Top-Manager die höchste Priorität und Sachbearbeiter die niedrigste erhalten. Dies ist von Nachteil, weil Top-Manager das System extrem selten nutzen, wohingegen Sachbearbeiter das System täglich als Basis ihrer Arbeit verwenden. Infolgedessen ist es wünschenswert, auch den Sachbearbeitern die volle Berechnungskapazität zur Verfügung zu stellen, weil sie oft ungewöhnliche Muster früh erkennen und wissen, wie man durch die Daten navigiert. Die hier vorgestellte Architektur bietet die volle Verarbeitungsgeschwindigkeit für alle Hierarchiestufen im Unternehmen.

22.2 Scheduling

Der sogenannte Scheduler ordnet die Ressourcen eines Computers, wie Rechenleistung, Speicher oder Netzwerkbandbreite, den aktuell ausgeführten Abfragen zu. Jede Abfrage kann in Teilaufgaben zerlegt werden, die auf die verfügbaren Ressourcen aufgeteilt werden müssen. Während der Abfrageausführung wird aus der ursprüngliche Abfrage ein Abfrageplan erstellt und im Anschluß ausgeführt, um das erwartete Ergebnis zu erzeugen. Um die Scheduling-Entscheidungen zu optimieren, werden auch statistische Informationen über Abfragen und deren Ausführung verwendet.

Im Allgemeinen hat Scheduling unterschiedliche Arten von Herausforderungen zu meistern: Abhängigkeiten zwischen Abfragen, unterschiedliche Ressourcenauslastung für Abfragen (z. B. sind einige CPU-gebunden, andere Speicherbandbreiten gebunden), eingeschränkte Ressourcen oder Lokalität von Operationen (z. B. sollte bei partitionierten Daten eine Filterbedingung nur auf dem Knoten ausgeführt werden, auf dem die tatsächlich benötigen Daten gespeichert sind).

Diese möglichen Komplikationen machen das Erstellen eines optimalen Ausführungsplans zu einer sehr komplexen Aufgabe, die in den meisten Fällen NP-schwer ist. Daher ist eine nicht perfekte, aber gute Lösung oft ausreichend: Eine solche Lösung kann durch die Anwendung von Heuristiken und durch Annahmen über einige relevante Parameter gefunden werden. Dies ermöglicht eine nahezu optimale Scheduling-Entscheidung in sehr kurzer Zeit [Pla11].

22.3 Management gemischter Workloads

Typischerweise ist die Optimierung der Ressourcennutzung und des Scheduling ein Workload-abhängiges Problem. Das Problem wird noch komplizierter, wenn zwei verschiedene Arten von Workloads gemischt werden. Wie schon gesagt, ist ein transaktionaler Workload durch kurz laufende Abfragen charakterisiert, die innerhalb enger Zeitrestriktionen ausgeführt werden müssen. Im Gegensatz dazu besteht ein analytischer Workload aus komplexeren und rechenintensiveren Abfragen. Wenn gemischte Workloads auf einer einzigen Datenbank-Instanz durchgeführt werden, ergeben sich potenziell widersprüchliche Ziele für die Optimierung. Zum einen muss das System eine maximale Antwortzeit für transaktionale Abfragen garantieren. Gleichzeitig sollte die Antwortzeit für analytische Abfragen so kurz wie möglich sein. Dies kann nur durch Verwendung des zuvor genannten Scheduler erreicht werden, der sicherstellt, dass die vorhandenen Ressourcen vollständig und optimal ausgenutzt werden.

22.4 Selbsttest-Fragen

1. **Ressourcenkonflikte**
   Welche drei Hardware-Ressourcen werden in der Regel vom Scheduler in einem verteilten In-Memory-Datenbank-Setup berücksichtigt?

   (a) CPU-Rechenleistung, Hauptspeicher, Netzwerkbandbreite
   (b) Hauptspeicher, Festplatte, Bandlaufwerk
   (c) CPU-Rechenleistung, Grafikkarte, Monitor
   (d) Netzwerkbandbreite, Netzteil, Hauptspeicher

2. **Scheduling-Strategie für das Workload-Management**
   Warum könnte eine komplexe Workload-Scheduling-Strategie im Vergleich zu einer einfachen Ressourcenzuteilung auf Basis von Heuristiken oder einer gleichmäßigen Verteilung, z. B. Round-Robin, Nachteile aufweisen?

   (a) Die Ausführung einer Scheduling-Strategie selbst verbraucht mehr Ressourcen als ein einfacher Schedulingansatz. Eine Strategie ist in der Regel für einen bestimmten Workload optimiert, und wenn dieser Workload sich abrupt ändert, könnte die Scheduling-Strategie zu schlechteren Ergebnissen führen als eine gleichmäßige Verteilung.
   (b) Heuristiken sind immer besser als komplexe Scheduling-Strategien.
   (c) Eine Scheduling-Strategie basiert auf allgemeinen Workloads und kann deswegen möglicherweise im Vergleich zu Heuristiken oder einer gleichmäßigen Verteilung, nicht die beste Leistung für bestimmte Workloads erreichen.
   (d) Round-Robin ist in der Regel die beste Scheduling-Strategie.

3. **Analytische Abfragen im Workload-Management**
   Analytische Abfragen sind typischerweise ...

   (a) lange laufend mit geringen Zeitrestriktionen.
   (b) kurz laufend mit geringen Zeitrestriktionen.
   (c) kurz laufend mit strengen Zeitrestriktionen.
   (d) lange laufend mit strengen Zeitrestriktionen.

4. **Abfrageantwortzeiten**
   Abfrageantwortzeiten ...

   (a) können erhöht werden, sodass ein Anwender so viele Aufgaben wie möglich parallel durchführen kann, weil Kontext-Wechsel billig sind.
   (b) müssen so kurz wie möglich gehalten werden, sodass der Anwender auf die anstehende Aufgabe konzentriert bleiben kann.
   (c) sollten niemals verringert werden, weil die Anwender mit einem solchem Verhalten des Systems nicht vertraut sind und sonst frustriert werden.
   (d) haben keinen Einfluss auf die Arbeitsweise eines Anwenders.

Literaturhinweis

[Pla11] H. Plattner, SanssouciDB: an in-memory database for mixed-workload processing, in BTW (Springer, Berlin, 2011), S. 2–21

Kapitel 23
Paralleler Join

Join-Operationen sind auch für In-Memory-Datenbanken kostenintensive Aufgaben. Da heutige Systeme Aufgaben zunehmend parallel ausführen, rückt damit auch die sogenannte Intra-Operator-Parallelisierung verstärkt in den Fokus. In diesem Kapitel werden mögliche Maßnahmen vorgestellt, wie man den Hash-Join-Algorithmus, der bereits in Kapitel 19 beschrieben wurde, parallelisieren kann. Der Hash-Join-Algorithmus besteht aus zwei Phasen:

1. In der Hashing-Phase wird eine Hash-Map für die kleinere Join-Relation erstellt.
2. In der Sondierungsphase wird ein sequenzieller Scan über die größere Join-Relation durchgeführt, in dem die Hash-Map aus Phase 1 sondiert wird.

Um die Leistung des Hash-Joins zu optimieren, sollte ein sequenzieller Speicherzugriff bevorzugt werden, während ein zufälliger Zugriff vermieden werden sollte. Darüber hinaus sollte frühe Materialisierung vermieden werden, sodass so lange wie möglich mit WertIDs gearbeitet werden kann.

Es existieren verschiedene Methoden, um Join-Algorithmen zu parallelisieren. Wir werden zunächst einen einfachen, nur teilweise parallelisierten Hash-Join-Algorithmus in Abschnitt 23.1 erläutern, und anschließend eine komplexere und vollständig parallelisierte Version in Abschnitt 23.2 betrachten.

23.1 Teilweise parallelisierter Hash-Join

Ein einfacher Weg, einen Hash-Join zu parallelisieren, besteht darin, die Hashing-Phase sequenziell zu belassen und nur die Sondierungsphase zu parallelisieren.

Während der sequenziellen Hashing-Phase wird eine Hash-Tabelle für die kleinere Join-Relation erstellt. Hierzu wird die Join-Spalte sequenziell gescannt, der jeweilige Hash-Wert von jedem Element berechnet und die Position in dem Hash-Bucket des Elements gespeichert.

Während der Sondierungsphase wird die größere Join-Relation horizontal partitioniert und die Sondierung wird parallel durchgeführt. Dabei arbeitet jeder parallele Thread mit einer lokalen Kopie der Hash-Tabelle und speichert seine Ergebnisse in einer lokalen Ergebnistabelle. Wenn Threads abgeschlossen sind, werden die lokalen Ergebnistabellen zu einer einheitlichen globalen Ergebnistabelle zusammengeführt.

Obwohl der Join damit nicht vollständig parallelisiert ist, funktioniert dieser Ansatz in der Praxis gut, da die Sondierungsphase der größeren Join-Relation die Join-Kosten dominiert. Die Verteilung der Hash-Tabelle über alle Kerne hinweg stellt jedoch bei diesem Vorgehen einen Nachteil dar. Da während der Sondierungsphase nach dem Zufallsprinzip auf die Hash-

Tabelle zugegriffen wird und die Hash-Tabelle in aller Regel für den First-Level-Cache zu groß ist, führen diese Zugriffe mit großer Wahrscheinlichkeit zu Cache-Misses.

23.2 Paralleler Hash-Join

Ein komplexerer Parallelisierungsansatz führt sowohl die Hashing-Phase als auch die Sondierungsphase des Joins parallel aus. In der ersten Phase wird die Hash-Tabelle für die kleinere Eingaberelation A parallel berechnet, wie in Abb. 23.1 dargestellt. In der zweiten Phase sondiert die größere Eingaberelation B parallel die Hash-Tabelle von Relation A, wie bereits in Abschnitt 23.1 beschrieben.

In der ersten Phase wird die Hash-Tabelle der kleineren Eingaberelation A berechnet. Die kleinere Relation wird gewählt, um die resultierende Hash-Map so klein wie möglich zu halten. Die Hash-Tabelle speichert eine Liste von Positionen für jeden Wert aus der Relation. Mehrere Hash-Threads bearbeiten unabhängig voneinander die Relation A, die in mehrere Partitionen horizontal aufgeteilt wird, wie in Schritt (a) der Abb. 23.1 gezeigt. Jeder Hash-Thread scannt seine Partition der Eingabetabelle, erzeugt Hash-Werte der Eingabewerte und schreibt seine Ergebnisse in eine kleine lokale Hash-Tabelle, wie in Schritt (b) skizziert. Sobald die Größe der lokalen Hash-Tabelle eines Threads einen vordefinierten Grenzwert erreicht oder überschreitet und damit nicht mehr in den Cache passt, wird sie in einen Buffer im Hauptspeicher zurückgeschrieben, und eine neue lokale Hash-Tabelle wird durch den Thread erzeugt.

Jede vollständige lokale Hash-Tabelle wird einer Warteschlange hinzugefügt, symbolisiert durch den Buffer in Schritt (c). Mehrere Merge-Threads bearbeiten die Hash-Tabellen im Buffer und fügen sie durch einen Merge-Prozess zu einer einheitlichen Hash-Tabelle für

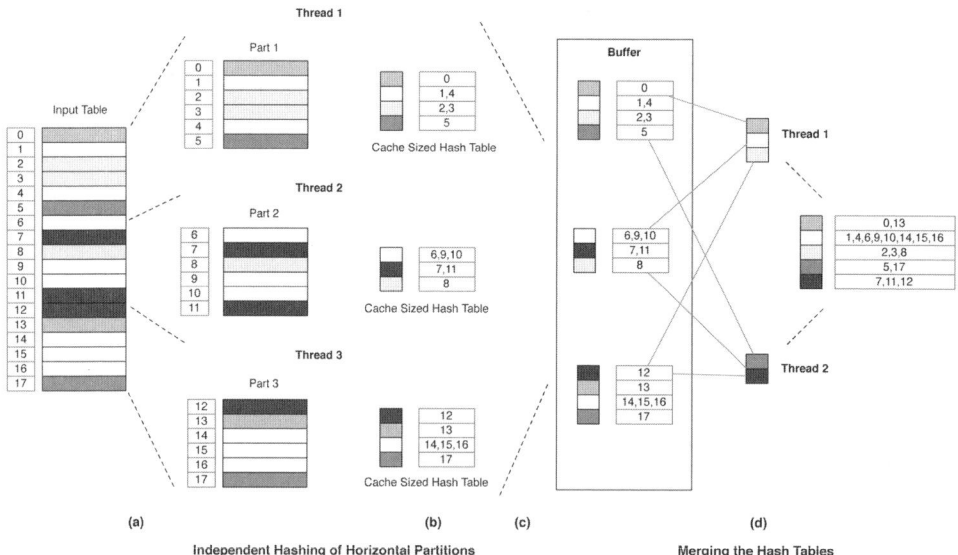

Abb. 23.1 Parallelisierte Hashing-Phase des Join-Algorithmus

Relation A zusammen, wie in Schritt (d) dargestellt. Jeder Merge-Thread verarbeitet nur die ausschließlich ihm zugewiesenen Werte, sodass die Schreib-Synchronisation in der einheitlichen Hash-Tabelle auf ein Minimum reduziert werden kann.

In der zweiten Phase wird die Sondierung über die verfügbaren Threads hinweg parallelisiert, wie zuvor in Abschnitt 23.1 skizziert. Das bedeutet, dass die größere Join-Relation horizontal partitioniert wird und jeder Thread seine Ergebnisse in einer lokalen Ergebnistabelle speichert. Wenn alle Threads mit der Verarbeitung fertig sind, werden die lokalen Ergebnistabellen der Sondierungs-Threads zusammengefügt und materialisiert. Für eine detailliertere Erörterung der parallelen Join-Algorithmen sei der interessierte Leser auf [KKL+09, MBK82] verwiesen.

23.3 Selbsttest-Frage

1. **Parallelisierung des Hash-Joins**
   Welchen Nachteil bringt es mit sich, wenn die Sondierungsphase eines Join-Algorithmus parallelisiert wird, aber die Hashing-Phase sequenziell durchgeführt wird?

   (a) Die sequenzielle Durchführung der Hashing-Phase führt zu Inkonsistenzen innerhalb der erzeugten Hash-Map.
   (b) Der Algorithmus hat weiterhin einen großen sequenziellen Anteil, der sein Skalierungspotenzial begrenzt.
   (c) Die sequenzielle Hashing-Phase läuft aufgrund der großen Ressourcenauslastung der parallelen Sondierungsphase langsamer ab.
   (d) Die Tabelle muss in kleinere Teile aufgeteilt werden, sodass jeder Kern, der die Sondierung durchführt, seine Aufgabe beenden kann.

Literaturhinweise

[KKL+09] C. Kim, T. Kaldewey, V.W. Lee, E. Sedlar, A.D. Nguyen, N. Satish, J. Chhugani, A. Di Blas, P. Dubey, Sort vs. Hash revisited: fast join implementation on modern multi- core CPUs, in VLDB, 2009
[MBK82] S. Manegold, P. Boncz, M. Kersten, Optimizing main-memory join on modern hardware. IEEE Trans. Knowl. Data Eng. 19, S. 412–426 (2008)

Kapitel 24
Parallele Aggregation

Ähnlich wie beim in Kapitel 23 beschriebenen parallelen Join können auch Aggregatfunktionen durch parallele Ausführung und Hash-Algorithmen beschleunigt werden. In diesem Kapitel erläutern wir, wie parallele Aggregation in SanssouciDB umgesetzt wird. An dieser Stelle sei angemerkt, dass mehrere andere Wege existieren, parallele Aggregation zu implementieren. Allerdings konzentrieren wir uns hier auf eine parallele Implementierung die Hash-Funktionen und einen Thread-lokalen Speicher verwendet.

24.1 Aggregatfunktionen

Das Konzept der Aggregatfunktionen ist bereits in Kapitel 20 erläutert worden. Aggregatfunktionen arbeiten in der Regel mit einzelnen oder wenigen Spalten, die aber eine große Anzahl von Tupeln berücksichtigen. Beispiele für Aggregatfunktionen sind *COUNT*, *SUM*, *AVERAGE*, *MIN*, *MAX* oder *STDDEV*. Welche Aggregate zurückgegeben werden, wird typischerweise mit *GROUP BY* und/oder *HAVING*-Klauseln in SQL angegeben. Die *GROUP BY*-Klausel wird verwendet, um auszudrücken, dass die Aggregatfunktion für jeden einmaligen Wert des angegebenen Attributs berechnet werden soll. Beispielsweise würde die folgende Abfrage eine *COUNT*-Operation mit zwei Ergebnissen veranlassen, einem für weibliche und einem für männliche Einträge:

```
SELECT COUNT(*)
FROM world_population
GROUP BY gender;
```

Auflistung 24.1: Einfache SQL-Abfrage unter Verwendung der COUNT-Funktion

Die *HAVING*-Klausel verhält sich ähnlich wie die *WHERE*-Klausel, mit dem Unterschied, dass das Filterkriterium Aggregatfunktionen beinhalten muss und auf den durch die GROUP BY-Klausel gebildeten Gruppen ausgewertet wird.

24.2 Parallele Aggregation unter Verwendung einer Hash-Funktion

Lassen Sie uns das folgende Beispiel aus Kapitel 20 erneut betrachten:

```
SELECT country, COUNT(*) AS citizens
FROM world_population
GROUP BY country;
```

Auflistung 24.2: SQL-Abfrage zur Bestimmung der Einwohnerzahl pro Land

Das Ergebnis der Abfrage listet die Anzahl aller Einwohner für jeden einmaligen Wert aus der Länder-Spalte (*country*) auf. Tabelle 24.1 zeigt, das Ergebnis der Abfrage:

Im Folgenden wird beschrieben, wie dieses Ergebnis mit dem parallelen Aggregations-Algorithmus von SanssouciDB berechnet wird. Abbildung 24.1 verdeutlicht die Arbeitsweise des Algorithmus´. Er besteht aus zwei Phasen, der Hash-Phase und der Aggregationsphase.

In der Hash-Phase, im oberen Teil von Abb. 24.1 dargestellt, wird die Weltbevölkerungs-tabelle horizontal in n Teile partitioniert (vgl. Abschnitt 9.3). Das gewählte n legt fest, wie viele Threads für die parallele Aggregation verwendet werden. In einem System mit gerin-gem Workload kann n so groß wie die Zahl der verfügbaren CPU-Kerne auf der Maschine gewählt werden (vgl. Kapitel 22). Beachten Sie, dass die hier genutzte horizontale Partitio-nierung lediglich logischer Natur ist und dynamisch erzeugt wird, d. h. die Art und Weise, wie die Tabelle physisch gespeichert ist, bleibt unverändert. Jeder der n Threads wird nun einer Partition zugeordnet und erstellt eine leere Thread-lokale Hash-Tabelle.

Die Hash-Tabelle wird verwendet, um

* den Hash-Wert eines Landes und
* die Häufigkeit, mit der dieses Land in dieser Partition der Weltbevölkerungstabelle er-scheint, zu speichern.

Dann scannen die Threads die Länder-Spalte. Für jedes Tupel in der Partition eines Threads prüft der Thread, ob das aktuelle Land bereits in seiner Thread-lokalen Hash-Tabelle enthal-ten ist. Wenn ja, wird die Zahl, die für den Hash-Wert des Landes gespeichert ist, um eins erhöht. Wenn nicht, wird der Hash-Wert des Landes zusammen mit einer „1" gespeichert, da der Thread gerade den ersten Einwohner des Landes in der aktuellen Partition gefunden hat. Jedes gescannte Tupel erfordert Zugriffe auf die Hash-Map, daher ist es für die Geschwindig-keit der Operation von entscheidender Bedeutung, dass das Nachschlagen und die Änderun-gen der Hash-Tabelle keine Cache-Misses hervorrufen. Die Erzeugung eines neuen Eintrags in der Hash-Tabelle kann dazu führen, dass die Größe der Hash-Tabelle die Größe des CPU-Caches übersteigt. In diesem Fall wird die Hash-Tabelle in den Hauptspeicher ausgelagert und eine neue Hash-Tabelle angelegt, um sonst unausweichliche Cache-Misses zu vermei-

Tabelle 24.1 Ausschnitt der Ergebnisse für die Abfrage aus Auflistung 24.2

Land	Einwohner
China	1.347.350.000
France	65.350.000
Germany	81.844.000
Italy	59.464.000
India	1.210.193.000
United Kingdom	62.262.000
United States	314.390.000
Japan	127.570.000
...	

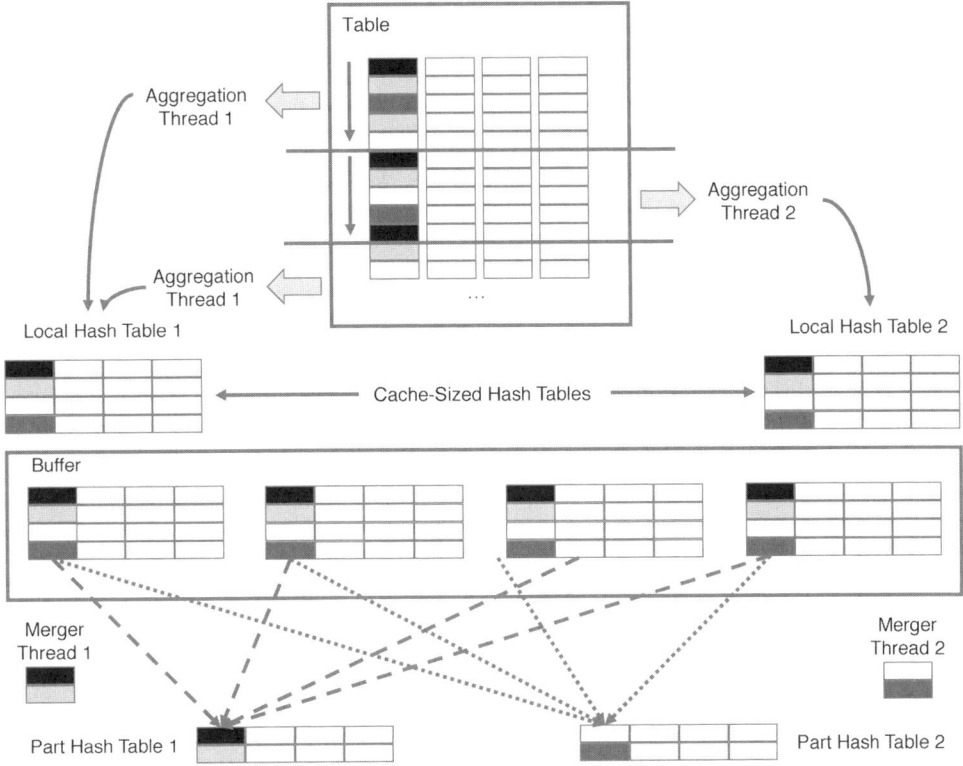

Abb. 24.1 Parallele Aggregation in SanssouciDB

den. Wenn alle Threads das Scannen der ihnen zugewiesenen Partition abgeschlossen haben, beginnt die Aggregationsphase.

In der Aggregationsphase werden die berechneten Teil-Hash-Tabellen unter Verwendung von mehreren Threads und Range-Partitionierung in einem Merge-Prozess zusammengeführt. Jeder Merger-Thread ist für einen bestimmten Bereich verantwortlich, was in Abb. 24.1 durch unterschiedliche Graustufen angezeigt wird. Das Partitionierungskriterium für den jeweiligen Bereich wird durch die Schlüssel der lokalen Hash-Tabellen definiert. Im Beispiel aus Auflistung 24.1 werden die Hash-Werte für das Geschlechter-Attribut (*gender*) folgendermaßen partitioniert:

Alle Hash-Schlüssel, deren Binärdarstellung mit „000" beginnt, werden einem Merger-Thread zugeordnet, und alle Schlüssel, deren binäre Darstellung mit „001" beginnt, werden einem anderen Merger-Thread zugeordnet, analog für alle potentiellen weiteren Darstellungen. In unserem Beispiel aus Auflistung 24.2 teilen wir die Hash-Werte für das Länder-Attribut (*country*) in acht Ranges auf.

Unter der Annahme, dass es etwa 200 Länder in der Welt gibt, wäre somit jeder Merger-Thread für $\sim\frac{200}{8}$ Länder verantwortlich, sofern die Hash-Funktion eine nahezu gleichmäßige Verteilung der Werte gewährleistet.

Jeder Merger-Thread greift auf alle Teil-Hash-Tabellen zu und sucht nach Hash-Werten in dem Bereich, der ihm zugewiesen wurde. Da der Zugriff auf die Teil-Hash-Tabellen ein reiner Lese-Zugriff ist, entstehen keine durch Synchronisation hervorgerufenen Wartezeiten. Ähnlich wie bei der Hash-Phase verfügt jeder Merger-Thread über eine Thread-lokale Hash-Tabelle, in der er die Einwohnerzahl pro Land vorhält, während er alle Teil-Hash-Tabellen aus der vorherigen Phase durchläuft. Das Ergebnis ergibt sich dann durch einfaches Aneinan-derfügen der Thread-lokalen Hash-Tabellen der Merger-Threads.

Eine detailliertere Beschreibung des parallelen Aggregations-Algorithmus von Sans-souciDB findet sich in [Pla11].

24.3 Selbsttest-Fragen

1. Aggregation – GROUP BY
Gegeben sei die folgende Abfrage, welche die Anzahl der Einwohner jedes Landes be-rechnet:
SELECT country, COUNT(*)
FROM world_population
GROUP BY country;

Die *GROUP BY*-Klausel wird verwendet, um auszudrücken, ...

(a) welches Grafikformat für die Darstellung der Suchergebnisse verwendet werden soll.
(b) ob ein zusätzliches Filterkriterium auf Basis der Aggregatfunktion verwendet werden soll.
(c) dass die Aggregatfunktion für jeden einmaligen Wert eines Landes berechnet werden soll.
(d) in welcher Reihenfolge die Länder in der Ergebnismenge sortiert werden sollen.

2. Anzahl der Threads
Wie viele Threads werden in der zweiten Phase des beschriebenen parallelen Aggrega-tions-Algorithmus verwendet, wenn die Tabelle in 20 Teile aufgeteilt wird und das *GROUP BY*-Attribut sechs einmalige Werte umfasst?

(a) genau 20 Threads
(b) höchstens 6 Threads
(c) mindestens 10 Threads
(d) höchstens 20 Threads

Literaturhinweis

[Pla11] H. Plattner, D.B. Sanssouci, An in-memory database for processing enterprise workloads, in BTW, LNI, ed. by T. Härder, W. Lehner, B. Mitschang, H. Schöning, H. Schwarz, vol. 180 (GI, 2011), S. 2–21

Teil IV
Fortgeschrittene Datenbank-Speichertechniken

Kapitel 25
Differential Buffer

25.1 Das Konzept

Die bisher behandelte Datenbankarchitektur war für Lesevorgänge optimiert. Nach dem beschriebenen Ansatz kann das Einfügen eines einzigen Tupels eine Umstrukturierung der gesamten Tabelle erfordern, falls ein neuer Attribut-Wert auftritt, und infolgedessen das Wörterbuch neu sortiert werden muss. In diesem Kapitel stellen wir den Differential Buffer vor, mit dem dieses Problem überwunden werden kann.

Das Konzept des *Differential Buffer* (auch als „Delta Buffer" oder „Delta Store" bezeichnet) unterteilt die Datenbank in eine Hauptpartition (engl. Main Store) und den Differential Buffer. Alle INSERT-, UPDATE- und DELETE-Operationen werden im Differential Buffer durchgeführt. Somit finden Datenänderungen generell nur dort statt. Die leseoptimierte Hauptpartition wird nicht direkt von Datenänderungsoperationen berührt. Der gesamte aktuelle Zustand der Daten wird durch die Verbindung von Differential Buffer und Hauptpartition gebildet. Somit muss jeder Lesevorgang sowohl in der Hauptpartition als auch im Differential Buffer durchgeführt werden. Da der Differential Buffer um Größenordnungen kleiner als die Hauptpartition ist, hat dies nur einen geringen Einfluss auf die Leseleistung.

Während der Abfrageausführung werden zwei Abfragen, eine für die komprimierte Hauptpartition und eine für den Differential Buffer, erstellt. Nachdem die Ergebnisse der beiden Teilabfragen ermittelt worden sind, müssen die Zwischenergebnisse kombiniert werden, um das endgültige Ergebnis zu erstellen, das den aktuellen Zustand der Daten (Abb. 25.1) widerspiegelt.

25.2 Die Implementierung

Im Differential Buffer behalten wir das Konzept eines spaltenorientierten Layouts und die Verwendung von Wörterbüchern bei. Um die Schreibleistung zu verbessern, werden die Wörterbücher nicht sortiert, sondern die Werte werden in der Reihenfolge ihres Einfügens gespeichert. Somit ist ein Neusortieren des Differential Buffers niemals notwendig. Zur Beschleunigung der Zugriffe auf die Werte im unsortierten Wörterbuch nutzen wir CSB+ Bäume [RR00]. Der CSB+ Baum wird vor allem als Index für die Suche nach WertIDs verwendet.

Während dieses Gesamtkonzept auf die Performance von Schreiboperationen optimiert ist, liegt der größte Nachteil dieser Art der Datenhaltung darin, dass wir die Abfragen im Differential Buffer nicht auf die gleiche Weise wie in der Hauptpartition ausführen können.

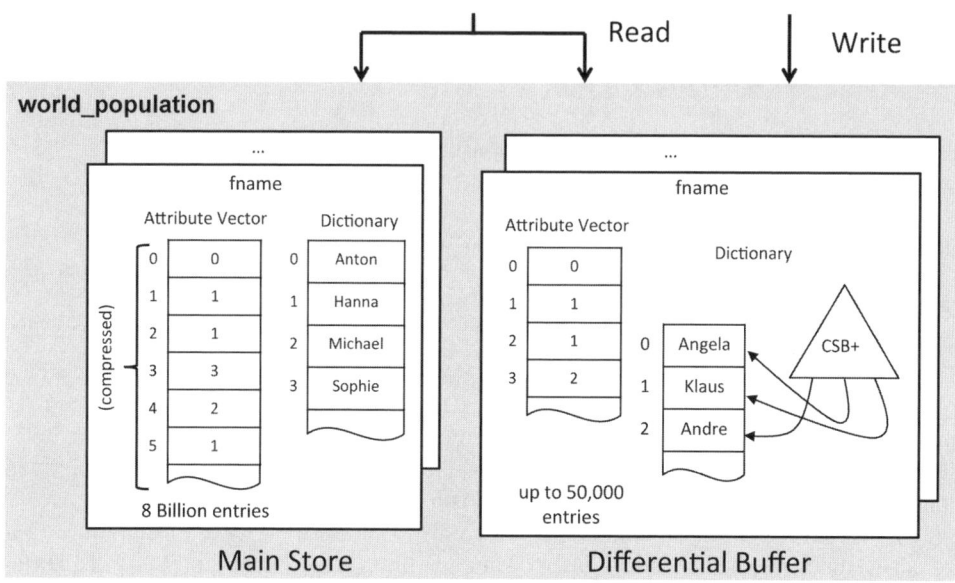

Abb. 25.1 Das Konzept des Differential Buffers

Ein Beispiel hierfür stellen Bereichsabfragen dar. Im Wörterbuch der komprimierten Hauptpartition können wir aufgrund der expliziten Reihenfolge der WertIDs garantieren, dass wir einen Bereich von WertIDs mithilfe seiner Grenzen festlegen können. Aufgrund der Reihenfolge der Tupel im Wörterbuch des Differential Buffers, die lediglich die Einfügereihenfolge wiederspiegeln, müssen wir jede passende WertID explizit durch einen Wertevergleich identifizieren und mitführen. Für einfache punktuelle Abfragen, die nur auf ein Tupel zugreifen, ist dies nicht von Bedeutung, jedoch könnte sich dabei ein Problem für die genannten Bereichsabfragen ergeben [HBK +11].

Die allgemeine Umsetzung des Differential Buffers wurde dabei wie folgt vorgenommen: Als Datenstrukturen halten wir eine Liste aller vorkommenden Werte und einen CSB+ Baum vor, um eine logarithmische Suche in allen eindeutigen Werten zu ermöglichen. Obwohl die eindeutigen Werte nicht in einer bestimmten Reihenfolge gespeichert sind, wie es in der komprimierten Hauptpartition geschieht, definiert der CSB+ Baum ein Ordnungskriterium für ein Attribut, um eine schnelle Suche nach diesem Attribut durchzuführen. Die Nachteile dieses Ansatzes sind der Pflegeaufwand sowie der Platzbedarf der Baumstruktur.

Der CSB+ Baum speichert die eigentlichen Einträge nicht selbst, sondern verweist lediglich mit Zeigern auf die Positionen in der nach Einfügereihenfolge sortierten Liste, die das Wörterbuch darstellt.

Da für Unternehmensanwendungen mit gemischten Workloads die Leseleistung entscheidend ist, müssen wir sicherstellen, dass die Teilabfragen im Differential Buffer die Ausführungszeit der Gesamtabfrage nicht dominieren. Aus diesem Grund muss die Größe des Differential Buffers klein gehalten werden. Um dies zu erreichen, verwenden wir einen Online-Reorganisationsprozess, der ohne ein Anhalten der Datenbank (Downtime) durchgeführt werden kann. Der Reorganisationsprozess führt die Änderungen, die im Differential Buffer gespeichert sind, mit den Daten der komprimierten Hauptpartition in einem sogenannten

Merge-Prozess zusammen. Dabei wird eine neue komprimierte Hauptpartition erstellt. Die detaillierte Beschreibung des Merge-Prozesses folgt in Kapitel 27.

25.3 Lebensdauer von Tupeln

Weil die komprimierte Hauptpartition einer Tabelle nicht geändert werden kann, müssen wir die Tupel-Lebensdauer der dort gespeicherten Datensätze auf einem neuen Weg bestimmen. Wenn wir einen Datensatz in der komprimierten Hauptpartition aktualisieren möchten, müssen wir zunächst ein zusätzliches Insert mit den geänderten sowie unveränderten Werten im Differential Buffer durchführen und nichts in der Hauptpartition ändern. Bei dieser Umsetzung besteht das Problem, dass wir allein aus den Daten nicht zwischen den Tupeln aus der komprimierten Hauptpartition und des Differential Buffers unterscheiden können. Diese Problematik verschärft sich, wenn es mehrere Änderungen für einen einzelnen Datensatz gibt. Um diese Beschränkung zu überwinden, müssen wir der Tabelle einen speziellen System-Bit-Vektor hinzufügen, der die Gültigkeit eines Tupels in der komprimierten Hauptpartition und dem Differential Buffer verwaltet. Für jeden Datensatz speichert dieser Validitäts-Vektor ein einzelnes Bit, das anzeigt, ob der Datensatz an dieser Position gültig ist oder nicht. Um einen schnellen Lese- und Schreibzugriff auf diesen Vektor sicherzustellen, bleibt er unkomprimiert.

Während der Abfrageausführung wird die Suche nach dem gültigen Tupel wie folgt gehandhabt: Die Abfrage wird in der Hauptpartition durchgeführt, als ob der Validitäts-Vektor nicht vorhanden wäre. Parallel dazu führen wir die gleiche Abfrage in Differential Buffer durch. Wenn das Ergebnis für die komprimierte Hauptpartition anschließend verfügbar ist, werden die Ergebnispositionen mithilfe des Validitäts-Vektors überprüft, um alle ungültigen Positionen aus dem Zwischenergebnis zu entfernen. Dieses Vorgehen ist in Abb. 25.2 dargestellt. In diesem Beispiel zieht Michael Berg von Berlin nach Potsdam. Da wir die Hauptstruktur nicht direkt ändern können, müssen wir zwei Operationen durchführen. Erstens markieren wir das alte Tupel in der Hauptpartition als ungültig, indem wir die Gültigkeit des Bits aufheben indem wir es auf den Wert „0" setzen. Zweitens fügen wir das komplette Tupel mit der neuen Stadt-Information in den Differential Buffer ein, sodass dort alle gültigen Informa-

recId	fname	lname	gender	country	city	birthday	valid	
0	Martin	Albrecht	m	GER	Berlin	08-05-1955	1	Main Store
1	Michael	Berg	m	GER	Berlin	03-05-1970	0	
2	Hanna	Schulze	f	GER	Hamburg	04-04-1968	1	
3	Anton	Meyer	m	AUT	Innsbruck	10-20-1992	1	
4	Ulrike	Schulze	f	GER	Potsdam	09-03-1977	1	
5	Sophie	Schulze	f	GER	Rostock	06-20-2012	1	
...	...	...	...	...	...	...		
8×10^9	Zacharias	Perdopolus	m	GRE	Athen	03-12-1979	1	
0	**Michael**	**Berg**	**m**	**GER**	**Potsdam**	**03-05-1970**	**1**	Differential Buffer

Abb. 25.2 Michael Berg zieht von Berlin nach Potsdam

tionen über Michael Berg zur Verfügung stehen. Beide Vorgänge müssen atomar ausgeführt werden, sodass keine Informationen verloren gehen oder Inkonsistenzen auftreten.

Der Nachteil dieses Ansatzes liegt darin, dass sich während der Abfrageausführung ein kleiner zusätzlicher Mehraufwand ergibt. Doch die Vorteile überwiegen die Nachteile deutlich, vor allem, weil die Verwendung von speziellen SIMD-Befehlen es ermöglicht, mehrere Positionen auf einmal auf ihre Gültigkeit zu überprüfen.

25.4 Selbsttest-Fragen

1. **Der Differential Buffer**
   Was ist ein Differential Buffer?

   (a) ein Buffer, in dem Ausnahme- und Fehlermeldungen gespeichert werden
   (b) ein Buffer, in dem unterschiedliche Zwischenergebnisse für ein und dieselbe Abfrage für eine spätere Nutzung gespeichert werden
   (c) ein dedizierter Speicherbereich in der Datenbank, in dem INSERTs, UPDATEs und DELETEs zwischengespeichert werden
   (d) ein Buffer, in dem Abfragen zwischengespeichert werden, bis eine ungenutzte CPU zur Verfügung steht, die eine neue Aufgabe übernehmen kann

2. **Performance des Differential Buffers**
   Warum könnte sich die Leistung von Leseabfragen durch die Einführung des Differential Buffers verschlechtern?

   (a) weil mit dem Differential Buffer nur eine Abfrage auf einmal beantwortet werden kann
   (b) weil Leseabfragen sowohl an die Hauptpartition als auch an den schreiboptimierten Differential Buffer gerichtet werden müssen
   (c) weil alle Inserts im Differential Buffer gesammelten werden, muss bei jeder Lese-Abfrage der vollständige Merge-Prozess durchgeführt werden
   (d) weil die CPU die Abfrage nicht durchführen kann, bevor der Differential Buffer gefüllt ist

3. **Abfragen im Differential Buffer**
   Wenn wir einen Differential Buffer verwenden, stehen wir vor dem Problem, dass mehrere Tupel, die zu einem realen Eintrag gehören, sowohl in der Hauptpartition als auch im Differential Buffer vorhanden sein können. Wie können wir dieses Problem lösen?

   (a) Diese Aussage ist völlig falsch, weil niemals mehrere Versionen eines Tupel bestehen dürfen.
   (b) Alle Attribute jedes doppelt vorkommenden Tupels werden im komprimierten Main Store auf den Wert NULL gesetzt.
   (c) Wir führen ein Validitäts-Bit ein.
   (d) Wir verwenden einen speziellen Garbage Collector, der bis auf den letzten Eintrag, alle anderen Einträge entfernt.

Literaturhinweise

[HBK+11] F. Hübner, J.-H. Böse, J. Krüger, C. Tosun, A. Zeier, H. Plattner, A cost-aware strategy for merging differential stores in column-oriented in-memory DBMS. in BIRTE (2011), S. 38–52

[RR00] J. Rao, K.A. Ross, Making b+- trees cache conscious in main memory. in Proceedings of the 2000 ACM SIGMOD International Conference on Management of Data, SIGMOD '00, (ACM, New York, 2000), S. 475–486

Kapitel 26
Insert-Only

Die in Datenbanktabellen gespeicherten Daten verändern sich im Laufe der Zeit. Diese Änderungen müssen für Unternehmen nachverfolgbar sein. Für Rechnungsprüfungen ist es zum Beispiel notwendig, auf alle Daten, die in der Vergangenheit in der Datenbank gespeichert wurden, zugreifen und historische Daten aufbewahren zu können.

26.1 Definition des Insert-Only-Ansatzes

In diesem Kapitel beschreiben wir den Insert-Only Ansatz. Der wesentliche Aspekt dieses Ansatzes ist, dass Anwendungen keine Aktualisierungs- bzw. Lösch-Operationen auf den bestehenden, physisch gespeicherten Tupeln durchführen, sondern stattdessen neue Tupel hinzufügen und deren Validität verwalten. In Kapitel 25 erhielten wir bereits anhand des Validitäts-Vektors einen kleinen Einblick, wie dies umgesetzt werden kann. Durch die Verwendung von Insert-Only werden alle Datenänderungen in derselben logischen Datenbanktabelle aufgezeichnet, wobei wir von der eingeführten Trennung zwischen dem Main Store und dem Differential Buffer abstrahieren. Mit anderen Worten kann der Insert-Only-Ansatz wie folgt formuliert werden: Veraltete Daten werden nicht überschrieben oder gelöscht, sondern für ungültig erklärt. Eine Ungültigkeitserklärung kann mit Hilfe zusätzlicher Attribute realisiert werden, die anzeigen, welche Version des entsprechenden Tupels aktuell ist. Damit wird der Zugriff auf vorherige Versionen der Daten sehr einfach. Beliebige Versionen eines gewünschten Eintrags können allein durch die Angabe der ID und des Versions-Attributs des Eintrags abgefragt werden. Damit ist die Rückverfolgbarkeit, die für Finanz-Anwendungen in vielen Ländern rechtlich verpflichtend ist, bereits sichergestellt. Darüber hinaus gibt es einige Vorteile geschäftlicher Art und einige technische Gründe, die für Insert-Only sprechen:

- Sogenannte Time-Travel-Abfragen sind problemlos möglich. Time-Travel-Abfragen erlauben Benutzern, Abfragen gegen beliebige historische Stände der Daten zu richten. Ein einfacher Zugriff auf historische Daten hilft dem Management eines Unternehmens, die Entwicklung des Unternehmens effizient zu analysieren, was für strategische Entscheidungen hilfreich sein kann.
- Dieser Ansatz kann die Implementierung von Mechanismen zur Parallelisierung vereinfachen, z. B. Multiversion Concurrency Control.
- Im Zusammenhang mit spaltenorientierten Hauptspeicherdatenbanken, in denen die Daten Wörterbuch-komprimiert gespeichert werden, vereinfacht der Insert-Only-Ansatz die Verwaltung der Wörterbücher, da bei seiner Verwendung niemals Einträge aus einem Wörterbuch entfernt werden müssen.

Doch wie unterscheiden wir zwischen den aktuellen und den veralteten Tupeln? Zur Beantwortung dieser Frage betrachten wir die beiden folgenden Implementierungsmöglichkeiten:

- Punkt-Repräsentation: Um die Validität von Tupeln zu bestimmen, wird ein Feld verwendet. Im Feld „gültig ab" wird das Einfüge-Datum gespeichert.
- Intervall-Repräsentation: Um die Validität von Tupeln zu bestimmen, werden zwei Felder
  verwendet. Die Felder „gültig ab" und „gültig bis" begrenzen das Zeitintervall, zu dem
  das jeweilige Tupel gültig ist.

Lassen Sie uns die entsprechenden Umsetzungen, Anwendungsfälle, Vorteile und Nachteile
der beiden Implementierungsmöglichkeiten detaillierter betrachten. Um die Ansätze zu erklären, verwenden wir die Weltbevölkerungstabelle. Im Folgenden erläutern wir das Konzept
der Einfachheit halber mit Datumsangaben. In Wirklichkeit werden Zeitstempel mit einer
Präzision von einer Mikrosekunde verwendet.

26.2 Punkt-Repräsentation

Bei der Verwendung der Punkt-Repräsentation wird ein „gültig ab"-Datum (`valid_from`)
zusammen mit jedem Tupel in der Datenbanktabelle gespeichert. Das Feld enthält das Datum
des Moments, in dem das Tupel erzeugt wurde. Der offensichtliche Vorteil dieses Verfahrens
liegt im schnellen Schreiben neuer Tupel. Bei jedem Einfügen oder Aktualisieren muss lediglich das Tupel mit den neuen Werten und dem aktuellen „gültig ab"-Datum eingefügt werden.
Die anderen Tupel müssen nicht geändert werden. Wir gehen vom folgenden Ausgangszustand der Weltbevölkerungstabelle aus (siehe Tabelle 26.1). Bitte beachten Sie, dass dieses
Mal die IDs explizit gespeichert werden, um die jeweiligen Tupel zu referenzieren. In Wirklichkeit ist ein beliebiger Primärschlüssel für die Tupel ausreichend, es werden nicht zwingend separate IDs benötigt.

Tabelle 26.1 Ausgangszustand der Beispieltabelle (Punkt Repräsentation)

Id	Fname	Lname	Gender	Country	City	Birthday	Valid from
0	Martin	Albrecht	m	Germany	Berlin	08-05-1955	10-11-2011
1	Michael	Berg	m	Germany	Berlin	03-05-1970	10-11-2011
2	Hanna	Schulze	f	Germany	Hamburg	04-04-1968	10-11-2011

Nun wollen wir das Tupel mit der ID 1 aktualisieren, weil Michael von Berlin nach Hamburg
umzieht. Das Update des Datenbankeintrags wird am 07-02-2012 vorgenommen. Bei Verwendung des Insert-Only-Ansatzes mit Punkt-Repräsentation sieht das Ergebnis der Update-
Operation wie in Tabelle 26.2 dargestellt aus.

Tabelle 26.2 Beispieltabelle nach dem Update des Tupels mit ID = 1 (Punkt-Repräsentation)

Id	Fname	Lname	Gender	Country	City	Birthday	Valid from
0	Martin	Albrecht	m	Germany	Berlin	08-05-1955	10-11-2011
1	Michael	Berg	m	Germany	Berlin	03-05-1970	10-11-2011
2	Hanna	Schulze	f	Germany	Hamburg	04-04-1968	10-11-2011
1	Michael	Berg	m	Germany	Hamburg	03-05-1970	07-02-2012

Die alten Daten werden nicht gelöscht, sondern der neue Datensatz für das Tupel wird mit dem gleichen Schlüssel und einem unterschiedlichen „gültig ab"-Datum eingefügt. Aus technischer Sicht ist der tatsächliche Primärschlüssel nicht mehr nur der vorherige Primärschlüssel, sondern die Kombination des bisherigen Primärschlüssels und des jeweiligen „gültig ab" Wertes. Wenn in Abfragen kein „gültig ab" Wert angegeben wird, liefert die Datenbank das jeweils aktuellste Tupel zurück. Dies ist notwendig, da technisch jeder Primärschlüssel eindeutig sein muss. Die Aktualisierung des Datenbankeintrages kann mithilfe der SQL-Abfrage (siehe Auflistung 26.1) ausgeführt werden.

```
UPDATE world_population
SET city = 'Hamburg'
WHERE id = 1
```

Auflistung 26.1: Update-Befehl (Punkt-Repräsentation)

Die UPDATE-Anweisung kann semantisch wie die folgende INSERT-Operation (Auflistung 26.2) betrachtet werden, wenn Updates wie hier der Fall keine bestehenden Daten überschreiben sollen. Alle Attribute, die nicht in der UPDATE-Anweisung spezifiziert werden, werden für das neue Tupel aus dem bis dato validen Eintrag des Tupels kopiert. Daher wird intern die folgende INSERT-Anweisung ausgeführt:

```
INSERT INTO world_population
VALUES (1, 'Michael', 'Berg', 'm', 'Germany',
        'Hamburg', '03-05-1970', '07-02-2012')
```

Auflistung 26.2: Die der Update-Anweisung entsprechende Insert-Anweisung

Gleichzeitig führt der Punkt-Repräsentations-Ansatz zu folgendem Nachteil: Er kann für Lesevorgänge weniger effizient sein, wenn der Benutzer nur die neuesten Tupel benötigt. Jedes Mal, wenn das neueste Tupel gesucht wird, müssen alle anderen Tupel dieses Eintrags (also hier diejenigen mit der gleichen ID) überprüft werden, um sicherzustellen, dass auch wirklich der neueste Eintrag gefunden worden ist. Mit anderen Worten: Um zu bestimmen, welches Tupel das neuste ist, müssen wir alle Tupel mit dieser ID selektieren und sie nach ihrem „gültig ab"-Zeitstempel sortieren. Eine Suche beginnend beim zuletzt eingefügten Tupel bis zum ersten Eintrag mit der passenden ID ist nicht ausreichend. Die Reihenfolge der Tupel in der Hauptpartition der Tabelle entspricht zur Verbesserung der Kompression (siehe Kap. 7) wahrscheinlich nicht der Einfügereihenfolge. Selbst wenn die Reihenfolge in der Hauptpartition der Einfügereihenfolge entsprechen würde, ist damit nicht sichergestellt, dass sich die „gültig ab"-Zeitstempel tatsächlich in chronologischer Reihenfolge befinden, da jegliche Tupel erst beim Abschluss der einfügenden Transaktion persistiert werden und parallele Transaktion somit für Inkonsistenzen sorgen könnten. Eine explizite Sortierung der Tupel der Abfrage nach dem „gültig ab"-Zeitstempel ist daher unumgänglich.

Nehmen wir die aktualisierte Beispieltabelle und stellen uns vor, dass wir den neuesten Datensatz mit der *ID* = 1 auswählen möchten. In diesem Fall muss folgende Operation durchgeführt werden (siehe Auflistung 26.3).

```
SELECT * FROM world_population
WHERE id = 1
ORDER BY validFrom DESC LIMIT 1
```

Auflistung 26.3: Punkt-Repräsentation: Abfrage des neusten Eintrags

Die genannten Eigenschaften machen den Punkt-Repräsentations-Ansatz effizient für OLTP-dominierte Workloads, bei denen häufiger Schreibvorgänge als Lesevorgänge ausgeführt werden.

26.3 Intervall-Repräsentation

Bei Verwendung von Intervall-Repräsentation werden mit jedem Tupel in der Datenbank sowohl „gültig ab"- als auch „gültig bis"-Werte gespeichert. Die Felder enthalten das Erstellungsdatum eines Tupels und den Zeitpunkt, an dem es ungültig wurde.

Tabelle 26.3 Ausgangszustand der Beispieltabelle (Intervall-Repräsentation)

Id	Fname	Lname	Gender	Country	City	Birthday	Valid from	Valid to
0	Martin	Albrecht	m	Germany	Berlin	08-05-1955	10-11-2011	
1	Michael	Berg	m	Germany	Berlin	03-05-1970	10-11-2011	
2	Hanna	Schulze	f	Germany	Hamburg	04-04-1968	10-11-2011	

Tabelle 26.4 Beispieltabelle nach Aktualisierung des Tupels mit ID = 1 (Intervall-Repräsentation)

Id	Fname	Lname	Gender	Country	City	Birthday	Valid from	Valid to
0	Martin	Albrecht	m	Germany	Berlin	08-05-1955	10-11-2011	
1	Michael	Berg	m	Germany	Berlin	03-05-1970	10-11-2011	07-02-2012
2	Hanna	Schulze	f	Germany	Hamburg	04-04-1968	10-11-2011	
1	Michael	Berg	m	Germany	Hamburg	03-05-1970	07-02-2012	

Wie bei der Punkt-Repräsentation wird bei der Intervall-Repräsentation das vollständige Tupel mit dem „gültig ab"-Datum gespeichert, wenn ein Tupel eingefügt oder aktualisiert wird. Zusätzlich wird bei Aktualisierungen das „gültig bis"-Attribut in dem Tupel gesetzt, das durch ein neueres ersetzt wird. Das „gültig bis"-Datum ist gleich dem „gültig ab"-Datum des neuen Tupels. Offensichtlich ist in diesem Fall die Schreiboperation komplexer. Betrachten wir die gleiche Tabelle wie aus dem Punkt-Repräsentations-Beispiel. Ihr Ausgangszustand entspricht der in Tabelle 26.3 dargestellten Struktur in Intervall-Repräsentation, es wurde also lediglich ein Attribut „gültig ab" (valid_to) hinzugefügt.

Auch hier wollen wir wieder das Tupel mit der *ID* = 1 aktualisieren, sodass die Stadt in „Hamburg" abgeändert wird. Bei der Intervall-Repräsentation sieht das Ergebnis der Aktualisierung dann wie in Tabelle 26.4 dargestellt aus.

Nicht nur das neue Tupel mit den aktualisierten Stadt-Wert wurde eingefügt, sondern auch das alte Tupel wurde aktualisiert. In diesem Fall müssen zwei Operationen durchgeführt werden, was die Effizienz der Schreibvorgänge bei der Intervall-Repräsentation verringert (siehe Auflistung 26.4).

```
(I)     UPDATE world_population SET validTo = '07-02-2012'
        WHERE id = 1 AND validTo IS NULL

(II)    INSERT INTO world_population
        VALUES (1, 'Michael', 'Berg', 'm', 'Germany',
                'Hamburg', '03-05-1970', '07-02-2012')
```

Auflistung 26.4: UPDATE-Operationen (Intervall-Repräsentation)

Allerdings vereinfacht ein zusätzliches „gültig bis"-Feld im Vergleich zur Punkt- Repräsentation die Lesevorgänge.

Bei Verwendung der Intervall-Repräsentation ist es daher nicht notwendig, alle betreffenden Tupel zu sortieren, um die neuesten Tupel und damit die validen Einträge zu erhalten. Es müssen nur die Tupel mit dem entsprechenden Schlüssel und einem leeren „gültig bis"-Datum selektiert werden. Um das neueste Tupel für Michael (ID = 1) zu selektieren, wird daher die folgende Operation ausgeführt (Auflistung 26.5):

```
SELECT *
FROM world_population
WHERE id = 1 AND validTo IS NULL
```

Auflistung 26.5: Abfrage des neuesten Eintrags (Intervall-Repräsentation)

Die genannten Eigenschaften machen die Intervall-Repräsentation besonders für OLAP-Operationen effizient, bei denen Lese- häufiger als Schreib-Operationen benötigt werden.

26.4 Concurrency Control: Snapshot-Isolation

Unter Berücksichtigung der Multi-Core-Architektur moderner CPUs und der Möglichkeit, Abfragen zu parallelisieren, müssen verschiedene Möglichkeiten der Parallelisierung und Concurrency Control (dt. Kontrolle der Nebenläufigkeit) untersucht werden. Wie bereits weiter oben erwähnt, hilft ein Insert-Only-Ansatz nicht nur, Geschäftsanforderungen zu entsprechen, sondern vereinfacht auch die technischen Aspekte einer spaltenorientierten Hauptspeicherdatenbank. Darüber hinaus betrachten wir im Detail, wie der Insert-Only-Ansatz helfen kann, Snapshot-Isolation zu vereinfachen. Folgende Ansätze zur Concurrency Control werden häufig verwendet:

- Locking: In diesem Fall erhält eine Transaktion, die Ressourcen sperrt, exklusiven Zugriff auf diese. Eine Operation kann nur gestartet werden, wenn alle von ihr verwendeten Ressourcen nicht gesperrt sind.
- Optimistisches Concurrency Control: In diesem Fall werden jegliche Daten für eine Operation isoliert in einem sogenannten virtuellen Snapshot verwaltet.

Beim zweiten Ansatz werden in einer Transaktion alle Operationen an genau den Daten vorgenommen, die zum Startzeitpunkt der Transaktion gültig waren. Diese Daten bilden den sogenannten virtuelle Snapshot der Transaktion.

Wenn diese Variante von Multiversion Concurrency Control verwendet wird, fügen Transaktionen, die Daten aktualisieren müssen, wie beschrieben neue Versionen in die Datenbank ein. Nebenläufig ablaufende Transaktionen arbeiten auf einem konsistenten Zustand und sehen nur diejenigen Einträge, die zu ihrem Startzeitpunkt valide waren. Dieser Zustand, beruht daher eventuell auf Vorgängerversionen der aktuellsten Daten. Offensichtlich kann dies zu Konflikten führen.

Ein Beispiel zeigt, wie der Insert-Only Ansatz in diesem Fall Multiversion Concurrency Control vereinfachen kann. Wir betrachten in diesem Beispiel die Intervall-Repräsentation. Nehmen wir die folgende einfache Tabelle für das Gehalt von Arbeitnehmern mit dem folgenden Zustand zum Zeitpunkt T_1 (Tabelle 26.5) an.

Tabelle 26.5 Beispieltabelle zur Erläuterung nebenläufiger Updates (Intervall-Repräsentation)

EmplId	Salary	Valid from	Valid to
0	10000	10-11-2011	
1	20000	10-11-2011	
2	15000	10-11-2011	

Diese Tabelle stellt die Ausgangssituation für zwei nebenläufig ausgeführte Transaktionen dar. T_1 ist der Zeitpunkt, zu dem die erste Transaktion beginnt. Sie bearbeitet die Daten des Mitarbeiters mit der ID 0.

Zum Zeitpunkt T_1 liest sie den Gehaltswert „10000". Zum Zeitpunkt T_3 aktualisiert sie das Gehalt des Datensatzes mit der ID 0 auf den Wert „12000" (siehe Tabelle 26.6). Bitte beachten Sie, dass in diesem Zuge auch der „gültig bis"-Wert auf 07-07-2012 gesetzt wird. Es sei nochmals darauf hingewiesen, dass die Zeitstempel in der Realität auf Mikrosekunden genau sind und nicht nur das Datum enthalten.

Tabelle 26.6 Beispieltabelle nach dem ersten Update (Intervall-Repräsentation)

EmplId	Salary	Valid from	Valid to
0	10000	10-11-2011	07-07-2012
1	20000	10-11-2011	
2	15000	10-11-2011	
0	12000	07-07-2012	

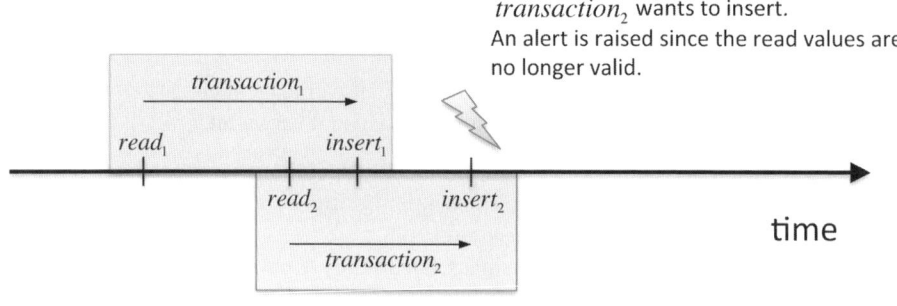

Abb. 26.1 Snapshot-Isolation

Die zweite nebenläufige Transaktion beginnt zum Zeitpunkt T_2, sodass T_2 zwischen T_1 und T_3 liegt. Sie arbeitet ebenfalls mit den Daten mit der *ID* = 0. Doch zum Zeitpunkt T_2 hat sie keinen Zugriff auf die aktualisierte Version der ersten Transaktion, und kann daher die Aktualisierungen, die durch die erste Transaktion zum Zeitpunkt T_3 vorgenommen werden, nicht sehen. Concurrency Control tritt in Aktion, wenn die zweite Transaktion zum Zeitpunkt T_4, welcher nach T_3 liegt, den Datensatz mit der ID = 0 aktualisieren möchte (Abb. 26.1) und liefert eine Warnung bzw. Fehlermeldung für die zweite Transaktion.

26.5 Insert-Only: Vorteile und Herausforderungen

Wie bereits zuvor beschrieben, löschen wir niemals Daten aus einer Tabelle, was zu der Frage führt, in wie weit der Insert-Only-Ansatz den Speicherverbrauch beeinflusst. Bei jeder Änderung eines Tupels wird ein weiteres Tupel mit dem zusätzlichen Zeitstempel in die Datenbank eingefügt. Dieser Umstand scheint den Speicherbedarf erheblich zu erhöhen. Aber ist das wirklich so? Um diese Frage zu beantworten, betrachten wir, welche Arten von Updates in der Regel in Geschäftsanwendungen durchgeführt werden:

- Aggregat-Updates
- Status-Updates
- Wert-Updates

Zieht man die Vorteile einer spaltenorientierten In-Memory-Datenbank in Betracht, können Aggregate effizient on-the-fly berechnet werden, wodurch wir Aggregat-Updates vollständig vermeiden können. In Bezug auf die verbleibenden Update-Typen wurde eine Studie am HPI durchgeführt [KKG +11]. Diese Studie zeigte, dass eine typische SAP-Finanzanwendung nicht update-intensiv ist. Im Durchschnitt sind nur etwa 5 % aller Operationen Updates (siehe Kapitel 3). Das allein verringert das Problem bereits wesentlich. Berücksichtigt man weiterhin die Tatsache, dass die meisten dieser Updates Status-Updates sind, hilft ein einfacher Trick, um die verbleibenden Auswirkungen auf den Speicherverbrauch zu reduzieren. Da die meisten Statusfelder nur ein Bit an Information enthalten, welches aussagt, ob der betreffende Status gilt, können diese Felder direkt durch den Zeitstempel der Änderung ersetzt werden. Wenn das Status-Update auf diese Weise erfolgt, werden alle Informationen in ein Feld gekapselt, und das Update kann an Ort und Stelle durchgeführt werden, sodass kein zusätzlicher Datensatz geschrieben werden muss. Solche Aktualisierungen werden als „In-Place Updates" bezeichnet. Die genannten Merkmale und Verbesserungen führen zu dem Ergebnis, dass sich der Speicherverbrauch nur leicht erhöht, wenn der Insert-Only-Ansatz verwendet wird.

26.6 Selbsttest-Fragen

1. **Aussagen über Insert-Only**
   Welche der folgenden Aussagen ist wahr, wenn wir von einem Insert-Only-Ansatz ausgehen?

   (a) Wenn ein Differential Buffer verwendet wird, können historische Daten genutzt werden, um die Performance von Inserts zu beschleunigen.
   (b) Alte Daten werden gelöscht, weil sie nicht mehr benötigt werden.

(c) Historische Daten müssen in einer separaten Datenbank gespeichert werden, um die Größe der Hauptspeicherdatenbank zu verkleinern.

(d) Daten werden nicht gelöscht, sondern stattdessen für ungültig erklärt.

2. **Vorteile von historischen Daten**

Welche der folgenden Aussagen ist KEIN Grund dafür, dass historische Daten von einem Unternehmen aufbewahrt werden?

(a) Historische Daten können verwendet werden, um die Entwicklung des Unternehmens zu analysieren.

(b) In vielen Ländern ist es gesetzlich vorgeschrieben, historische Daten zu speichern.

(c) Historische Daten können für sog. Time-Travel-Abfragen genutzt werden.

(d) Historische Daten können analysiert werden, um die Abfrageleistung in hohem Maß zu steigern.

3. **Zugriffe bei Punkt-Repräsentation**

Wie viele Tupel müssen überprüft werden, um das neuste Tupel zu finden, wenn wir von einer Tabelle mit Punkt-Repräsentation und einem Tupel, das fünf Mal invalidiert wurde, ausgehen?

(a) fünf

(b) zwei, das neueste und das vorhergehende

(c) nur eines, und zwar das erste, das eingefügt wurde

(d) sechs

4. **Physisches Löschen statt Insert-Only**

Was wäre notwendig, um physisches Löschen von Tupeln in SanssouciDB umzusetzen?

(a) Wörterbuch-Bereinigung, was zu einem erneuten Schreiben des Attribut-Vektors führen würde

(b) Der letzte Snapshot muss nach dem Löschen neu geladen werden, um die Konsistenz der Daten zu erhalten.

(c) Löschen von Tupeln ist ein Teil von SanssouciDB.

(d) Sicherstellung der Kompatibilität zu anderen Datenbank-Management-Systemen

5. **Weitere Aussagen über Insert-Only**

Welche der folgenden Aussagen über Insert-Only ist wahr?

(a) Punkt-Repräsentation ermöglicht aufgrund ihrer geringeren Auswirkungen auf die Tupel-Größe schnellere Leseoperationen als Intervall-Repräsentation.

(b) Bei Verwendung der Intervall-Representation müssen vier Operationen ausgeführt werden, um ein Tupel für ungültig zu erklären.

(c) Intervall-Repräsentation ermöglicht effizientere Schreiboperationen als Punkt-Repräsentation.

(d) Punkt-Repräsentation ermöglicht effizientere Schreiboperationen als Intervall-Repräsentation.

Literaturhinweis

[KKG+11] J. Krueger, C. Kim, M. Grund, N. Satish, D. Schwalb, J. Chhugani, H. Plattner, P. Dubey, A. Zeier, Fast updates on read-optimized databases using multi-core CPUs, in PVLDB, 2011

Kapitel 27
Der Merge-Prozess

Die Verwendung eines Differential Buffers als zusätzliche Datenstruktur zur Verbesserung der Schreibleistung macht ein zyklisches Zusammenführen der Daten mit der komprimierten Hauptpartition notwendig. Dieser Vorgang wird als „Merge" bzw. „Merge-Prozess" bezeichnet und getrennt pro Tabelle durchgeführt.

Der Merge-Prozess wird aufgrund von zwei Vorteilen regelmäßig durchgeführt. Auf der einen Seite wird durch den Merge der Daten aus dem Differential Buffer in die komprimierte Hauptpartition der Speicherverbrauch aufgrund der besseren Kompression verringert. Auf der anderen Seite wird die Abfrageperformance verbessert, da der Main Store aufgrund des sortierten Wörterbuchs einen höheren Durchsatz erreicht.

Im Kontext von Unternehmensanwendungen wird vom Merge-Prozess gefordert, dass er:

- asynchron ausgeführt werden kann,
- so wenig Einfluss wie möglich auf alle parallel ausgeführten Operationen hat und
- keine OLTP- oder OLAP-Transaktion blockiert.

Um das zu erreichen, erzeugt der Merge-Prozess einen neuen, leeren Differential Buffer und eine Kopie des Main Stores, bevor die tatsächliche Zusammenführung der beiden Datenstrukturen beginnt. So können die meisten Sperren (engl. locks) während des Merge-Prozesses vermieden werden, da eingehende Modifikationen an den Daten in den neuen Differential Buffer geschrieben werden.

Mit diesem Ansatz kann die Zeit, in der wir die komprimierte Hauptpartition und den Differential Buffer explizit sperren, deutlich reduziert werden. Mithilfe der Kopie des Main Stores und des neuen Differential Buffers muss die zusammenzuführende Tabelle nur für den kurzen Zeitraum gesperrt werden, in dem der Pointer, der auf die aktive Tabelle zeigt, vom alten Main Store auf den neuen zugsammengeführten Main Store umgesetzt wird. Bei diesem Online-Merge-Konzept steht während des gesamten Merge-Prozesses die Tabelle und der bestehende Differential Buffer für Lesevorgänge und der neu angelegte Differential Buffer für Schreib- und Leseoperationen zur Verfügung.

Während der Zusammenführung benötigt der Merge-Prozess zusätzliche Systemressourcen (CPU und Hauptspeicher), die bei der Planung des Systems und bei der Planung des Schedulings berücksichtigt werden müssen.

Für das Konzept des Differential Buffers ist es an dieser Stelle wichtig darauf hinzuweisen, dass alle Update-, Insert- und Delete-Operationen im Differential Buffer technisch als Einfüge-Operationen (Insert-Only) umgesetzt werden. Bei der Verwendung eines Differential Buffer wird die Leistung für Update-, Insert- und Delete-Operationen der Datenbank durch zwei Faktoren begrenzt:

- die Insert-Rate in die schreiboptimierte Datenstruktur und
- die Leistung, mit der das System durch den Merge-Prozess die im Differential Buffer gehaltenen Änderungen in den leseoptimierten Main Store übernehmen kann.

Der Einsatz eines Differential Buffers kann die erreichte Leseleistung mindern, wobei die Verlangsamung von der Anzahl der Tupel im Differential Buffer abhängt. Insbesondere Join-Operationen werden verlangsamt, da ihre Performance stark von einem sortierten Wörterbuch abhängt. Das Fehlen eines sortierten Wörterbuchs verhindert, dass Zwischenwerte aus dem Differential Buffer nicht effizient mit den Werten aus der komprimierten Hauptpartition verglichen werden können. Infolgedessen wird eine frühere Materialisierung erzwungen, was zu einer schweren Beeinträchtigung der Leistung führen kann (siehe Kapitel 16). Folglich muss der Merge-Prozess immer dann ausgeführt werden, wenn die Leistungseinbußen zu groß werden. Der Merge-Prozess wird durch eines der folgenden Ereignisse ausgelöst:

- Die Anzahl der Tupel im Differential Buffer einer Tabelle überschreitet einen definierten Schwellenwert.
- Der Speicherverbrauch des Differential Buffer überschreitet einen vorgegebenen Grenzwert.
- Das Änderungsprotokoll (Log) des Differential Buffer einer spaltenorientierten Tabelle überschreitet einen definierten Grenzwert.
- Der Merge-Prozess wird explizit durch einen SQL-Befehl ausgelöst.

27.1 Der asynchrone Online-Merge-Prozess

Um die Ausführung von Abfragen während einer laufenden Merge-Operation zu ermöglichen (Online-Fähigkeit), führen wir das Konzept eines asynchronen Merge-Prozesses ein. Die grundlegende Anforderung an diesen Prozess ist, dass er keine nebenläufigen datenverändernden Transaktionen blockieren darf. Abbildung 27.1 veranschaulicht dieses Konzept.

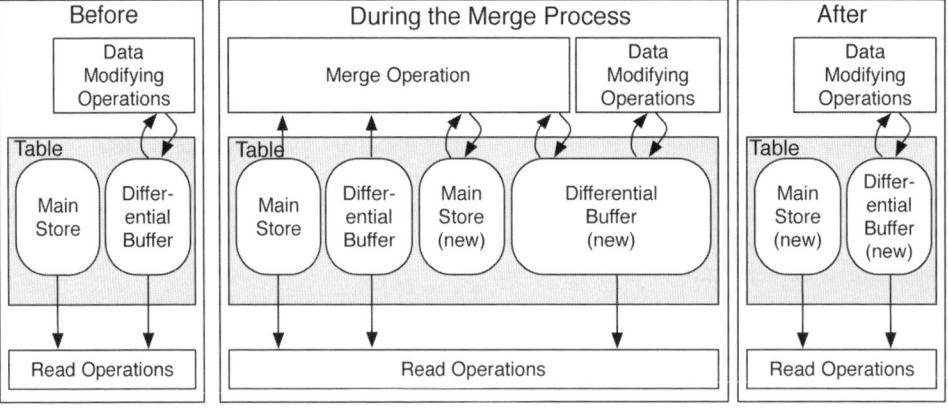

Abb. 27.1 Das Konzept des Online-Merge-Prozesses

Durch die Einführung eines zweiten Differential Buffers können sogar während des Merge-Prozesses Datenänderungen in der Tabelle vorgenommen werden. In Konsequenz müssen Lesevorgänge auf beide Differential Buffer zugreifen, um den aktuellen Status von Tupeln während des Merge-Prozesses abzufragen.

Um die Konsistenz aufrechtzuerhalten, benötigt der Merge-Prozess lediglich einen Lock, wenn er zwischen den Main Stores wechselt und die notwendigen Änderungen an den Metadaten, wie zum Beispiel dem Validitäts-Vektor, vornimmt. Auf offene Transaktionen hat der Merge-Prozess keine Auswirkungen, da die von ihnen erzeugten Änderungen vom alten in den neuen Differential Buffer kopiert und parallel zum Merge-Prozess verarbeitet werden können. Die Merge-Operation wird abgeschlossen, indem der alte Main Store durch den neuen ersetzt wird. Innerhalb dieses letzten Schrittes des Merge-Prozesses wird auch ein Snapshot des neuen Main Stores persistiert, der im Fehlerfall einen neuen Ausgangspunkt für das Einspielen der Logdateien definiert (siehe Kapitel 28).

Der Merge-Prozess besteht aus drei Phasen: 1. Merge-Vorbereitung, 2. Attribut-Merge und 3. Commit-Merge. Phase 2 wird für jedes Attribut der Tabelle durchgeführt.

27.1.1 Merge-Vorbereitungsphase

Die Merge-Vorbereitungsphase sperrt sowohl den Differential Buffer als auch den Main Store und erzeugt einen neuen leeren Differential Buffer für alle Insert-, Update- und Delete-Operationen, die während des Merge-Prozesses auftreten. Zusätzlich werden die aktuellen Validitäts-Vektoren des alten Differential Buffers und des Main Stores kopiert. Sie könnten sonst durch nebenläufige Aktualisierungen oder Löschvorgänge, die während des Merge-Prozesses stattfinden, verändert werden, was sich wiederum auf die in diesem Prozess beteiligten Tupel auswirken würde.

27.1.2 Attribut-Merge-Phase

Die Attribut-Merge-Phase besteht grundlegend aus zwei Schritten (siehe Abb. 27.2). Im ersten Schritt werden die Wörterbücher des Differential Buffers und des Main Stores zu einem sortierten Ergebnis-Wörterbuch kombiniert. Darüber hinaus werden Hilfsstrukturen geschaffen, um die Positionen aus den Wörterbüchern des Differential Buffers und des Main Stores auf das neue, gemeinsame Wörterbuch abzubilden. Diese Hilfsstrukturen sind für den Algorithmus nicht zwingend notwendig, sie vermeiden jedoch teure Lookups in den alten Wörterbüchern und verbessern die Cache-Auslastung.

Die zu konsolidierenden Eingangs-Wörterbücher sind das sortierte Wörterbuch des Main Stores und das sortierte Wörterbuch, das aus dem CSB+ Baum des Differential Buffers resultiert. Die beiden Wörterbücher werden zusammengeführt und bilden dass Ergebniswörterbuch, welches alle einmaligen Werte aus dem Main Store und dem Differential Buffer enthält.

Im zweiten Schritt der Attribut-Merge-Phase werden die Werte aus den zwei Attribut-Vektoren in einen neuen, kombinierten Attribut-Vektor überführt. Dafür werden die im ersten Schritt angelegten Hilfsstrukturen verwendet. Um sicherzustellen, dass die Dimensionierung des neuen Attribut-Vektors korrekt ist, berechnen wir den pro WertID erforderlichen Speicherplatz anhand der Anzahl der Einträge des neuen Wörterbuches.

Ein beispielhafter Ablauf der Attribut-Merge-Phase wird in Abschnitt 27.2 beschrieben.

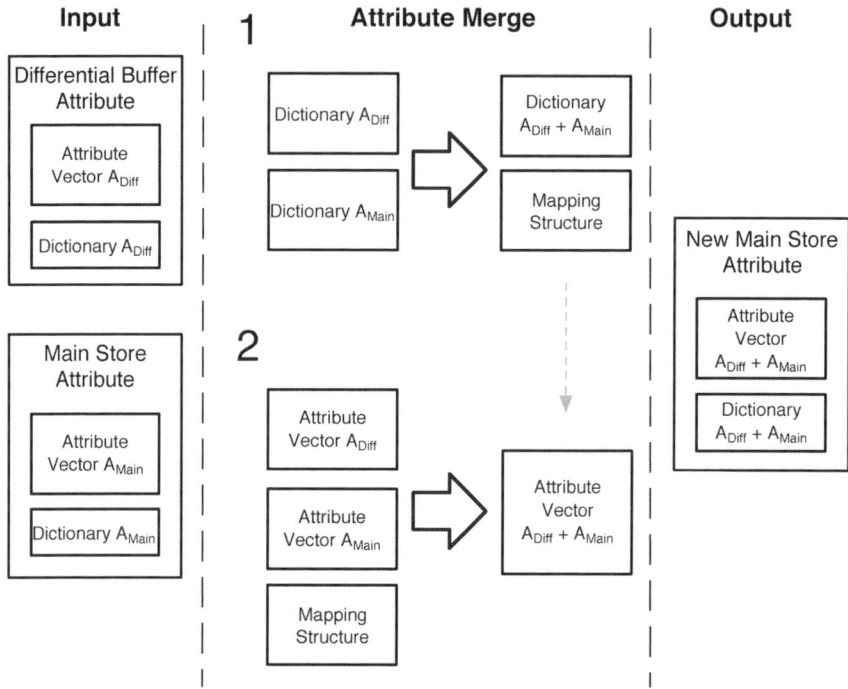

Abb. 27.2 Attribute-Merge-Phase

27.1.3 Commit-Merge-Phase

Die Commit-Merge-Phase beginnt damit, dass die Tabelle einen Write-Lock erhält, die Tabelle wird damit kurzzeitig für Schreiboperationen gesperrt. Zusätzlich wird sichergestellt, dass alle laufenden Abfragen abgeschlossen sind, bevor der Wechsel zum neuen Main Store mit den aktualisierten WertIDs stattfindet. Dann wird der Validitäts-Vektor, der in der Vorbereitungsphase kopiert wurde, mit dem aktuellen Tupel-Vektor verglichen, um ungültig gewordene Tupel zu kennzeichnen. Im letzten Schritt ersetzt der neue Main Store sowohl den ursprünglichen Differential Buffer als auch den alten Main Store, und die Speicheradressen der beiden alten Strukturen werden freigegeben.

Das Ergebnis des Merge-Prozesses für einen Attribut-Vektor wird in Abb. 27.3 gezeigt. Die neuen Attribut-Vektoren enthalten sowohl alle Tupel des ursprünglichen Main Stores als auch diejenigen aus dem Differential Buffer. Beachten Sie, dass jedes neue Wörterbuch alle Werte aus den jeweiligen Wörterbuch des Main Stores sowie des Differential Buffer enthält und sortiert ist. Binäre Suchen und effiziente Bereichsabfragen werden nach dem Merge somit für alle Werte unterstützt.

27.2 Beispielhafter Attribut-Merge einer Spalte

Den in Abschnitt 27.1 beschriebenen Attribut-Merge wollen wir an einem vereinfachten Beispiel erläutern, das den Merge-Prozess einer einzigen Spalte zeigt. Damit werden hier implizit bereits die Optimierungen berücksichtigt, die in Abschnitt 27.3 für das Merge-Konzept

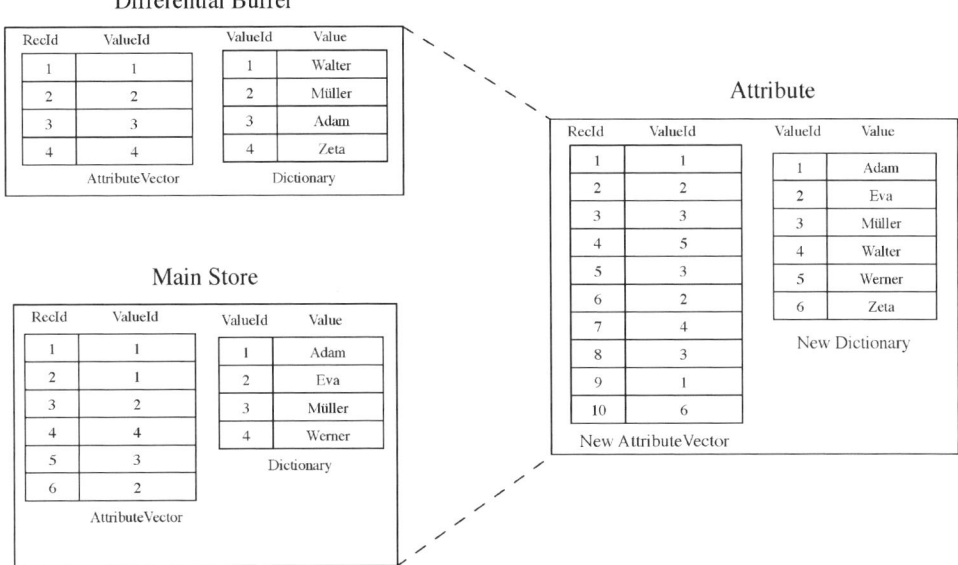

Abb. 27.3 Ein Attribut-Vektor und das zugehörige Wörterbuch des Main Stores nach dem Merge-Prozess

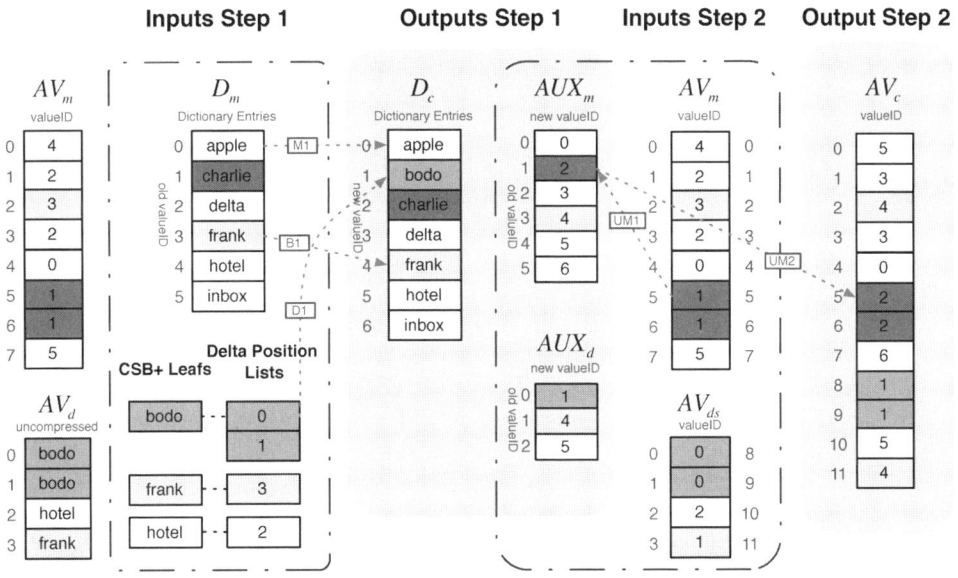

Abb. 27.4 Der Merge-Prozess für eine Spalte (adaptiert aus [FSKP12])

einer einzelnen Spalte genauer beschrieben sind. Wie in Abb. 27.4 dargestellt ist, besteht die gesamte Phase aus zwei getrennten Schritten.

Der erste Schritt verwendet den Attribut-Vektor der Main Store Spalte (AV_m), das zugehörige Wörterbuch (D_m) sowie die sortierte Liste von Werten (AV_D), die aus dem CSB+ Baum des Differential Buffers resultiert, als Eingaben und erzeugt als Ausgabe sowohl das kombinierte sortierte Wörterbuch D_c als auch die Hilfsstrukturen AUX_m und AUX_d. Um die beiden Wörterbücher zu vereinen, werden zunächst die Pointer der beiden Wörterbücher auf das jeweils erste Element gesetzt. Es sei hier nochmals darauf hingewiesen, dass der Differential Buffer kein explizit sortiertes Wörterbuch besitzt, jedoch durch die Verwendung des CSB+ Baumes die eindeutigen Werte als virtuelle sortierte Liste zur Verfügung stehen, welche vom zugehörigen Pointer verwendet wird. Die Einträge, auf welche die Pointer der beiden Wörterbücher verweisen, werden für jede Iteration verglichen, der sortiertechnisch kleinere Wert wird dem Ergebnis hinzugefügt, und der entsprechende Pointer wird um eine Position weitergesetzt. Für den Fall, dass die beiden Werte identisch sind, wird der Wert nur einmal hinzugefügt, und beide Pointer werden weitergesetzt. Um im weiteren Verlauf die bestehenden WertIDs der Attribut-Vektoren auf die neuen WertIDs für das kombinierte Wörterbuch aktualisieren zu können, wird für jeden Wert, der dem neuen Wörterbuch hinzugefügt wird, auch die jeweilige Zuordnung der Position vom bestehenden Wörterbuch zur Position im neuen kombinierten Wörterbuch in der entsprechenden Hilfsstruktur gespeichert. Wenn einer der beiden Pointer das Ende seines Eingabe-Wörterbuches erreicht, werden die restlichen Elemente des anderen Wörterbuchs direkt an das Ende des kombinierten Wörterbuches kopiert. Die korrekte Reihenfolge der restlichen Elemente ist sichergestellt, da beide Eingangs-Wörterbücher sortiert vorlagen.

Für unser Beispiel bedeutet das, dass am Anfang dieses Schrittes der Pointer von D_m auf den Wert „apple" zeigt. Der Pointer von AV_d verweist auf den Wert „bodo". Da das Wort „apple" sich alphabetisch vor „bodo" befindet, wird es zuerst D_c hinzugefügt und der Pointer von D_m wird auf „charlie" vorgerückt. Danach wird „bodo" zu D_c hinzugefügt und der Pointer des CSB+ Baumes wird auf „frank" vorgerückt. Wie man sehen kann, werden sowohl Einträge (wie „apple", Pfeil M1), die nur im alten Main Store-Wörterbuch enthalten sind, als auch Einträge, die nur im CSB+ Baum des Differential Buffers („bodo", Pfeil D1) stehen, und Einträge, die in beiden Strukturen („frank", Pfeil B1) vorhanden sind, in das neue, kombinierte Wörterbuch D_c übertragen. Während des Aufbaus des kombinierten Wörterbuches werden die Hilfsstrukturen AUX_m und AUX_d mit den alten und den resultierenden neuen WertIDs gefüllt. Dies ist nicht nur für den Differential Buffer, sondern für beide Strukturen notwendig. Auch im Main-Store könnten sich durch das Hinzufügen neuer Einträge aus dem Differential Buffer die neuen WertIDs im Vergleich zu den alten erhöht haben.

Der zweite Schritt baut den kombinierten Attribut-Vektor AV_c auf. Dazu werden der Attribut-Vektor AV_m des alten Main Store, die Blätter des CSB+ Baumes (Av_{ds}), die den Attribut-Vektor des Differential Buffers in einer von dem CSB+ Baum codierten, sortierten Reihenfolge darstellen, und die gerade erstellten Hilfsstrukturen AUX_m und AUX_d verwendet. Die WertIDs der veralteten Attribut-Vektoren werden nacheinander gescannt. Jeder Wert wird mithilfe der geeigneten Hilfsstrukturen übersetzt und im Anschluss zu AV_c hinzugefügt. Die Pfeile UM1 und UM2 zeigen ein Beispiel für den Eintrag „charlie", der von der WertID 1 dargestellt wurde, aber jetzt durch die WertID 2 repräsentiert wird, da dem kombinierten Wörterbuch der Wert „bodo" hinzugefügt wurde.

Alles in allem ist der resultierende, kombinierte Attribut-Vektor das Ergebnis der Verkettung der bestehenden Attribut-Vektoren mit aktualisierten WertIDs.

27.3 Optimierungen der Merge-Operation

In Ergänzung zum gerade beschriebenen asynchronen Online-Merge stellt dieser Abschnitt weitere Optimierungen vor.

27.3.1 Verwendung des Wörterbuches des Main Stores

Die erste Möglichkeit zur Optimierung stellt die Nutzung des Wörterbuches des Main Stores im Differential Buffer dar. Einer der größten Vorteile, in einen Differential Buffer zu schreiben, liegt darin, dass das Hinzufügen neuer Elemente ohne zusätzlichen Aufwand, wie Neusortieren des Wörterbuches oder Neucodierung des Attribut-Vektors, erfolgen kann. Ein Nachteil ist, dass ein zusätzliches Wörterbuch geschaffen wird, das während des Merge-Prozesses in das Main Store-Wörterbuch integriert werden muss. Doch in einigen Fällen kann die zusätzliche Verwendung des Wörterbuches des Main Stores im Differential Buffer die Merge-Leistung verbessern. Dies ist der Fall, wenn das Wörterbuch des Main Stores bereits gefüllt ist. Typische Beispiele hierfür stellen Spalten dar, die Jahreszahlen, Länderkennzeichen oder Postleitzahlen speichern. Diese Spalten sind bereits früh ausreichend gefüllt bzw. saturiert, und damit treten neue Elemente eher selten auf.

In diesen Fällen verwenden alle Elemente im Differential Buffer bereits die endgültigen WertIDs des Wörterbuches des Main Stores. Dadurch kann der Speicherverbrauch des Differential Buffer erheblich reduziert werden. Folglich ist der Merge-Prozess eines Attributes, welches das Wörterbuch des Main Stores wiederverwendet, eine einfache Verkettung der neuen Tupel aus dem Differential Buffer mit den bestehenden Tupeln des Attribut-Vektors des Main Stores.

Wenn die Wahrscheinlichkeit hoch ist, dass Datenänderungen neue Einträge in das Wörterbuch einführen, ist die Verwendung des Main Store-Wörterbuches im Differential Buffer nicht förderlich. Die neuen Einträge verändern auch die Positionen des Main Stores, sodass alle Schritte wie beim normalen Merge-Prozess ausgeführt werden müssen. Für Attribute wie Zeitstempel, Entitätskennungen (IDs) oder Ähnliches wird diese Optimierung daher nicht empfohlen.

27.3.2 Single Column Merge

Eine weitere Optimierungsmöglichkeit adressiert den Speicherverbrauch. Während der Merge-Phase wird der komplette neue Main Store im Hauptspeicher vorgehalten. Zum Zeitpunkt des höchsten Speicherverbrauchs muss daher mehr als das Doppelte der Größe des ursprünglichen Main Stores plus der Größe des Differential Buffers im Hauptspeicher gespeichert werden können, um den beschriebenen Merge-Prozess durchführen zu können. Tabellen in Unternehmensanwendungen bestehen oft aus Millionen von Tupeln, wobei diese Hunderte von Attributen enthalten. Als Folge davon kann es zu einem riesigen Overhead kommen, wenn vollständige Kopien der Tabellen erstellt werden, da mindestens der doppelte Umfang der größten Tabelle im Speicher zur Verfügung stehen muss, um den Merge-Prozess durchführen zu können. Zum Beispiel enthält die Tabelle der Finanzbuchhaltung eines großen Konsumgüterunternehmens über 250 Millionen Einzelposten mit 300 Attributen. Die unkomprimierte Größe der Tabelle mit variabler Feldlänge beträgt etwa 250 GB und kann mit einer Bit-komprimierten Wörterbuch-Codierung auf 20 GB komprimiert werden [KGZP10].

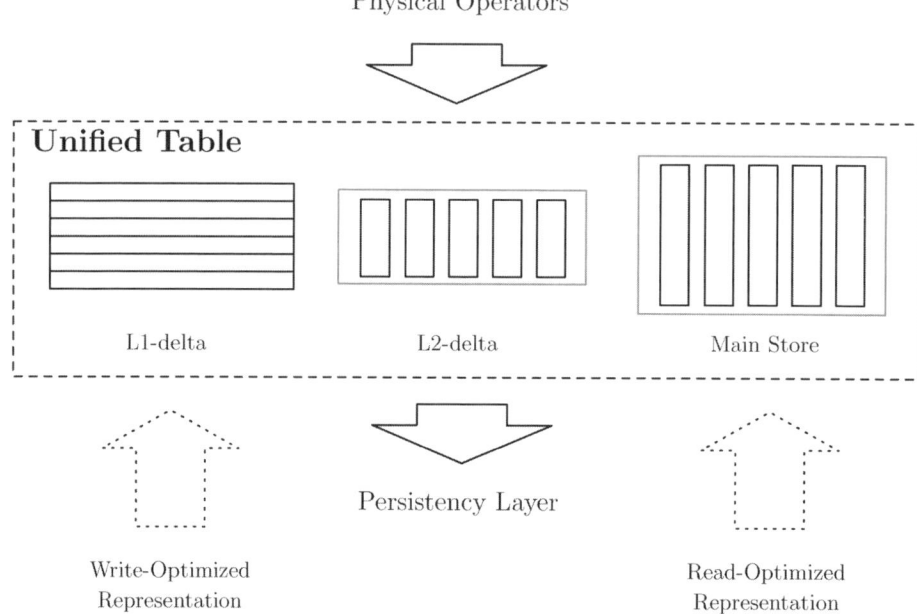

Abb. 27.5 Vereinheitlichtes Tabellen-Konzept (adaptiert aus [SFL+12])

Jedoch sind trotzdem mindestens 40 GB an Hauptspeicher erforderlich, damit der Merge-Prozess wie beschrieben ausgeführt werden kann.

Um zu vermeiden, dass eine komplette Tabelle zweimal im Speicher abgelegt werden muss, präsentierten Krueger et al. [KGW +11] den sogenannten Single Column Merge, der eine Tabelle spaltenweise dem Merge-Prozess unterzieht. Mit diesem Ansatz muss nicht die gesamte Tabelle, sondern nur eine einzige Spalte zweimal im Speicher vorgehalten werden. Wenn daher alle Spalten nacheinander dem Merge-Prozess unterworfen werden, wird die erforderliche Menge an Hauptspeicher auf die Größe des Differential Buffers und die Größe der komprimierten Tabelle plus die Größe der größten resultierenden Spalte reduziert. Ein Nachteil dieses Ansatzes ist, dass sich sowohl die Abfrage als auch das Transaktions-Management auf einer Tabelle, die sich im laufenden Merge-Prozess befindet, komplexer gestaltet.

27.3.3 Vereinheitlichtes Tabellen-Konzept

Zur weiteren Verbesserung der transaktionalen Fähigkeiten eines Column Store stellen Sikka et al. [SFL +12] unter der Bezeichnung „Vereinheitlichtes Tabellen-Konzept" ein modifiziertes Differential Buffer-Konzept vor. Hierbei wird eine zusätzliche Datenstruktur in Form eines In-Memory Row Stores – genannt L1-Delta – verwendet (siehe Abb. 27.5), wohingegen der L2-Delta (d. h. der Differential Buffer in SanssouciDB) und der Main Store mit SanssouciDB vergleichbare Strukturen aufweisen.

Diesem Konzept folgend wird jede Datenänderung zuerst in den L1-Delta geschrieben. Der L1-Delta kann ca. 10.000 bis 100.000 Zeilen speichern und wird mit dem L2-Delta in regelmäßigen Abständen, oder wenn ein festgelegtes Zeilen-Limit erreicht ist, zusammengeführt. Der L2-Delta ist in der Lage, bis zu 10 Millionen Zeilen zu speichern, und wird regelmäßig mit dem Main Store vereinigt. Eingehende Modifikationen der Daten lassen sich im L1-Delta bedeutend schneller persistieren, da es sich um eine in hohem Maße schreiboptimierte Datenstruktur (d. h. einen Row Store) handelt. Weiterhin führt dieser Ansatz Verbesserungen beim Import von großen Datenmengen (engl. bulk loading) in den Differential Buffer ein.

27.4 Selbsttest-Fragen

1. **Was ist der Merge-Prozess?**
   Der Merge-Prozess ...

   (a) integriert die Daten des schreiboptimierten Differential Buffer in den leseoptimierten Main Store.
   (b) verbindet den Main Store und den Differential Buffer, um die Parallelität zu erhöhen.
   (c) führt die Spalten einer Tabelle in ein zeilenorientiertes Format zusammen.
   (d) optimiert die Schreibleistung.

2. **Wann wird der Merge-Prozess ausgeführt?**
   Wann wird der Merge-Prozess ausgelöst?

   (a) wenn die Anzahl der Tupel im Differential Buffer einen vorgegebenen Schwellenwert übersteigt
   (b) wenn der Speicherplatz auf der Festplatte zur Neige geht und der Main Store weiter komprimiert werden muss
   (c) vor jeder SELECT-Operation
   (d) nach jeder INSERT-Operation

Literaturhinweise

[FSKP12] M. Faust, D. Schwalb, J. Krueger, H. Plattner, Fast lookups for in-memory column stores: group-key indices, lookup and maintenance, in ADMS '12: Proceedings of the 3rd International Workshop on Accelerating Data Management Systems Using Modern Processor and Storage Architectures at VLDB'12, 2012

[KGW+11] J. Krueger, M. Grund, J. Wust, A. Zeier, H. Plattner, Merging differential updates in in-memory column store, in DBKDA, 2011

[KGZP10] J. Krueger, M. Grund, A. Zeier, H. Plattner, Enterprise application-specific data management, in EDOC, S. 131–140, 2010

[SFL+12] V. Sikka, F. Färber, W. Lehner, S.K. Cha, T. Peh, C. Bornhövd, Efficient transaction processing in SAP HANA database: the end of a column store myth, in SIGMOD Conference, S. 731–742, 2012

Kapitel 28
Logging

Datenbanken müssen bestimmte Eigenschaften (als Teil des ACID[1]-Prinzips) bei der Verarbeitung von Daten garantieren, damit sie in produktiven Unternehmensanwendungen verwendet werden können. Um diese Eigenschaften garantieren zu können, müssen Fehlertoleranz und hohe Verfügbarkeit gewährleistet werden. Da jedoch Hardware-Ausfälle oder Stromausfälle nicht vermieden oder vorhergesehen werden können, müssen Maßnahmen getroffen werden, die es dem System ermöglichen nach einem Ausfall alle Daten wiederherzustellen.

Logging ist das Standardverfahren, mit dem eine verlässliche Wiederherstellung möglich ist. Mithilfe von Logging und Wiederherstellungsprotokollen können Datenbanken auf den letzten konsistenten Zustand vor dem Ausfall zurückgesetzt werden. Dies wird durch Checkpointing des aktuellen Systems und Logging nachfolgender Datenänderungen erreicht. Daten werden in Log-Dateien geschrieben, die auf persistentem Speicher, wie Festplatten (HDD) oder Solid-State-Laufwerken (SSD), gespeichert sind.

Bitte beachten Sie, dass die ACID-Anforderungen für jede Datenbank gelten, unabhängig davon, ob es eine Hauptspeicherdatenbank ist oder nicht.

28.1 Logging-Infrastruktur

Ein entscheidendes Kriterium, wenn es um Logging geht, ist die Leistung, sowohl für das Schreiben der Logs als auch für das Lesen von Logs bei der Wiederherstellung. Wie bereits in Abschnitt 4.6 diskutiert, wird der Leistungsunterschied zwischen Festplatte und CPU ständig größer. Folglich muss Logging in erster Linie im Hinblick auf die Minimierung der I/O-Operationen optimiert werden.

Abbildung 28.1 skizziert die Logging-Infrastruktur von SanssouciDB. Die Log-Daten, die auf die Festplatte geschrieben werden, bestehen aus drei Teilen:

- Snapshot des Main Stores
- Wert-Logs
- Wörterbuch-Logs

Checkpointing [Bor84] wird verwendet, um einen Snapshot der Datenbank zu einem bestimmten Zeitpunkt, zu dem die Daten in einem konsistenten Zustand vorliegen, zu erstellen.

---

[1] ACID steht für Atomicity, Consistency, Isolation, Durability (auf Deutsch auch als AKID: Atomarität, Konsistenz, Isoliertheit und Dauerhaftigkeit, bezeichnet). Diese Eigenschaften garantieren die Zuverlässigkeit von Transaktionen und werden als Grundlage für ein zuverlässiges Enterprise Computing betrachtet.

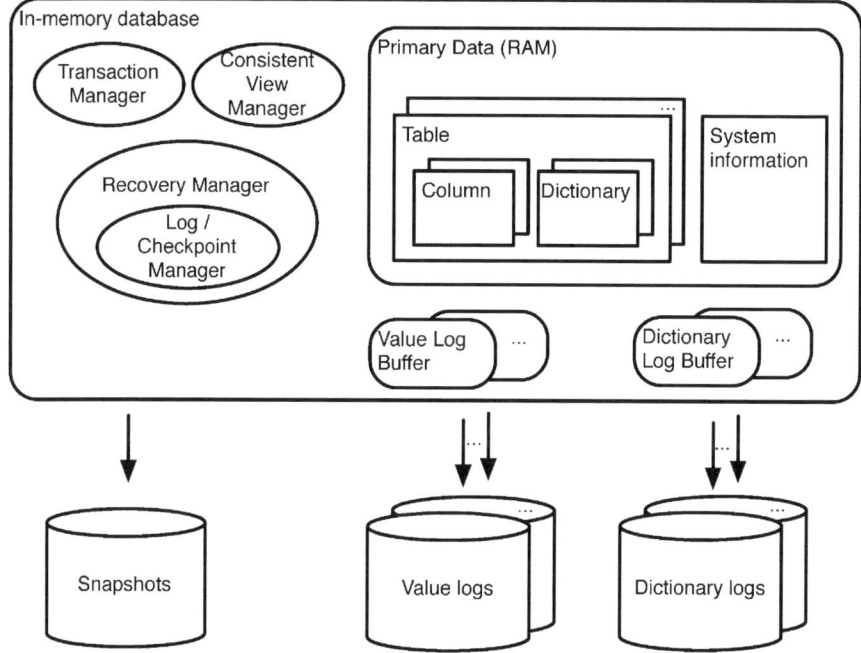

Abb. 28.1 Logging-Infrastruktur

Nach [HR83] ist eine Datenbank in einem konsistenten Zustand, „wenn und nur wenn sie die Ergebnisse aller abgeschlossenen Transaktionen enthält". Der Snapshot ist eine direkte Kopie des leseoptimierten Main Stores und wird in regelmäßigen Abständen auf die Festplatte geschrieben. Der Zweck des Checkpointing ist die Beschleunigung des Wiederherstellungsprozesses, da nur Log-Einträge nach dem Snapshot eingespielt werden müssen, wohingegen der Main Store direkt aus dem Snapshot in die Datenbank geladen werden kann. Um die Daten des Diffential Buffers, der nicht Teil des Snapshots ist, zu protokollieren, werden Wert-Logs sowie Wörterbuch-Logs verwendet, um durchgeführte Änderungen zu verfolgen.

Die Logging-Infrastruktur von SanssouciDB unterscheidet sich von den meisten traditionellen Datenbanken. SanssouciDB hat eine angepasste Infrastruktur, um spaltenoptimierte Datenstrukturen zu nutzen und I/O-Engpässe zu reduzieren. Zu diesen Optimierungen gehören:

- **Snapshot-Format:** An jedem Checkpoint wird ein Snapshot des Main Stores direkt in binärer Form auf die Festplatte geschrieben. Dies bedeutet, dass eine exakte Kopie des Main Stores aus dem Arbeitsspeicher auf die Festplatte geschrieben wird. Diese Kopie kann im Fall einer Wiederherstellung später ohne zusätzlichen Transformationsaufwand direkt wiederhergestellt werden.
- Zeitpunkt eines **Checkpoints:** Der ideale Zeitpunkt für das Erstellen eines Checkpoints ist gegeben, wenn der Differential Buffer im Vergleich zum Main Store relativ klein ist. Das ist direkt nach dem Merge-Prozess der Fall.
- **Speichern von Metadaten**: Um den Wiederherstellungsprozess zu beschleunigen, werden zusätzliche Metadaten auf die Festplatte geschrieben. Anhand dieser Metadaten kann

der benötigte Arbeitsspeicher bereits vor dem Laden allokiert werden. Dadurch können teure Reallokationen und Bewegungen der Daten vermieden werden. Die auf diese Weise geschriebenen Daten sind z. B. die Anzahl der Tupel im Main Store und die Anzahl der in jedem Wörterbuch verwendeten Bits.

- **Trennung in Wert- und Wörterbuch-Logs**: Die beiden großen Leistungs-Optimierungen für Logging in SanssouciDB sind die Reduzierung der Log-Größe und die Parallelisierung des Logging. Dies wird durch die Verwendung von Wörterbuch-codiertem Logging erreicht, wie im folgenden Abschnitt ausführlich erklärt wird.

28.2 Logisches versus Wörterbuch-codiertes Logging

Den naheliegendsten Weg Datenänderungen zu protokollieren, stellt logisches Logging dar. Wie in Abb. 28.2 dargestellt, schreibt logisches Logging einfach die SQL-Anweisung gemeinsam mit ihren Parametern (DatensatzID und Attribut-Werte) auf die Festplatte.

Logisches Logging weist zwei wesentliche Mängel auf. Erstens können Logging und Wiederherstellung nicht parallelisiert werden, da die Reihenfolge des Logs während des Einspielens bewahrt werden muss um das Wörterbuch und die entsprechenden Elemente des Attribut-Vektors wiederherzustellen. Zweitens schreibt logisches Logging die Werte direkt auf die Festplatte und nutzt somit nicht die von SanssouciDB verwendete Kompression, was wiederum in einer unnötig großen Datenmenge resultiert.

Um diese Nachteile zu vermeiden, verwendet SanssouciDB ein Logging-Schema, das die Wörterbuch-codierten Daten (und deren entsprechende Wörterbuch-Einträge) vom Transaktionskontext trennt, das sogenannte Wörterbuch-codierte Logging [WBR +12]. Dieser Ansatz ermöglicht sowohl die parallele Wiederherstellung der Attribut-Vektoren und Wörterbücher als auch die Wiederherstellung der Log-Einträge in beliebiger Reihenfolge. Darüber hinaus reduziert Wörterbuch-codiertes Logging die Log-Größe aufgrund der Nutzung von Wörterbuch-Kompression, wodurch der Wiederherstellungsprozess deutlich beschleunigt wird.

In welchen Fällen Wörterbuch-codiertes gegenüber logischem Logging vorteilhaft ist, hängt von den Dateneigenschaften ab. Die gleichen Dateneigenschaften von Unternehmensanwendungen, die in Vorteilen bei der Verwendung eines Column Stores resultieren, sprechen auch für das den Einsatz von Wörterbuch-komprimiertem Logging. Zu diesen Eigenschaften zählen z. B. die geringe Anzahl einmaliger Werte, die zu weniger Wörterbuch-Log-Einträgen führen, und die Art, in der die Werte verteilt sind.

Die Verteilung von Werten kann relativ genau anhand der Zipf-Verteilung beschrieben werden. Vereinfacht gesagt beschreibt die Zipf-Verteilung – abhängig von einer Variablen *alpha* – wie stark die Verteilung gegen einen bestimmten Wert strebt. Im Falle von *alpha* = 0 entspricht die Verteilung einer Gleichverteilung und jeder Wert tritt gleich häufig auf. Wenn

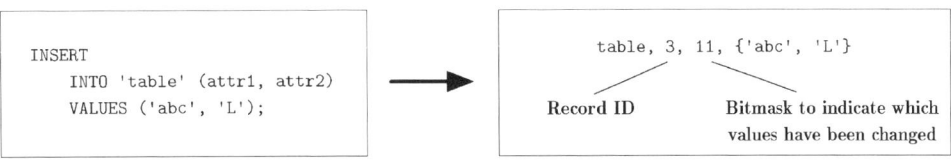

Abb. 28.2 Logisches Logging

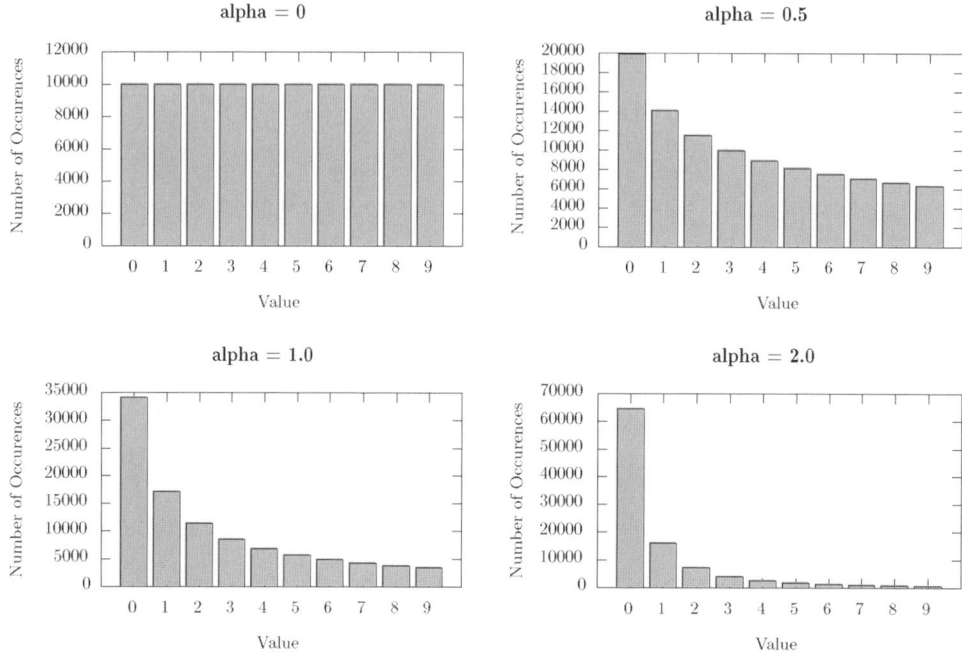

Abb. 28.3 Beispielhafte Zipf-Verteilungen für variierende alpha-Werte

alpha zunimmt, treten zunehmend weniger Werte häufiger auf (siehe beispielhafte Verteilungen für unterschiedliche alpha-Werte in Abb. 28.3).

Die Autoren in [HBK +11] stellen fest, dass die Mehrheit der analysierten Spalten aus Finanz-, Verkaufs- und Vertriebs-Modulen eines Enterprise Resource Planning (ERP)-Systems einer Potenzgesetz-Verteilung folgen – eine kleine Gruppe von Werten, die häufig auftreten, während die Mehrheit der Werte selten ist. Darüber hinaus identifizierte [HBK +11] bei Unternehmenssystemen einen durchschnittlichen *alpha*-Wert von 1,581.

Abbildung 28.4 zeigt die Ergebnisse eines Experiments, das die kumulierte Log-Größe pro Abfrage für eine variierende Werte-Verteilung misst. In diesem Versuch wurden eine Million INSERT-Abfragen einzelner Zipf-verteilter Werte mit insgesamt 1.000 einmaligen Werten simuliert. Mit einem *alpha*-Wert von 1,581 ist das Wörterbuch bereits nach ≈ 30.000 Abfragen gesättigt. Von diesem Punkt an fügen Abfragen dem Log-Wörterbuch selten weitere Einträge zu.

Je stärker die Verteilung gegen einen dominierenden Wert strebt, desto kleiner ist die kumulierte Log-Größe, wie für einen *alpha*-Wert von 4.884 in Abb. 28.4 gezeigt wird. Bitte beachten Sie, dass nur Abfragen, die Daten modifizieren, ins Log aufgenommen werden müssen.

Ein Vergleich der Log-Größen zwischen logischem und Wörterbuch-codiertem Logging wird in Abb. 28.5 gezeigt. Diese Werte wurden in einem produktiven Unternehmenssystem mit sieben Millionen Schreibvorgängen in der Verkaufsartikeltabelle gemessen. Aufgrund der hohen Kompression der wiederkehrenden Werte reduziert das Wörterbuch-codierte Logging die Log-Größe um 29 %. Als Konsequenz daraus wird Wörterbuch-codiertes Logging

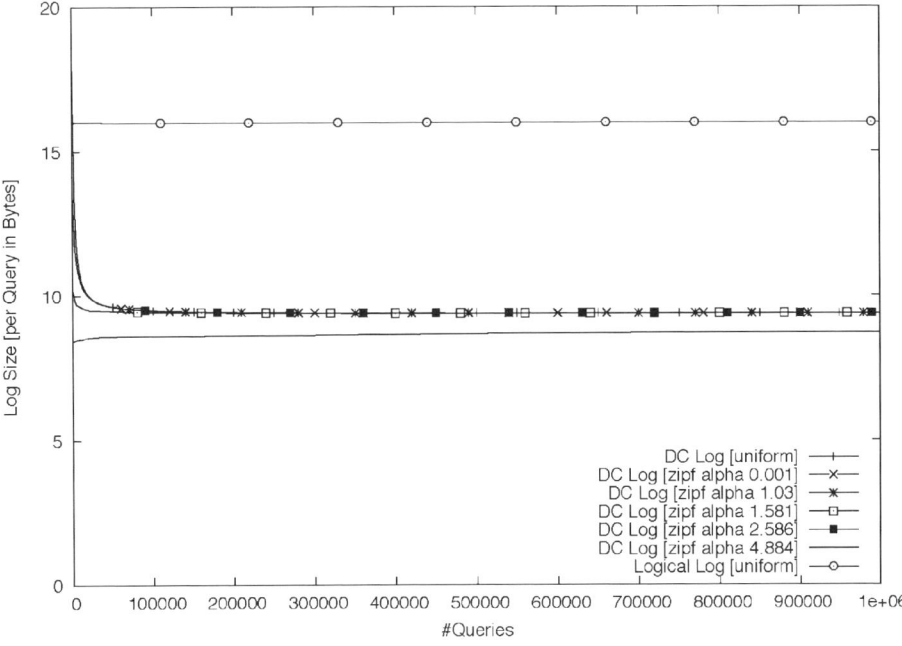

Abb. 28.4 Kumulierte durchschnittliche Log-Größe pro Abfrage für variierende Wert-Verteilung (DC = Dictionary-Compressed, dt. Wörterbuch-codiert)

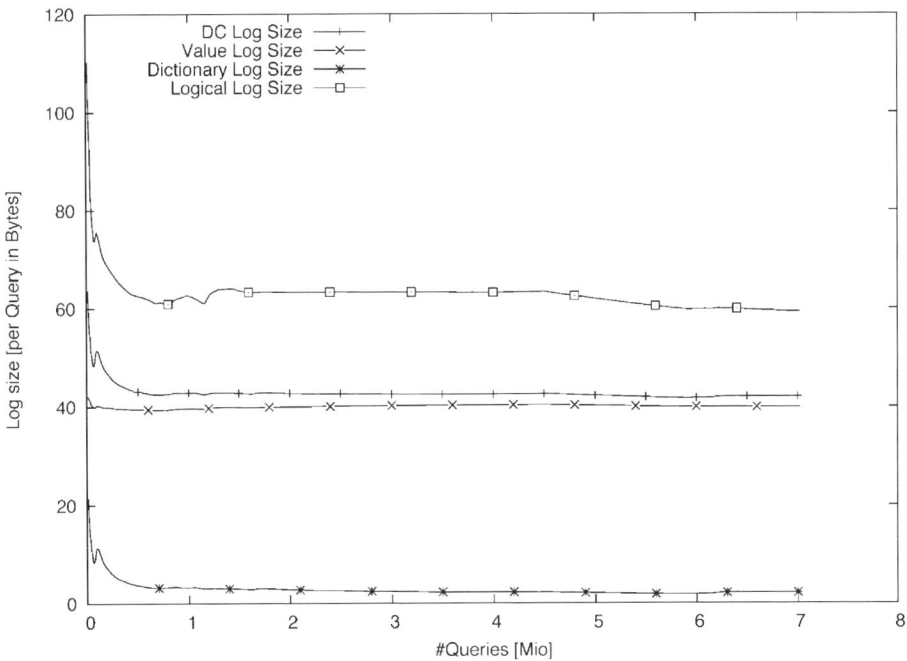

Abb. 28.5 Vergleich der Log-Größen von logischem und Wörterbuch-codiertem Logging

gegenüber logischem Logging bevorzugt, da es typische Datenverteilungen in Unternehmenssystemen nutzt (besser ausnutzt). Für weitere Informationen über Eigenschaften von Unternehmensdaten siehe Kapitel 3.

28.3 Beispiel

Abbildung 28.6 zeigt ein Beispiel für Wörterbuch-codiertes Logging. Hier werden drei SQL-Abfragen (INSERT, UPDATE, und DELETE) dreier verschiedener Transaktionen protokolliert.

Die erste Abfrage (INSERT INTO T1 (Attr1, Attr2) VALUES (‚abc‘, ‚L‘);) fügt eine neue Zeile in die Tabelle T1 ein.

Diese Abfrage hat die TransaktionsID 9 (TID = 9), die im folgenden Format gespeichert wird:

$$L_t = \{„t“, TID\}$$

Da beide Werte (‚abc‘ und ‚L‘) noch nicht in den entsprechenden Wörterbüchern gespeichert sind, werden neue Einträge hinzugefügt. Wörterbuch-Logs Ld werden jedes Mal erstellt, wenn eine Transaktion neue Werte in das Wörterbuch einfügt. Daher werden der Tabel-

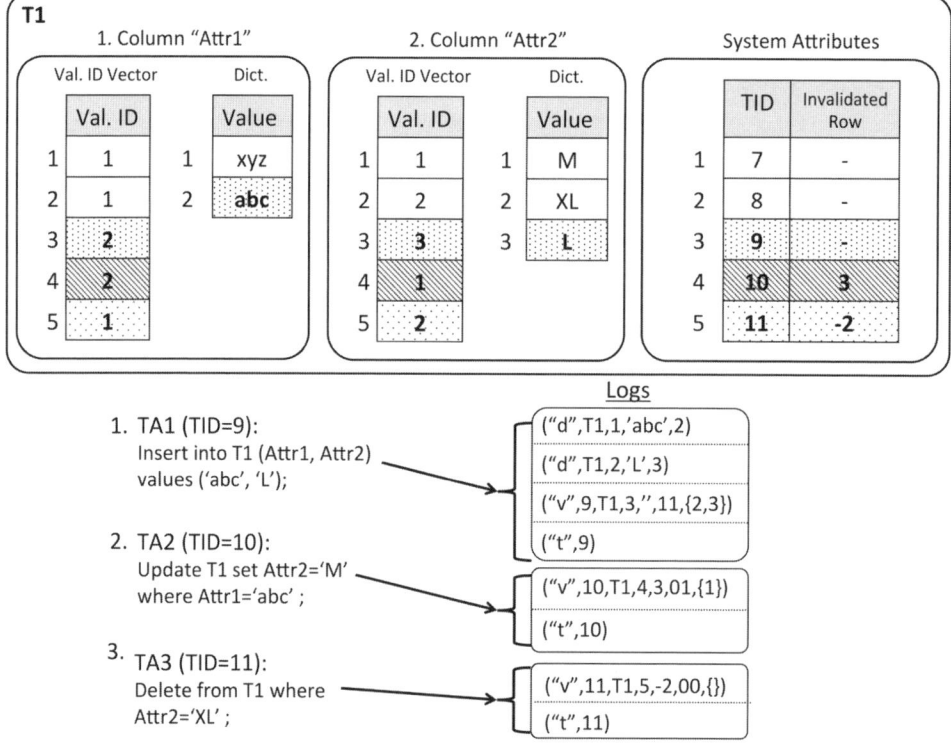

Abb. 28.6 Beispiel: Logging bei Wörterbuch-codierten Spalten

lenname t, der Spaltenindex c_i, der hinzugefügte Wert v und die entsprechende WertID VID protokolliert.

Der Buchstabe „d" (als Abkürzung der englischen Bezeichnung *dictionary*) an der ersten Position des Wörterbuch-Log-Eintrags markiert in der folgenden Formel, dass dies ein Wörterbuch-Log-Eintrag ist, ähnlich dem Buchstaben „t", der den Transaktions-Log-Eintrag in der Formel oben markiert.

$$L_d = \{„d", t, c_i, v, VID\}$$

Folglich werden für Transaktion 9 zwei Wörterbuch-Logs gespeichert, die die IDs der modifizierten Wörterbücher für Tabelle T1 (d. h. Spalten-ID), die entsprechenden Positionen in den Wörterbüchern und die neu eingefügten Werte enthalten:

$$(„d", T1, 1, \text{'}abc\text{'}, 2) \ und \ („d", T1, 2, \text{'}L\text{'}, 3)$$

Die Wert-Logs Lv (als Abkürzung der englischen Bezeichnung *value log*) speichern die tatsächlichen Werte, die an die Attribut-Vektoren angehängt werden. Wert-Log-Einträge speichern mehr als nur die Änderungen an der Datenstruktur, wie es in den Wörterbuch-Logs geschieht, da sie mit den entsprechenden Transaktionen verknüpft werden müssen.

$$L_v = \{„v", TID, t, RID, IRID, bm_n, (VID_1, ..., VID_n)\}$$

Jeder Wert-Log Lv speichert dabei die TransaktionsID TID, den Tabellennamen t und die DatensatzID RID (vom englischen *rowID*) im Attribut-Vektor. Der Buchstabe „v" an der ersten Position kennzeichnet diesen Protokolleintrag als Wert-Log. Die Werte werden in einem Vektor von *VID*s gespeichert, wobei die Bitmaske bm_n die entsprechenden Spalten markiert (n ist die Anzahl der Attribute in der Tabelle t). Wenn eine Zeile durch die neue Zeile ungültig gemacht wird (z. B. aufgrund einer Aktualisierung oder einer Löschung), wird die ID der ungültigen Zeile in IRID gespeichert.

Die zweite Abfrage (UPDATE T1 SET Attr2 = ‚M' WHERE Attr1 = ‚abc';) in Abb. 28.6 ändert eine Zeile, ohne neue Werte einzufügen. Demzufolge werden nur ein Transaktions-Log-Eintrag und ein Wert-Log-Eintrag, in dem die neue Wörterbuch-Position für das Attribut „Attr1" abgelegt wird, gespeichert.

Die Delete-Abfrage (DELETE FROM T1 WHERE Attr2 = ‚XL';) macht eine Zeile ungültig. In diesem Fall ist das Ergebnis allerdings möglicherweise nicht offensichtlich. Wenn eine Zeile gelöscht wird, wird eine neue Zeile an die Tabelle angefügt. Dies ist notwendig, um die in Transaktionen durchgeführten Änderungen auch in den Systemattributen der jeweiligen Tabelle abzubilden. In diesem Beispiel kennzeichnet Transaktion 11 die Zeile 2 als nicht länger valide. Dies erfolgt über versteckte System-Attribute (d. h. Spalten, welche die TID und die entsprechenden IDs der invalidierten Zeilen speichern). Während das TID-Feld einer bestimmten Zeile immer die TransaktionsID, die diese Zeile eingefügt hat, enthält, wird das Feld zur Kennzeichnung einer invalidierten Zeile nur bei Aktualisierungs- und Lösch-Operationen geschrieben. Um zu kennzeichnen, dass eine Zeile nicht einfach nur aktualisiert, sondern komplett gelöscht wurde, erhält das invalidierte Zeilen-Feld ein Präfix (siehe letzter Eintrag der „System Attributes"-Tabelle in Abb. 28.6). Sowohl für Aktualisierungen als auch für Löschungen werden die unveränderten Felder des eingefügten Tupels aus der invalidierten Zeile kopiert anstatt leer zu bleiben. Dafür gibt es zwei Gründe: Erstens bieten bei festgelegten Längen der Attribut-Vektoren leere Felder keine Vorteile in Bezug auf

Leistung oder Speicherverbrauch. Zweitens vermeidet das Kopieren der Zeile zusätzliche Lookups, um die Werte der invalidierten Reihe zu erhalten. Dies ist besonders vorteilhaft für lang andauernde Transaktionen und Abfragen, die potenziell veraltete Zeilen berücksichtigen müssen.

Weiterhin ist es wichtig zu verstehen, wann und in welcher Reihenfolge die gespeicherten Logs auf die Festplatte geschrieben werden. Wenn eine Transaktion abgeschlossen (engl. *committed*) werden soll, müssen als erstes die Wörterbuch-Zwischenspeicher auf die Festplatte geschrieben werden. Dies muss sichergestellt werden, um zu vermeiden, dass Wert-Logs sich auf WertIDs beziehen, die nicht mehr wiederhergestellt werden können. Anschließend werden die Wert-Logs auf die Festplatte geschrieben. Schließlich wird, wenn beide Logs erfolgreich auf die Festplatte geschrieben worden sind, das Log der abgeschlossenen Transaktionen auf Festplatte geschrieben. Beide, die Wert-Log-Einträge und die Transaktions-Log-Einträge, werden im selben Log-Buffer gesammelt.

28.4 Selbsttest-Fragen

1. **Snapshot-Aussagen**
   Welche Aussage über Snapshots ist falsch?

   (a) Der Wiederherstellungsprozess ist schneller, wenn ein Snapshot genutzt wird, weil nur Log-Dateien nach dem Snapshot wieder eingespielt werden müssen.
   (b) Der Snapshot enthält den aktuellen leseoptimierten Store.
   (c) Ein Snapshot ist ein exaktes Abbild von einem konsistenten Zustand der Datenbank zu einem bestimmten Zeitpunkt.
   (d) Ein Snapshot wird idealerweise nach jeder Insert-Anweisung gemacht.

2. **Wiederherstellungs-Merkmale**
   Welche der folgenden Möglichkeiten ist eine wünschenswerte Eigenschaft jedes Wiederherstellungs-Mechanismus'?

   (a) Wiederherstellung nur der neuesten Daten
   (b) Die Rückgabe der Ergebnisse in der richtigen Sortierreihenfolge
   (c) Maximale Ausnutzung der Systemressourcen
   (d) Schnelle Wiederherstellung ohne Datenverlust

3. **Situationen für Wörterbuch-codiertes Logging**
   Wann ist Wörterbuch-codiertes Logging dem logischen Logging überlegen?

   (a) Wenn Werte nur einmal eingefügt werden
   (b) Wenn die Anzahl der einmaligen Werte hoch ist
   (c) Wenn alle Werte unterschiedlich sind
   (d) Wenn identische Werte mehrfach eingefügt werden

4. **Geringere Log-Größe**
   Welche Logging-Methode führt zur geringsten Log-Größe?

   (a) gewöhnliches Logging
   (b) Log-Größen unterscheiden sich nie

(c) Wörterbuch-codiertes Logging

(d) logisches Logging

5. **Wörterbuch-codierte Log-Größe**

Warum hat Wörterbuch-codiertes Logging im Vergleich zu logischem Logging die geringere Log-Größe?

(a) Wegen der Interpolation

(b) Weil es nur die Differenzen zwischen den vorhergesagten und den realen Werten speichert

(c) Aufgrund der Verringerung von sich wiederholenden Werten

(d) Weil aktuelle Log-Größen gleich sind und die kleinere Größe nur ein Konvertierungsfehler bei der Berechnung der Log-Größen ist

Literaturhinweise

[Bor84] A.J. Borr, Robustness to crash in a distributed database: a non shared-memory multi-processor approach, in VLDB, eds. by U. Dayal, G. Schlageter, L.H. Seng (Morgan Kaufmann, 1984), S. 445–453

[HBK+11] F. Hübner, J.-H. Böse, J. Krüger, C. Tosun, A. Zeier, H. Plattner, A cost-aware strategy for merging differential stores in column-oriented in-memory DBMS, in BIRTE (2011), S. 38–52

[HR83] T. Härder, A. Reuter, Principles of transaction-oriented database recovery. ACM Comput. Surv. 15(4), 287–317 (1983)

[WBR+12] J. Wust, J.-H. Boese, F. Renkes, S. Blessing, J. Krueger, H. Plattner, Efficient logging for enterprise workloads on column-oriented in-memory databases, in CIKM (ACM, 2012)

Kapitel 29
Wiederherstellung

Um die stetig wachsenden Datenmengen und Workloads bewältigen zu können, müssen moderne Unternehmenssysteme in der Lage sein, über mehrere Server innerhalb einer Unternehmenssystemlandschaft zu skalieren (engl. *scale out*). Mit der wachsenden Anzahl von Servern und somit wachsenden Zahl von Hardwarekomponenten steigt die Wahrscheinlichkeit von Störungen.

Von produktiven Unternehmenssystemen wird erwartet, dass sie dauerhaft fehlerfrei arbeiten oder im Falle eines Defektes eine Ausfallsicherung gewährleistet ist. Wenn ein Server ausfällt, muss er ggf. neu gestartet und wiederhergestellt werden, oder ein anderer Server muss den Workload des ausgefallenen Servers übernehmen. So oder so müssen Daten aus dem persistenten Speicher wieder in die Hauptspeicherdatenbank geladen werden, damit der vorherige fehlerfreie Zustand des Servers vor dem Ausfall wiederhergestellt werden kann.

Dieser Vorgang wird als *Wiederherstellung* (engl. *recovery*) bezeichnet. Durch die Verwendung von Snapshots und Log-Daten – wie im vorangehenden Kapitel 28 vorgestellt – können Datenbanken wieder auf den letzten konsistenten Zustand zurückgesetzt werden.

Der Wiederherstellungsprozess, der in diesem Abschnitt vorgestellt wird, stützt sich auf Wörterbuch-codiertes Logging [WBR+12]. Der Prozess wird in zwei aufeinander folgenden Schritten ausgeführt: 1. Lesen der Metadaten und Vorbereiten der Datenstrukturen, 2. Lesen der Logging-Daten und Wiederherstellen der Datenbank.

29.1 Lesen der Metadaten

Neben dem Logging der abgeschlossenen Transaktionen protokolliert SanssouciDB auch Metadaten zur Beschleunigung des Wiederherstellungsprozesses. Mit dem zusätzlichen Wissen über die Datenstrukturen, die wiederhergestellt werden müssen, können teure Bewegungen der Daten und die Reallokation von Speicher vermieden werden. Beispiele für gespeicherte Metadaten sind z. B. die Position des letzten Snapshots, die Anzahl der Zeilen im Main Store oder die für die Wörterbuch-Codierung von Spalten benötigten Bits.

Nehmen wir als Beispiel einmal das Wiedereinspielen (engl. *replay*) der Wörterbuch-Logs. Ohne im Voraus zu wissen, wie viele Elemente vor dem Systemausfall im Wörterbuch vorhanden waren, müsste der für das Wörterbuch zu allokierende Speicherbereich wahrscheinlich mehrmals vergrößert werden. Eine Vergrößerung des Speicherbereiches erfordert in der Regel, dass die Daten komplett in den neu allokierten Bereich verschoben werden müssen. Wenn die Anzahl der Elemente und die Anzahl der erforderlichen Bits im Voraus bekannt ist, kann der zu allokierende Bereich entsprechend bemessen werden, ohne dass Reallokationen oder Bewegungen der Daten notwendig werden. Die Anzahl der Wörterbuch-Elemente wird gespeichert, da es nicht effizient ist, das Wörterbuch-Log nach dem letzten

Eintrag zu durchsuchen, um die Größe des Wörterbuchs zu ermitteln. Auch wenn in umge-
kehrter Reihenfolge gescannt wird, um den letzten Wörterbucheintrag zu lesen, ist dieses
Vorgehen nicht effizient, da Transaktionen nicht zwingend in der Reihenfolge in der sie
eingegangen sind, protokolliert werden. Demzufolge kann die Suche nach der maximalen
Wörterbuch-Position im Wörterbuch-Log zur Folge haben, dass große Teile der Wörterbuch-
Log-Datei gelesen werden müssen.

29.2 Wiederherstellen der Datenbank

Nachdem die Allokation der Datenstruktur stattgefunden hat, werden die Datenbank-Logs
eingespielt. Als Teil dieses Prozesses wird der Snapshot des Main Stores einer Tabelle wieder
in den Arbeitsspeicher geladen. Gleichzeitig werden die Wörterbuch-Log-Dateien mit den
Wörterbuch-Log-Einträgen und die Wert-Log-Dateien mit dem Wert- und Transaktion Log-
Einträgen eingespielt.

Aufgrund des Wörterbuch-codierten Loggings, das bereits in Abschnitt 28.2 beschrieben
wurde, können die Dateien parallel verarbeitet werden. Der Import der Wörterbuch-Logs und
des Main Stores ist relativ unkompliziert, wohingegen das Lesen der Wert- und Transaktions-
Log-Einträge aus der Wert-Log-Datei ein komplexer ist. Um das Wiedereinspielen nicht ab-
geschlossener Transaktionen zu vermeiden, wird die Wert-Log-Datei in umgekehrter Reihenfolge gelesen. Auf diese Weise wird sichergestellt, dass nur Wert-Log-Einträge eingespielt
werden, deren Transaktionen erfolgreich abgeschlossen wurden. Denken Sie daran, dass
Wert- und Transaktions-Log-Einträge in dieselbe Datei geschrieben werden, wobei streng
darauf geachtet wird, dass der Transaktions-Log-Eintrag erst geschrieben wird, nachdem alle
Wert- und Wörterbuch-Log-Einträge erfolgreich geschrieben worden sind.

Nach dem Import der Wert-Log-Datei wird ein zweiter Lauf mit den importierten Tupeln
durchgeführt, da beim Wörterbuch-codierten Logging bei Update-Abfragen nur die geänderten Werte eines Tuples protokolliert werden. Folglich müssen die importierten Tupel auf
leere Attribute überprüft und bei Bedarf vervollständigt werden. Der zweite Lauf ist demzufolge eine Iteration über die vorigen Versionen des Tupels beginnend mit dem zweit-aktuells-
ten Eintrag, bis für alle Attribute des Tupels die gültigen Werte festgestellt wurden.

29.3 Selbsttest-Fragen

1. Wiederherstellung
Was wird als Wiederherstellung bezeichnet?

(a) Es ist der Prozess der Aufzeichnung aller Daten während der Laufzeit des Systems.

(b) Es ist der Prozess der Wiederherstellung des Systems auf den letzten konsistenten
Zustand vor dem Absturz.

(c) Es ist der Prozess der Verbesserung des physischen Layouts von Datenbanktabellen,
um Abfragen zu beschleunigen.

(d) Es ist der Prozess der Bereinigung des Hauptspeichers, der freien Raum „wiederherstellt".

2. Server-Ausfall

Was passiert im Fall eines Server-Ausfalls?

(a) Wenn möglich muss das System neu gestartet und wiederhergestellt werden, während ein anderer Server den Workload übernimmt.

(b) Die Stromversorgung wird auf Notstromversorgung umgeschaltet, sodass die Daten im Hauptspeicher des Servers nicht verlorengehen.

(c) Der Ausfall eines Servers hat keinerlei Auswirkungen auf den Workload.

(d) Alle Daten werden im letzten Moment, bevor der Server sich abschaltet, auf persistentem Speicher gesichert.

Literaturhinweis

[WBR+12] J. Wust, J.-H. Boese, F. Renkes, S. Blessing, J. Krueger, H. Plattner. Efficient logging for enterprise workloads on column-oriented in-memory databases, in CIKM 2012 (ACM, 2012)

Kapitel 30
On-the-Fly-Datenbankreorganisation

Bei typischen Unternehmensanwendungen müssen von Zeit zu Zeit die Datenbank-Schemata und die Daten-Layouts geändert werden. Die wichtigsten Gründe für solche Veränderungen sind Software-Upgrades und -Anpassungen oder Änderungen des Workloads. Daher muss eine Datenbankreorganisation, wie das Hinzufügen eines Attributs zu einer Tabelle oder das Ändern von Attributeigenschaften, möglich sein.

In zeilenorientierten Datenbanken ist eine Datenbankreorganisation typischerweise sowohl zeitaufwendig als auch kostenintensiv. Aus diesem Grund erlauben die meisten zeilenorientierten Datenbankmanagementsysteme in der Regel keine Datendefinitions-Operationen, während die Datenbank online ist [AGJ +08]. Folglich müssen Ausfallzeiten des Datenbankservers geplant werden. Im Gegensatz dazu können Änderungen innerhalb eines Column Stores wie SanssouciDB dynamisch und ohne Ausfallzeiten durchgeführt werden. Die folgenden Abschnitte beschreiben, wie Datenbankreorganisationen in Row Stores und in Column Stores funktionieren.

30.1 Reorganisation in einem Row Store

In Row Stores ist eine Datenbankreorganisation teuer. Wie bereits in Abschnitt 8.2 erwähnt, werden alle Attribute eines Tupels aufeinanderfolgend in demselben Speicherblock gespeichert, wobei jeder Block mehrere Zeilen enthält. Die linke Seite von Abb. 30.1 zeigt eine Tabelle, die eine eindeutige Kennung, den Vornamen und den Nachnamen der Einwohner mit enthält.

Wenn ein zusätzliches Attribut, zum Beispiel der Bundesstaat, hinzugefügt werden soll und im Block kein Platz zur Verfügung steht, erfordert das Hinzufügen eines neuen Attributes eine Reorganisation des Speichers für die gesamte Tabelle. Das gleiche Problem tritt auf, wenn der Speicherbedarf eines Attributs erhöht wird. Die rechte Seite von Abb. 30.1 zeigt den Speicher der Tabelle, nachdem das Attribut für den Bundesstaat *(state)* hinzugefügt wurde. Das neue Attribut wird an jede Zeile angefügt und alle folgenden Zeilen werden innerhalb des Blocks bewegt (bzw. falls erforderlich auch in die folgenden Blöcke).

Damit das Daten-Layout dynamisch geändert werden kann, nutzen Row Stores üblicherweise den Ansatz, ein logisches Schema zu erstellen, das auf dem physischen Daten-Layout aufbaut [AGJ +08].

Dieses Verfahren ermöglicht die Änderung des logischen Schemas ohne Veränderung der physischen Darstellung der Datenbank, aber es vermindert aufgrund der zusätzlichen Last durch den Zugriff auf die Metadaten und die Daten der logischen Tabellen auch die Leistung. Ein weiterer Ansatz ist Schemaversionierung für Datenbanksysteme [Rod95]. Diese fortgeschrittenen Ansätze sind allerdings kein Bestandteil dieses Lehrmaterials.

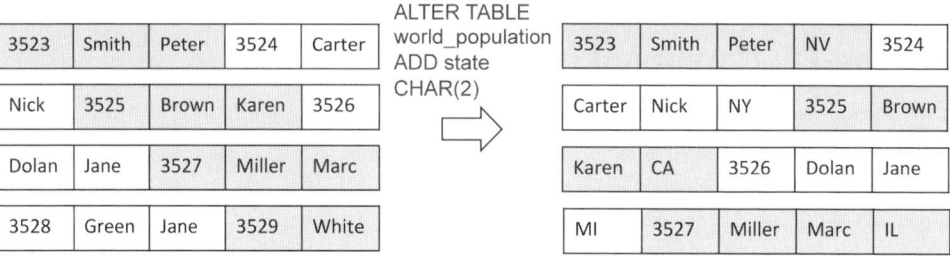

Abb. 30.1 Beispiel für das Daten-Layout im Arbeitsspeicher für einen Row Store

30.2 On-the-Fly-Reorganisation in einem Column Store

In spaltenorientierten Datenbanken wird jede Spalte unabhängig von den anderen Spalten in einem separaten Block gespeichert (siehe Beispiel in Abb. 30.2). Neue Attribute werden in einem neuen Speicherbereich erstellt und können somit ohne physische Reorganisations-Aufwand hinzugefügt werden. Das Sperren der Datenbank, um Änderung am Daten-Layout vorzunehmen, ist nur für einen sehr kurzen Zeitraum notwendig, in dem ausschließlich die Metadaten der Tabelle angepasst werden.

Wie in Abschnitt 16.4 erwähnt, werden in SanssouciDB keine neuen Spalten materialisiert, bevor der erste Wert hinzugefügt wurde. Solange die Spalte noch keine Werte enthält, wird folglich noch kein Wörterbuch und Attribut-Vektor erstellt. Das Hinzufügen einer Spalte hat keinerlei Auswirkungen auf bestehende Anwendungen, wenn sie ausschließlich die von ihnen benötigten Attribute aus der Datenbank anfordern und keine SELECT *-Anweisungen verwenden.

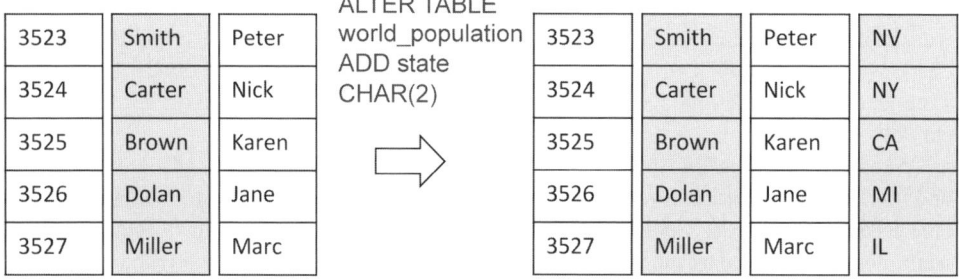

Abb. 30.2 Beispiel für das Daten-Layout im Arbeitsspeicher für einen Column Store

30.3 Exkurs: Multi-Tenancy erfordert Online-Reorganisation

Dieser Abschnitt zeigt einen typischen Anwendungsfall, bei dem eine Reorganisation im laufenden Betrieb (sog. Online-Reorganisation) eines Datenbanksystems erforderlich ist. In einem *Single-Tenant*-System hat jeder Kunde (engl. *tenant*) eine eigene Datenbank-Instanz auf einem physisch getrennten Server. In diesem Fall werden die Wartungskosten für den Service Provider vergleichsweise hoch sein. Außerdem nutzen Kunden ihr System nicht permanent mit vollständiger Auslastung.

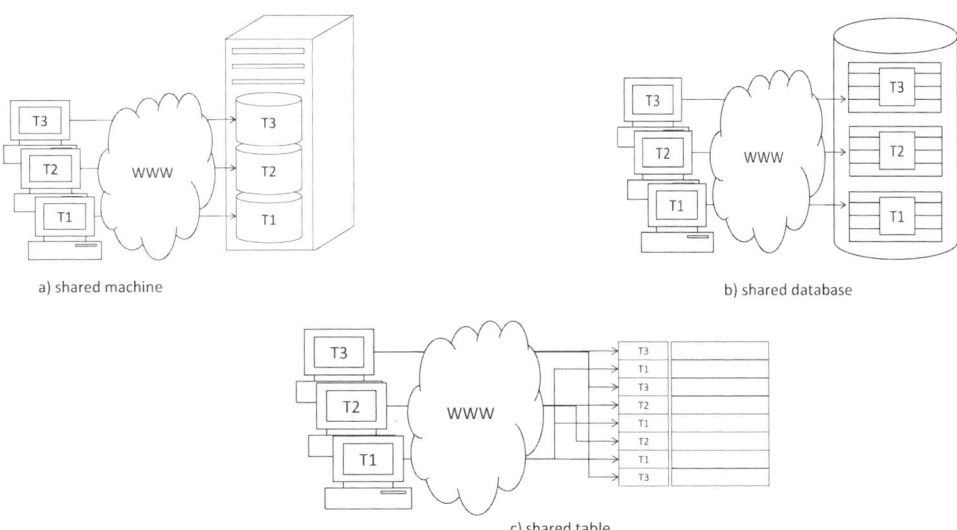

Abb. 30.3 Granularitäts-Ebenen von Multi-Tenancy

Im Gegensatz dazu teilen sich in *Multi-Tenant*-Systemen verschiedene Kunden dieselben Ressourcen auf derselben Maschine. Indem durch Multi-Tenancy (dt. Mandantenfähigkeit) ein Framework zur Administration des gesamten Systems zur Verfügung gestellt wird, können die Effizienz der Systemverwaltung [JA07] und die Nutzung des Systems verbessert werden [SJK+13]. Der Software-As-A-Service-Provider Salesforce.com[1] hat als Erster diese Technik in großem Maßstab eingesetzt.

Multi-Tenancy kann auf drei verschiedene Arten auf drei unterschiedlichen Granularitätsstufen implementiert werden: Shared Machines, Shared-Database-Instance und Shared Tables.

In der *Shared Machine*-Implementierung (siehe Abb. 30.3a) hat jeder Kunde seinen eigenen Datenbank-Prozess. Diese Prozesse werden auf demselben Server ausgeführt. Die Vorteile dieses Ansatzes liegen in einer guten Isolation der Kunden voneinander und einfachen Migrationen der Kunden von einer Maschine zur anderen. Wesentliche Einschränkungen liegen darin, dass dieser Ansatz kein Memory Pooling[2] unterstützt und jede Datenbank ihren eigenen Connection Pool benötigt. Darüber hinaus können administrative Operationen nicht auf allen Datenbank-Instanzen gleichzeitig angewendet werden.

Bei der *Shared-Database Instance*-Implementierung (siehe Abb. 30.3b) hat jeder Kunde seine eigenen Tabellen, teilt die Datenbankinstanz aber mit anderen Kunden. In diesem Fall können die Connection Pools von den Kunden gemeinsam genutzt werden. Memory Pooling funktioniert im Vergleich zum vorherigen Ansatz besser. Auf der anderen Seite ist die Isolation zwischen Kunden reduziert. Dieser Ansatz verringert den administrativen Aufwand für die Pflege der Datenbank.

---

[1]   http://www.salesforce.com
[2]   Memory Pooling erlaubt den teilnehmenden Instanzen, identische Daten im Speicher zu teilen, sodass getrennte Kopien nicht länger benötigt werden

Beim *Shared-Table*-Ansatz (siehe Abb. 30.3c) teilen sich Tenants gemeinsame Daten-banktabellen. Jeder Kunde besitzt seine eigenen Zeilen, die durch ein zusätzliches Attribut markiert sind, z. B. *tenantID*. Mit diesem Ansatz funktioniert Ressourcenpooling am besten und die gemeinsame Nutzung von Connection Pools unter Kunden ist möglich. Administra-tive Operationen können für mehrere Kunden simultan durchgeführt werden, indem Abfra-gen über die Spalte ausgeführt werden, welche die *tenantID* enthält.

Multi-Tenant-Systeme, die den Shared-Table-Ansatz nutzen, sind eine typische Umge-bung, in der on-the-fly-Datenbankreorganisation notwendig ist. Diese Systeme zielen darauf ab, einzelne Tenants zu befähigen, benutzerdefinierte Änderungen in ihren Datenbanktabel-len vorzunehmen, ohne dabei andere Tenants zu beeinträchtigen, die dieselben Ressourcen nutzen. Bei Row Stores müsste die gesamte Datenbank oder Tabelle gesperrt werden, um Datendefinitions-Operationen zu verarbeiten. Bei einem Column Store ist die Tabelle nur für die Zeit gesperrt, die benötigt wird, um die Datendefinitions-Operation abzuschließen. Die Sperre ist nur auf die Metadaten der Tabelle beschränkt.

30.4 Aktive und passive Daten

Neben der ständigen Zunahme von Daten verlangen interne (z. B. Controlling) und externe (z. B. Steuerprüfungen) Anforderungen, dass die Daten für viele Jahre abrufbereit aufbewahrt werden sollen. Die Trennung der Daten in *passive* (engl. *cold data*) und *aktive* (engl. *hot data*) Daten ist ein Ansatz, um mit der deutlich gewachsenen, aber immer noch begrenzten Kapazität des Hauptspeichers effizient umgehen und dennoch alle Daten eines Unterneh-mens für Reporting-Anforderungen bereithalten zu können.

Business-Objekte in Unternehmensanwendungen haben einen Lebenszyklus. In Abb. 30.4 wird ein beispielhafter Lebenszyklus einer Verkaufschance (engl. *sales opportunity*) gezeigt. Der Lebenszyklus eines Business-Objekts kann in aktive und passive Zustände unterteilt

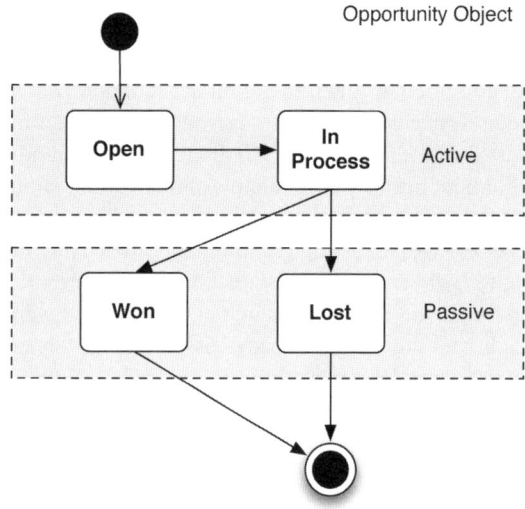

Abb. 30.4 Lebenszyklus eines Kundenauftrags

werden. Die Abfolge der Ereignisse, die ein Business-Objekt durchlaufen hat, legt seinen Zustand fest. Ein Business-Objekt kann zu den passiven Daten verschoben werden, wenn es nicht mehr verändert wird. Auf passive Objekte wird seltener zugegriffen, da sie fast nur noch im Reporting benötigt werden. In unserem Beispiel wird die Verkaufschance passiv, wenn sie vom Vertriebsmitarbeiter in einen Kundenauftrag gewandelt wird oder wenn der Kunde das Angebot ablehnt.

Aktive und passive Daten können von der Datenbank unterschiedlich behandelt werden, da sich die Zugriffsmuster unterscheiden: die passiven Daten werden ausschließlich gelesen, während aktive Daten sowohl gelesen als auch verändert werden können. Weiterhin können unterschiedliche Datenpartitionierungen, andere Speichermedien (DRAM für aktive Daten, SSD für passive Daten) und unterschiedliche Materialisierungsstrategien verwendet werden.

30.5 Selbsttest-Fragen

1. Trennung von aktiven und passiven Daten
Wie sollte die Datentrennung in aktive und passive Daten vorgenommen werden?

(a) Zufällig, um eine effiziente Nutzung der Speicherbereiche sicherzustellen
(b) Round-Robin, um eine gleichmäßige Verteilung von Daten zwischen Speichern für aktive und passive Daten sicherzustellen
(c) Manuell, am Ende des Lebenszyklus´ eines Objekts
(d) Automatisch, in Abhängigkeit vom Status des Objekts in seinem Lebenszyklus

2. Datenreorganisation in Row Stores
Das Hinzufügen eines neuen Attributes innerhalb einer Tabelle, die in zeilenorientiertem Format gespeichert ist ...

(a) ist nicht möglich.
(b) ist eine teure Operation, weil die gesamte Tabelle neu aufgebaut werden muss, um in jeder Zeile Platz für das zusätzliche Attribut zu schaffen.
(c) ist on-the-fly möglich, ohne Einschränkungen auf nebenläufig ausgeführte Abfragen, welche die Tabelle nutzen.
(d) ist sehr günstig, da nur Metadaten angepasst werden müssen.

3. Passive Daten
Was sind passive Daten?

(a) Daten, die nicht länger verändert werden und auf die weniger häufig zugegriffen wird
(b) Der Rest der Daten in der Datenbank, der nicht zu dem Ergebnis der aktuellen Abfrage gehört
(c) Daten, die in der Mehrzahl der Abfragen verwendet werden
(d) Daten, auf die noch häufig zugegriffen wird und von denen noch Updates erwartet werden

4. Datenreorganisation

Das Hinzufügen eines Attributs in den Column Store ...

(a) verlangsamt die Antwortzeit von Anwendungen, die nur die Attribute anfordern, die sie von der Datenbank benötigen.

(b) beschleunigt die Antwortzeit von Anwendungen, die immer alle durch die Datenbank ermöglichten Attribute von dieser anfordern.

(c) hat keine Auswirkungen auf bestehende Anwendungen, wenn diese nur die Attribute verlangen, die sie von der Datenbank benötigen.

(d) hat keine Auswirkungen auf Anwendungen, die immer alle möglichen Attribute von der Tabelle anfordern.

5. Single-Tenancy

In einem Single-Tenant-System ...

(a) werden alle Kunden auf einen Single-Shared-Server gelegt, und sie teilen sich auch eine einzelne Datenbankinstanz.

(b) hat jeder Kunde seine eigene Datenbankinstanz auf einem Shared Server.

(c) ist der Energieverbrauch pro Kunde am besten und es sollte daher bevorzugt werden.

(d) hat jeder Kunde seine eigene Datenbankinstanz auf einem physisch von den anderen getrennten Server.

6. Shared Machine

Bei der Shared-Machine-Implementierung von Multi-Tenancy ...

(a) hat jeder Kunde eine eigene, exklusive Maschine, aber alle Kunden teilen sich ihre Ressourcen (CPU, RAM) und ihre Daten über ein Netzwerk.

(b) teilen sich alle Kunden einen Server, besitzen aber eigene Datenbank-Prozesse.

(c) hat jeder Kunde eine eigene, exklusive Maschine, aber alle Kunden teilen sich ihre Ressourcen (CPU, RAM), nicht jedoch ihre Daten über ein Netzwerk.

(d) teilen sich alle Kunden dieselbe physische Maschine, aber die CPU-Kerne werden ausschließlich den jeweiligen Kunden zugewiesen.

7. Shared-Database-Instance

Bei der Shared-Database-Instance-Implementierung von Multi-Tenancy ...

(a) wird das Risiko von Ausfällen minimiert, da mehr technisches Personal (von verschiedenen Kunden) einen Einblick in die gemeinsame Datenbank hat.

(b) teilen sich alle Kunden einen Server und einen Haupt-Datenbankprozess sowie die Tabellen.

(c) hat jeder Kunde seinen eigenen Server, aber die Kunden teilen sich die Datenbankinstanz über ein InfiniBand-Netzwerk.

(d) teilen sich alle Kunden einen Server und einen Haupt-Datenbankprozess, die Tabellen sind kundenexklusiv, Zugriffskontrolle wird innerhalb der Datenbank verwaltet.

Literaturhinweise

[AGJ+08] S. Aulbach, T. Grust, D. Jacobs, A. Kemper, J. Rittinger, Multi-tenant databases for software as a service: schema-mapping techniques, in Proceedings of the 2008 ACM SIGMOD International Conference on Management of Data, SIGMOD '08 (ACM, New York, NY, USA, 2008), S. 1195–1206

[JA07] D. Jacobs, S. Aulbach, Ruminations on multi-tenant databases, in BTW, LNI, ed. by A. Kemper, H. Schöning, T. Rose, M. Jarke, T. Seidl, C. Quix, C. Brochhaus, vol. 103 (GI, 2007), S. 514–521

[Rod95] J.F. Roddick, A survey of schema versioning issues for database systems. Inf. Softw. Technol. 37, 383–393 (1995)

[SJK+13] J. Schaffner, T. Januschowski, M. Kercher, T. Kraska, H. Plattner, M. Franklin, D. Jacobs: RTP: Robust Tenant Placement for Elastic In-Memory Database Clusters, ACM SIGMOD Conference, 2013

Teil V: Grundlagen für die Entwicklung neuer Enterprise Anwendungen

Kapitel 31
Auswirkungen auf die Anwendungsentwicklung

In den vorangegangenen Kapiteln haben wir die Ideen, die hinter unserer neuen Datenbank-Architektur und ihren technischen Details stehen, vorgestellt. Darüber hinaus haben wir gezeigt, dass Hauptspeicherdatenbanken erheblich zur Verbesserung der Performance bestehender Datenbank-Anwendungen beitragen können.

In diesem Kapitel beschreiben wir, wie bestehende Anwendungen neu gestaltet werden und wie neue Anwendungen konzipiert sein sollten, um den vollen Nutzen aus der neuen Datenbank-Technologie zu ziehen. Unsere Forschung und die von uns realisierten Prototypen zeigen, dass die In-Memory-Technologie das Design und die Entwicklung von Unternehmensanwendungen in großem Maß beeinflusst. Verantwortlich für diese Veränderungen ist hauptsächlich die drastisch reduzierte Antwortzeit von Datenbankabfragen. Außerdem können jetzt komplexe analytische Abfragen direkt auf den transaktionalen Daten in weniger als einer Sekunde ausgeführt werden. Mit dieser Leistungssteigerung sind wir in der Lage, neue Anwendungen zu entwickeln und derzeit bestehende Anwendungen in einer Art und Weise zu verbessern, die zuvor nicht möglich war. Moderne Anwendungen können vor allem von der Performance der Datenbank profitieren, wenn es um höhere Granularität und Aktualität der verarbeiteten Daten geht.

Der wichtigste Ansatz, um diese Performance zu erreichen, liegt darin, die Anwendungslogik näher an den Daten zu platzieren. Während traditionelle Ansätze versuchen, die komplexe Logik im Anwendungsserver zu kapseln, wird es mit dem Aufkommen von spaltenorientierten Hauptspeicherdatenbanken extrem wichtig, die datenintensive Logik so nah wie möglich an die Datenbank heran zu verlegen. Ein zusätzlicher Vorteil liegt darin, dass die Datenmenge, die zwischen dem Applikationsserver und dem Datenbanksystem übertragen werden muss, erheblich reduziert werden kann, wenn die meisten der datenintensiven Operationen direkt im Datenbank-System ausgeführt werden können.

31.1 Optimierung der Anwendungsentwicklung für In-Memory-Datenbanken

Eine typische Unternehmensanwendung besteht, wie in Abbildung 31.1 dargestellt, aus drei Architektur-Schichten (engl. *three-tier architecture*).

Diese drei logischen Ebenen werden in der Regel auf drei voneinander unabhängige physische Systeme verteilt, was zur dargestellten Drei-Schichten-Architektur führt.

Um für ein allgemeines Verständnis der Begriffe Ebene und Schicht zu sorgen, wollen wir die Begriffe kurz erklären. Eine Ebene (engl. *layer*) bezeichnet die logische Strukturierung des Programmcodes und dessen Verantwortung, sie gibt aber nicht an, wie sich die Verteilung

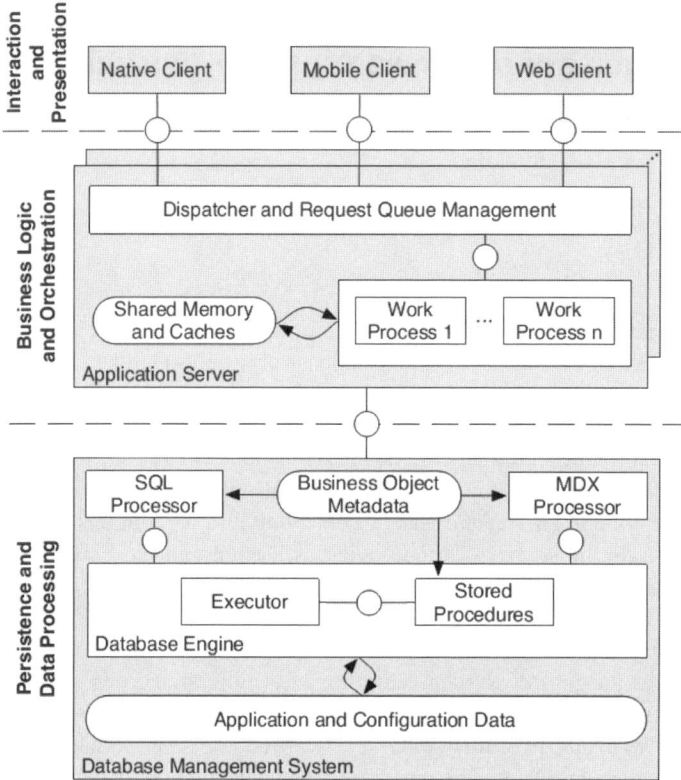

Abb. 31.1 Drei-Schichten-Architektur für Unternehmensanwendungen

der Logik auf die Hardware gestaltet. Das Wort Schicht (engl. *tier*) beschreibt die physische Architektur eines Systems. Eine Schicht bietet Informationen über den Hardware-Aufbau, der verwendet wird, um den Programmcode auszuführen. Während die Begriffe *layer* und *tier* im Englischen zumindest teilweise korrekt abgegrenzt werden, wird im Deutschen zumeist allgemein von Schichten gesprochen, sodass wir im folgenden nur noch den Begriff Schicht gebrauchen, um die gängigen deutschen Bezeichnungen verwenden zu können.

Die *Interaktions- und Präsentationsschicht* ist für die Bereitstellung einer Benutzeroberfläche verantwortlich. Darüber hinaus nimmt die Präsentationsschicht Benutzerabfragen entgegen und leitet diese an die tieferliegenden Schichten weiter. Die Gesamtheit der Benutzeroberfläche kann aus vielen verschiedenen unabhängigen Bestandteilen für unterschiedliche Geräte oder Plattformen bestehen.

Die *Business-Logik- und Orchestrierungsschicht*, oft auch als *Anwendungsschicht* bezeichnet, wirkt als Mittler zwischen der Präsentations- und der Persistenzschicht. Sie verarbeitet Benutzeranfragen aus der Präsentationsschicht. Dies kann entweder die direkte Ausführung von Daten-Operationen (unter Nutzung des Anwendungscaches) oder die Delegation der Aufrufe an die Persistenzschicht bedeuten. Bei klassischen Unternehmensanwendungen wird die gesamte Datenaufbereitung sowie ein Großteil der Business-Logik in dieser Schicht vorgenommen.

Die *Datenpersistenz und -verarbeitungsschicht* bietet Schnittstellen zur Datenabfrage mit Hilfe deklarativer Abfragesprachen wie SQL oder Multidimensional Expressions (MDX) und bereitet Daten für die weitere Verarbeitung in den oberen Schichten vor.

31.1.1 Verlegen der Geschäftslogik in die Datenbank

Wie bereits erwähnt, wird in herkömmlichen Architekturen die Business-Logik hauptsächlich in der Anwendungsschicht angesiedelt, um eine einfachere Skalierung der gesamten Anwendung zu ermöglichen und die Datenbank zu entlasten. Durch die massiv gestiegene Verarbeitungskapazität der Datenbank wird es uns ermöglicht, bestimmte Teile der Berechnungen wieder in der Datenbank auszuführen. Um die volle Leistung zu nutzen, müssen wir zunächst festellen, welche Teile der Business-Logik näher an die Persistenzschicht verlegt werden sollten. Das ultimative Ziel ist es, nur diejenige Funktionalität in der Orchestrierungsschicht zu belassen, welche nichts direkt mit der tatsächlichen Verarbeitung der Nutzeranfragen, also Berechnungen und Datenmanipulationen, zu tun haben. Diese reduzierte Schicht würde dann nur noch Benutzereingaben in SQL- und MDX-Abfragen oder in Aufrufe für Stored Procedures auf dem Datenbank-System übersetzen.

Um die Auswirkungen zu veranschaulichen, werden wir die Veränderungen und Effekte an einem Beispiel erklären, das eine analytische Operation direkt mit den transaktionalen Daten durchführt. Im Folgenden werden zwei verschiedene Implementierungen der gleichen Benutzeranfrage miteinander verglichen. Die Anfrage identifiziert alle fälligen Rechnungen pro Kunde und aggregiert ihre Beträge (dies wird in der Regel als Mahnlauf bezeichnet). Der Mahnlauf ist eine der wichtigsten Anwendungen für Unternehmen aus der Konsumgüterbranche. Es ist in der Regel ein sehr zeitaufwendiger Prozess, weil große Mengen von transaktionalen Daten analysiert werden müssen.

Auflistung 31.1 zeigt eine Implementierung der Geschäftslogik direkt in der Anwendungsschicht. Die Implementierung hängt von den gegebenen Objektstrukturen ab und codiert die Algorithmen entsprechend der eingesetzten Programmiersprache.

Bei diesem Ansatz müssen sämtliche Kundendaten aus der Datenbank geladen werden. Für jeden Kunden wird eine Objektinstanz erstellt. Um das Objekt zu erstellen, müssen alle Attribute geladen werden, obwohl lediglich ein Attribut tatsächlich benötigt wird. Anschließend wird für jede Rechnung jedes Kunden ermittelt, ob sie als bezahlt oder als noch nicht bezahlt gilt. Für die bisher nicht bezahlten Rechnungen wird geprüft, ob das Fälligkeitsdatum, an dem die Rechnung bezahlt sein muss, bereits verstrichen ist. Schließlich wird der gesamte ausstehende Betrag eines jeden Kunden aggregiert.

Für jede Iteration der inneren Schleife wird eine Abfrage in der Datenbank ausgeführt, um alle Attribute der betreffenden Rechnung zu erhalten.

```
for customer in allCustomers() do
  for invoice in customer.unpaidInvoices() do
    if invoice.dueDate < Date.today()
      dueInvoiceVolume[customer.id] +=
        invoice.totalAmount
    end
  end
end
```

Auflistung 31.1: Imperative Implementierung des Mahnlaufs in Pseudocode

Der zweite Ansatz (siehe Auflistung 31.2) verwendet eine einzelne SQL-Abfrage, um dieselben Ergebnisdaten zu erhalten. Alle Berechnungen, Filter-Operationen und Aggregationen werden dabei nah an den Daten ausgeführt. Dadurch können die effizienten und teils parallelisierten Implementierungen der Operatoren, die in den vorherigen Kapiteln vorgestellt wurden, verwendet werden. Ein weiterer Vorteil liegt darin, dass nur die benötigten Ergebnisse an die Anwendungsschicht zurückgegeben werden und sich der Netzwerkverkehr infolgedessen stark reduziert.

```
SELECT invoices.customerId,
    SUM(invoices.totalAmount) AS dueInvoiceVolume
FROM invoices
WHERE invoices.isPaid IS FALSE AND
    invoices.dueDate < CURDATE()
GROUP BY invoices.customerId
```

Auflistung 31.2: Deklarative Implementierung des Mahnlaufs in SQL

Bei kleinen Datenmengen sind die Leistungsunterschiede kaum spürbar. Wenn sich das System allerdings in einer Produktivumgebung befindet und mit realistischen Datenmengen gefüllt wird, führt der imperative Ansatz zu deutlich längeren Antwortzeiten. Dementsprechend ist es sehr wichtig, die Leistung verschiedener Algorithmen mit realistischen Kundendaten zu testen, die tatsächliche Größenordnungen und Werteverteilungen repräsentieren.

Die Beschreibung der Anwendungslogik in SQL ist oft von großem Vorteil, weil teure Berechnungen dann innerhalb der Datenbank durchgeführt werden können. Auf diese Weise können Berechnungen sowie Vergleiche direkt mit den komprimierten Daten arbeiten. Erst im letzten Schritt, wenn die Ergebnisse zurückgegeben werden, werden die komprimierten Werte in die ursprünglichen Werte umgewandelt, um sie in lesbarer Form zu präsentieren.

31.1.2 Stored Procedures

Eine weitere Möglichkeit, die Anwendungslogik in die Datenbank zu verschieben, sind sogenannte *Stored Procedures* (dt. *gespeicherte Prozeduren*), die es erlauben, datenintensive Anwendungslogik wiederzuverwenden. Die wichtigsten Vorteile durch die Verwendung von Stored Procedures liegen in der:

- Zentralisierung der Geschäftslogik und deren Wiederverwendung.
- Reduzierung des Anwendungs-Codes und Vereinfachung des Change Managements.
- Verringerung des Netzwerkverkehrs.
- Nutzung von Precompilern für Abfragen. Dies erhöht die Leistung bei wiederholter Ausführung.

Gespeicherte Prozeduren sind in der Regel in einer speziellen gemischten imperativ-deklarativen Programmiersprache (siehe Auflistung 31.3) geschrieben. Solche Programmiersprachen (wie z.B. SQL Script) unterstützen deklarative Datenbankabfragen (wie SQL) und zusätzlich imperative Kontrollsequenzen (Schleifen, Bedingungen) und Konzepte (z. B. Variablen, Parameter). Wenn eine gespeicherte Prozedur einmal definiert worden ist, kann sie von mehreren Anwendungen verwendet werden. Die Anwendbarkeit über verschiedene Anwendungen hinweg wird in der Regel über zusätzliche Aufrufparameter realisiert. Unser Beispiel enthält keine solchen Parameter. Doch wir könnten es so verändern, dass wir ein Land an die Prozedur übergeben, das als Selektionskriterium genutzt wird und nur säumige Kunden aus diesem Land zurückgeliefert würden.

```
// Definition
CREATE PROCEDURE dueInvoiceVolumePerCustomer()
BEGIN
  SELECT invoices.customerId,
    SUM(invoices.totalAmount) AS dueInvoiceVolume
  FROM invoices
  WHERE invoices.isPaid IS FALSE AND
    invoices.dueDate < CURDATE()
  GROUP BY invoices.customerId;
END;

// Invocation
CALL dueInvoiceVolumePerCustomer();
```

Auflistung 31.3: Anlegen und Aufrufen einer Stored Procedure

31.1.3 Beispielanwendung

Das zuvor beschriebene Beispiel des Mahnlaufs fanden wir bei der Analyse verschiedener Programme im Bereich des Finanzwesens. Wir konnten an einer real existierenden Software einen beachtlichen Leistungsanstieg im Vergleich zur bestehenden, traditionellen Implementierung erreichen.

Die bestehende Implementierung arbeitete wie folgt: Zuerst wurden alle zu mahnenden Konten ausgewählt und diese Liste auf den Anwendungsserver übertragen. Nun wurden für jedes Konto alle offenen Posten ausgewählt und für jede Rechnung das Fälligkeitsdatum berechnet. Dann wurde für alle Rechnungen, die angemahnt werden sollten, eine zusätzliche Konfigurationslogik geladen und die materialisierte Ergebnismenge wurde in eine dedizierte Mahntabelle geschrieben. Aus der Diskussion der vorangegangenen Abschnitte sehen wir, dass diese Implementierung eindeutig von Nachteil ist, da sie eine Menge von einzelnen SQL-Anweisungen ausführt und viele Zwischenergebnisse zwischen dem Datenbanksystem und dem Anwendungsserver überträgt. Darüber hinaus beinhaltet diese Implementierung eine „manuelle" Realisierung eines Joins, der Konten mit Rechnungen in Beziehung setzt.

Über mehrere Iterationen der Implementierung des Mahnlaufs hinweg konnten wir dessen Laufzeit von ursprünglich 1.200 s auf 1,5 s reduzieren.

Abbildung 31.2 zeigt eine Übersicht über die Laufzeiten der verschiedenen Implementierungen. Der wesentliche Unterschied zwischen den Versionen liegt darin, dass die schnellste Implementierung versucht, so viele Operationen wie möglich parallel auszuführen und Selektionen so früh wie möglich anzuwenden. Dadurch waren wir in der Lage, eine Beschleunigung um den Faktor 800 zu erreichen. Zusammengefasst lässt sich sagen: Bei unserer Neu-Implementierung des Mahnlaufs folgten wir den in diesem Kapitel vorgestellten Prinzipien.

Original Version needed about 20 minutes
→ Factor 800x acceleration achieved

#	Operation	HANA2 Version	Variant 2	Variant 3
1	Select Open Items	0.63s	1.01s (incl. T047 & KNB5 Join)	0.6s (incl. T047 & KNB5 Join)
2	Due date, dunning level	27s	deferred to aggregation	0.5s
3	Filter 1 (Verify Dunning levels)	≈ 19s	1.1s	0.5s
4	Filter 2 (Check Last Dunning)	≈ 15s	0.8s	0.4s
5	Generate MHNK (Aggregate)	done in #1	1.2s	done in #1
6	Generate MHND (Execute Filters)	done in #1	140ms	done in #1
	Total	**≈ 1 Minute**	**≈ 3.0s** (#3, #4 exec. in parallel)	**≈ 1.5s** (#3, #4 exec. in parallel)

Fig. 31.2 Vergleich verschiedener Implementierungen des Mahnlaufs

31.2 Best Practices

Im folgenden Abschnitt wird das Kapitel durch die wichtigsten Regeln zusammengefasst, die bei der Entwicklung von Unternehmensanwendungen auf Hauptspeicherdatenbanken beachtet werden sollten.

- *Der richtige Ort für die Datenverarbeitung*: Dies ist eine wichtige Entscheidung, welche die Entwickler während der Implementierung zu treffen haben. Je mehr Daten in einer Operation verarbeitet werden, desto näher sollte diese an der Persistenzschicht durchgeführt werden. Aggregationen sollten in der Datenbank durchgeführt werden, während Operationen auf einzelnen Tupeln Teil der Anwendungsschicht sein sollten.
- *Vermeiden Sie SELECT **: Nur die wirklich für die Anwendung erforderlichen Attribute sollten geladen werden. Entwickler neigen dazu, mehr Daten als tatsächlich notwendig zu laden, weil dadurch scheinbar eine einfachere Anpassung an unvorhergesehene Anwendungsfälle ermöglicht wird. Der Nachteil liegt darin, dass dies zu vermehrter Datenübertragung zwischen Datenbankserver und Anwendung führt, was erhebliche Leistungseinbußen verursacht. Darüber hinaus ist die Tupel-Rekonstruktion in einem spaltenorientierten Datenlayout komplexer als in einem zeilenorientierten Datenlayout, sodass unnötige Materialisierungen vermieden werden sollten (siehe Kapitel 13).
- *Verwenden Sie Echtdaten für die Anwendungsentwicklung*: Nur reale Daten können mögliche Engpässe der Anwendungsarchitektur aufdecken bzw. Konstellationen offenbaren, die sich negativ auf die Leistungsfähigkeit der Anwendung auswirken können. Ein weiterer Vorteil bei der Verwendung von Echtdaten liegt darin, dass das Feedback der Benutzer bereits während der Entwicklung viel hilfreicher und präziser ausfällt, wenn reale Daten verwendet werden.
- *Arbeiten Sie in interdisziplinären Teams*: Wir glauben, dass nur gemeinsame, interdisziplinäre Anstrengungen der User-Interface-Designer, Anwendungsentwickler, Datenbank-

Spezialisten und Fachexperten neue, innovative Anwendungen schaffen werden. Jeder der Beteiligten hat seine eigene Sicht auf die Dinge und ist in der Lage, einen Aspekt einer möglichen Lösung zu optimieren. Doch nur, wenn sie versuchen, Probleme gemeinsam zu lösen, werden sie von ihrem Wissen gegenseitig profitieren.

31.3 Selbsttest-Fragen

1. **Architektur einer Lösung für eine Bank**
   Gegenwärtige Finanzlösungen enthalten Basistabellen, Änderungshistorie, materialisierte Aggregate, Reporting Cubes, Indizes und materialisierte Views. Eine zukünftige Finanzlösung auf Basis der In-Memory-Technologie enthält ...

   (a) nur Basistabellen, Reporting Cubes und die Änderungshistorie.
   (b) nur Basistabellen, Algorithmen und einige Indizes.
   (c) nur Basistabellen, materialisierte Aggregate und materialisierte Views.
   (d) nur Indizes, Änderungshistorie und materialisierte Aggregate.

2. **Der Mahnlauf**
   Welches Kriterium gilt für den Versand von Mahnbriefen?

   (a) schlechter Börsenkurs des eigenen Unternehmens
   (b) negative Information über den Kunden von Bonitätsprüfagenturen
   (c) Der zuständige Sachbearbeiter muss seine Vorgaben an Mahnbriefen erreichen.
   (d) Die Zahlung eines Kundens ist überfällig.

3. **Hauptspeicherdatenbank für das Finanzwesen**
   Warum ist es von Vorteil, Hauptspeicherdatenbanken für Finanzsysteme zu verwenden?

   (a) Finanzsysteme laufen in der Regel auf Mainframes. Es wird kein Speedup benötigt. Alle lang andauernden Vorgänge werden als Batch-Jobs durchgeführt.
   (b) Vorgänge wie Mahnwesen können in viel kürzerer Zeit durchgeführt werden.
   (c) Aufgrund der hohen Zuverlässigkeit von Daten im Hauptspeicher ist weniger Wartung erforderlich und die Arbeitskosten könnten reduziert werden.
   (d) Die Verwendung einfacherer Algorithmen innerhalb der Anwendungen führt zu einer kürzeren Laufzeit und damit zu mehr Arbeit für den Endanwender. Die geschäftliche Effizienz wird verbessert.

4. **Sprachen für Stored Procedures**
   Sprachen für Stored Procedures sind ...

   (a) in erster Linie gestaltet, um für Menschen lesbar zu sein. Sie folgen der englischen Grammatik so gut wie möglich.
   (b) stark imperativ. Die Datenbank ist gezwungen, die Aufträge, die über die Prozedur ausgedrückt werden, genau zu erfüllen.
   (c) in der Regel eine Mischung aus deklarativen und imperativen Konzepten.
   (d) stark deklarativ. Sie beschreiben nur, wie die Ergebnismenge aussehen sollte. Alle Aggregationen und Join-Prädikate werden automatisch aus der Datenbank abgerufen, welche die Information dafür „gespeichert" hat.

Kapitel 32
Datenbank-Views

32.1 Vorteile von Views

Datenbank-Views sind Sichten auf die Daten einer Datenbank, die das Schreiben komplexer Abfragen durch die Verwendung virtueller Tabellen vereinfachen. Views definieren eine Transformationsregel, die auf die zugrundeliegenden Daten angewendet wird, wenn auf den View in einer Abfrage zugegriffen wird [PZ11]. Damit beschreiben Views eine strukturierte Teilmenge aller Daten, die in der Datenbank verfügbar sind.

Das Konzept von Datenbank-Views bringt zwei große Vorteile mit sich. Erstens können diese verwendet werden, um die Komplexität von Abfragen zu verringern. Mehrere Views können aufeinander aufbauen. Dadurch können komplexe Abfragen orchestriert werden und sind leicht zu pflegen.

Zweitens können Views Vorverarbeitungsschritte, die sich bei ETL-Prozessen ergeben, durch on-the-fly Transformationen ersetzen. Wenn zum Beispiel eine Datentransformation erforderlich ist, müssen bei ETL alle Daten vor dem Import transformiert werden. Mithilfe von Views wird die Transformation erst dann durchgeführt, wenn auf ein bestimmtes Datenelement zugegriffen wird. Dies ist insbesondere von Vorteil, wenn nur auf eine kleine Teilmenge aller importierten Daten zugegriffen wird.

Abbildung 32.1 zeigt die View *metropolises_population*, die nur Einwohner aus Städten mit mehr als einer Million Einwohnern zurückgibt. Mit Hilfe dieser View wird das Schreiben von Abfragen vereinfacht, welche die Einwohner der großen Städte selektieren. Zusätzlich verbessert sich die Lesbarkeit und Verständlichkeit der Abfrage.

Ein weiterer Vorteil von Datenbank-Views liegt darin, dass sie verwendet werden können, um virtuelle Daten-Schemata zu erstellen, die stabile Schnittstellen für die Anwendungsentwicklung darstellen. Zwei wichtige Aspekte bezüglich Software-Qualität, Software-Wartung und Wiederverwendbarkeit werden verbessert, indem der Anwendungscode vom eigentlichen Daten-Schema entkoppelt wird. Ein bekanntes Beispiel dafür sind Data Cubes (dt. *Datenwürfel*), wie sie in vielen Data Warehouses verwendet werden [GBLP96].

Anstatt die Daten als Cube-Schema redundant zu materialisieren, können virtuelle Cubes mit Hilfe von Datenbank-Views auf Anfrage erstellt werden. Im Gegensatz zu herkömmlichen Cubes arbeiten virtuelle Cubes direkt mit den Rohdaten, d. h. sie haben ohne Latenz immer Zugriff auf die aktuellsten Daten.

Infolgedessen wird die Integration von Drittanbieter-Software-Anwendungen, wie Business Intelligence Dashboards, Microsoft Excel oder Web-Anwendungen, vereinfacht. Der Speicherplatzbedarf wird durch die Beseitigung redundanter Daten reduziert und die Daten der virtuellen Cubes entsprechen immer dem aktuellen Stand der transaktionalen Systeme.

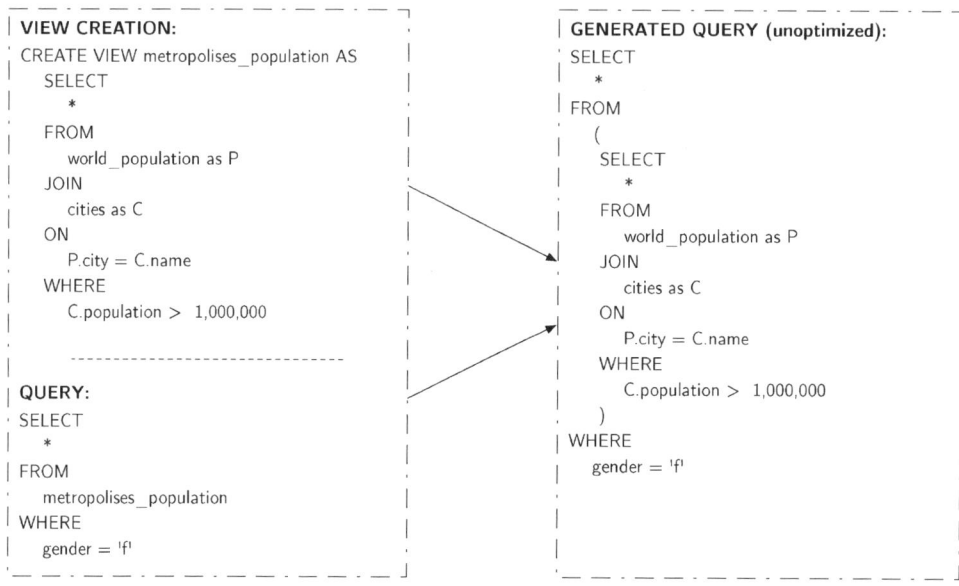

Abb. 32.1 Verwendung von Views, um Join-Abfragen zu vereinfachen

32.2 Konzept geschichteter Views

Abbildung 32.2 zeigt das Konzept *geschichteter Views*. Dieses Konzept beschreibt den Aufbau von Views in Schichten. Hierbei können die Datenquellen für eine View entweder Tabellen oder wieder andere Views sein. Views können gleichermaßen auf spaltenorientierten wie auf zeilenorientierten Datenbanktabellen aufbauen. Das Konzept geschichteter Views ermöglicht die Integration externer Datenquellen, wie z. B. weiterer Datenbanken, um sie zu einer einzigen virtuellen Tabelle zu verbinden. Somit vereinfachen die Konzepte der geschichteten Views die Entwicklung von Abfragen und die Kombination von Daten.

32.3 Entwicklungswerkzeuge für Views

Für die Erzeugung von Views können grafische Werkzeuge eingesetzt werden. Diese Werkzeuge sind in der Lage, komplexe Join-Views zu erzeugen, indem eine Datenbank-Tabelle interaktiv auf eine andere gezogen wird, wobei Join-Attribute automatisch ermittelt werden können. Darüber hinaus stellen die Entwicklungswerkzeuge für Views eine Performance-Analysen, z. B. von Joins, zur Verfügung und weisen auf mögliche Verbesserungen durch eine Neuanordnung der Daten oder Joins hin.

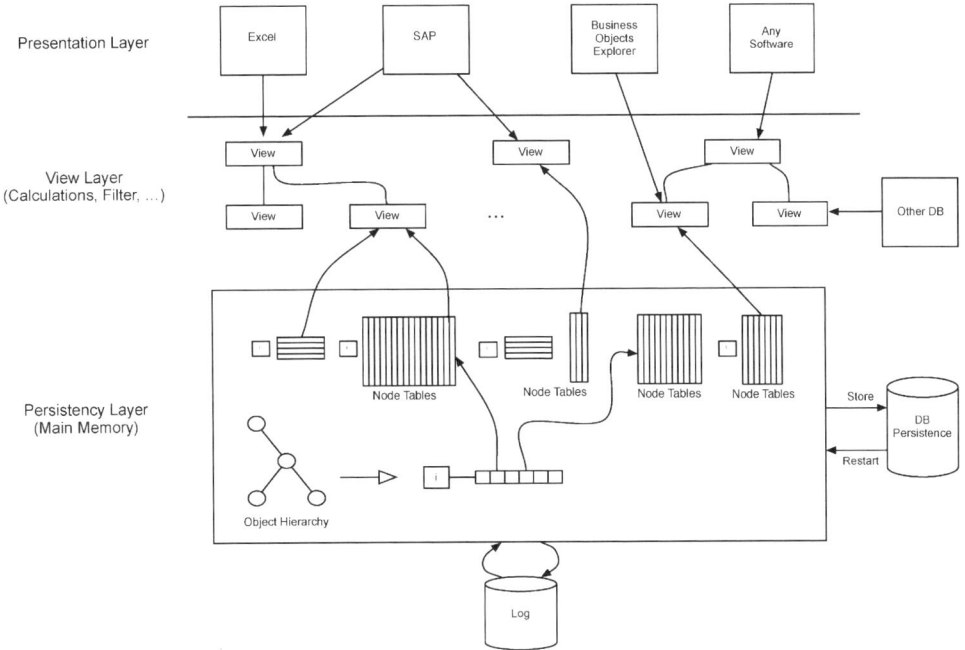

Abb. 32.2 Das Konzept geschichteter Views

32.4 Selbsttest-Fragen

1. Platzierung von Views

Wo sollte eine logische View erstellt werden, um die beste Performance zu erhalten?

(a) in der Grafikkarte
(b) in einem dritten System
(c) in der Nähe der Daten in der Datenbank
(d) in der Nähe der Benutzerschnittstelle in der analytischen Anwendung

2. Views und Software-Qualität

Welche Aspekte in Bezug auf Software-Qualität werden durch die Einführung von Datenbank-Views verbessert?

(a) Zugänglichkeit und Verfügbarkeit
(b) rechtliche Verwertbarkeit und Sicherheit
(c) Zuverlässigkeit und Benutzerfreundlichkeit
(d) Wiederverwendbarkeit und Wartbarkeit

Literaturhinweise

[GBLP96] J. Gray, A. Bosworth, A. Layman, H. Pirahesh, Data cube: a relational aggregation operator generalizing group-by, cross-tab, and sub-total, in ICDE, ed. by S.Y.W. Su (IEEE Computer Society, 1996), S. 152–159

[PZ11] H. Plattner, A. Zeier, In-Memory Data Management (Springer, Heidelberg, 2011)

Kapitel 33
Umgang mit Business-Objekten

Unternehmensanwendungen werden in der Regel objektorientiert entwickelt. Objekte der realen Welt (z. B. Produktionsanlagen oder Warehouses) sowie Artefakte (z. B. Kundenaufträge) werden als sogenannte Business-Objekte abgebildet. Ein Business-Objekt ist eine Entität, die in der Lage ist, Informationen und ihren Zustand zu speichern. Es hat üblicherweise eine baumähnliche Struktur mit Blättern, welche Informationen über das Objekt oder Verbindungen zu anderen Business-Objekten enthalten.

Als ein Beispiel zeigt die linke Seite von Abb. 33.1 ein Business-Objekt, das einen Kundenauftrag (*sales order*) repräsentiert. Es beinhaltet unter anderem ein *Header*-Blatt mit allgemeinen Informationen wie der Bestellnummer, dem Bestelldatum und dem Geschäftspartner. Wie in Kapitel 3 beschrieben, wird in Produktivsystemen in der Regel nur eine geringe Anzahl der bereitgestellten Attribute tatsächlich verwendet.

In unserem konkreten Fall wird das Blatt, in dem potentiell die *Lieferbedingungen (delivery terms)* gespeichert sind, nicht verwendet – dies kann zum Beispiel darin begründet sein, dass die Lieferbedingungen noch nicht in das System eingegeben wurden. Ein anderer Grund für fehlende Lieferbedingungen kann darin liegen, dass das betreffende Unternehmen, diese Informationen in seiner Unternehmensanwendung schlicht nicht pflegt. Jeder Kundenauftrag besteht aus einer Anzahl von *Rechnungsposten (items)*, und diese haben jeweils zugehörige *Einteilungen (schedule line)* mit weiteren Informationen über das Lieferdatum und die zu liefernde Menge.

33.1 Abbilden von Business-Objekten

Die Herausforderung besteht darin, das Business-Objekt in einem relationalen Datenbank-Modell so abzuspeichern, dass es weiterhin effizient abgefragt werden kann. Nehmen wir an, dass die Datenbank in der Kundenauftragstabelle (*Sales Order*) lediglich die allgemeinen Kundenauftragsdaten speichert. Für jedes Blatt des Business-Objekts existiert eine zusätzliche Tabelle, welche jeweils über das Attribut „ROOT_ID" mit der Kundenauftragstabelle verknüpft ist. Wenn die Kundenaufträge extrahiert werden, gibt es keine Möglichkeit, herauszufinden, welche Blätter wirklich verwendet werden müssen. Daher muss für jedes Blatt eine SELECT-Anweisung ausgeführt werden. Wenn der Kundenauftrag aus 50 Blättern besteht, von denen aber lediglich fünf verwendet werden, wird eine große Anzahl von unnötigen SELECT-Anweisungen ausgeführt. Um diese unnötigen SELECT-Anweisungen zu vermeiden, kann eine *Business-Object-Data Guide*-Struktur helfen, Informationen darüber zu speichern, welche Blätter eines Business-Objektes tatsächlich mit Daten gefüllt sind. In unserem Beispiel speichert das Root-Objekt eine Bitmaske, die Informationen darüber enthält, welche Blätter wirklich gefüllt sind. Im Beispiel aus Abb. 33.1 zeigt die 0 an der zweiten

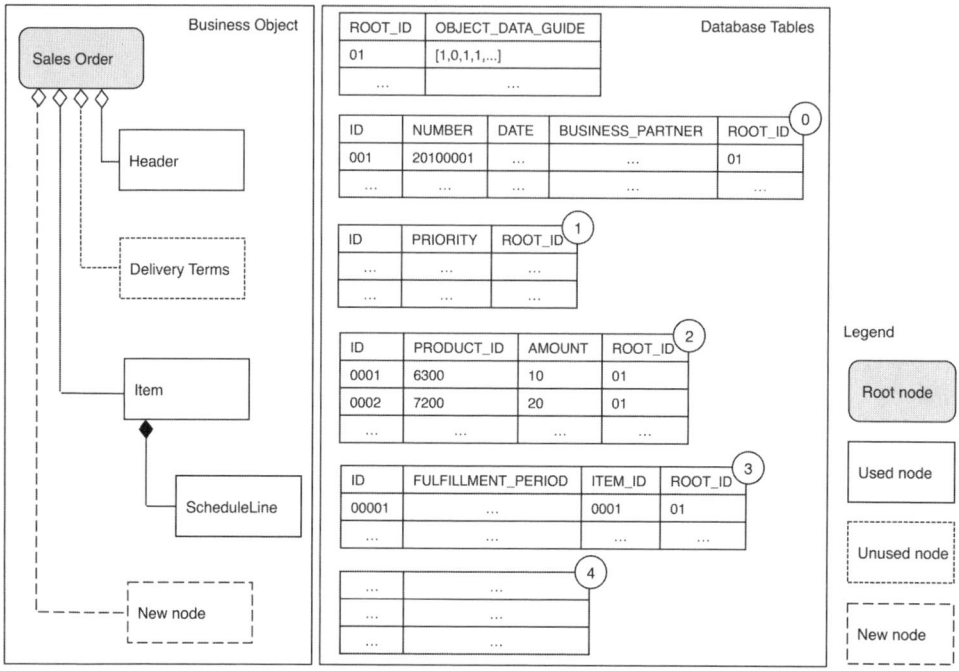

Fig. 33.1 Kundenauftrags-Business-Objekt mit Darstellung des Object-Data Guides

Position des *Object-Data Guides* [1,**0**,1,1...] an, dass das *Lieferbedingungs*-Blatt nicht mit Daten gefüllt ist und die SELECT-Anweisung für diese Tabelle daher nicht ausgeführt werden muss.

33.2 Objektrelationales Mapping

Ein weiteres Forschungsfeld ist in die Datenbank integriertes objektrelationales Mapping (ORM). Objektrelationales Mapping wird verwendet, um Objekte – die in den meisten High-Level-Programmiersprachen verwendet werden – auf ihre relationalen Entsprechungen abzubilden. ORM innerhalb einer Datenbank ist besonders für den Umgang mit Business-Objekten in spaltenorientierten Datenbanken interessant.

Ein Grund dafür liegt in der großen Anzahl von Anwendungen und Systemen, die mit den Geschäftsdaten interagieren. Im Gegensatz zu den meisten Web-Anwendungen sind Unternehmensanwendungen sehr vielfältig. Um über alle Applikationen hinweg die gleiche Sicht auf Business-Objekte zu ermöglichen, sollte ein sogenanntes Business-Objekt Repository verwendet werden. Ein solches Repository ist ein zentraler Ort für die Definitionen der Business-Objekte innerhalb der Datenbank. Die Definitionen werden in regelmäßigen Abständen von Anwendungen und Systemen, die auf die Business-Objekte angewiesen sind, ausgelesen. Diese Art, Business-Objekte zu modifizieren oder neue Geschäftsprozesse zu integrieren (z. B. als Stored Procedures direkt auf der Datenbank-Seite implementiert), erfordert keine

Modifikation des ORM-Frameworks der Anwendungen und reduziert damit den Anpassungsaufwand.

Einen weiteren Vorteil, der sich aus der Bearbeitung von Business-Objekten innerhalb der Datenbank ergibt, stellt die Nähe zu den aktuellen Daten dar. Objektrelationale Mapper zielen darauf ab, die tatsächliche Ausführung von „SELECT *"-Abfragen, welche häufig in Anwendungen verwendet werden, zu reduzieren . Da „SELECT *" in Column Stores möglichst vermieden werden sollte, kann ein objektrelationales Mapping innerhalb der Datenbank solche Abfragen verhindern und für einen effizienten Umgang mit den Business-Objekten sorgen. Eine Möglichkeit, solche Abfragen zu verhindern, besteht darin, die Abfragen von regelmäßig genutzten Business-Objekten zu untersuchen und dann vorerst nur Attribute abzufragen, die häufig verwendet werden. Alle zusätzlichen Attribute, die unerwartet angefordert werden müssen, verursachen dann zusätzliche Abfragen. Die Einsparungen durch generell weniger Materialisierung wiegen jedoch in den meisten Fällen die seltenen Zusatzabfragen mehr als auf.

Die Verwendung von Business-Objekten auf der Datenbank-Seite erleichtert es zudem, Geschäftsprozesse mithilfe von Stored Procedures zu implementieren, wodurch sich der Code von Client-Anwendungen reduziert. Auf diese Weise können komplexe Geschäftsprozesse implementiert werden, bei denen Business-Objekte anstelle von relationalen Rohdaten verwendet werden.

33.3 Selbsttest-Fragen

1. **Business-Objekt-Mapping**
   Was ist Business-Objekt-Mapping?

   (a) die Zusammenstellung aller verwendeten Business-Objekte in einem Diagramm. Es ähnelt einer Sitemap auf Webseiten.
   (b) die Zuordnung von einem Business-Objekt zu einem Index bzw. die Speicherung des Objekts an der dem Index zugewiesenen Stelle im Speicher
   (c) die Zuordnung und Darstellung jedes Elements eines Business-Objektes in einer Tabelle
   (d) die Erstellung eines Hash-Wertes des Business-Objekts und das Speichern des Hash-Wertes anstelle des eigentlichen Objekts

2. **Verbindung zwischen Business-Objekt-Feldern und Spalten**
   Wir nehmen an, dass „überfällig" im Business-Objekt eines Unternehmenssystems durch vier Felder ausgedrückt wird. Wie viele Spalten werden genutzt, um diese Information zu speichern?

   (a) alle Spalten der Tabelle
   (b) zwei Spalten
   (c) vier Spalten
   (d) eine Spalte

Kapitel 34
Bypass-Lösung

Wie im Verlauf des Buches dargestellt, kann In-Memory Data Management zu erheblichen Vorteilen für die Datenverarbeitung von Unternehmen führen. Allerdings erfordert die Umstellung von Unternehmensanwendungen auf eine Hauptspeicherdatenbank radikale Veränderungen in der Datenorganisation und -verarbeitung. Dadurch werden umfangreiche Anpassungen über die gesamte Architektur der Unternehmensanwendungen hinweg notwendig. Mit Rücksicht auf die konservativen Upgrade-Richtlinien, die in vielen Unternehmen gelten, wird die Einführung der In-Memory-Technologie oft verzögert, weil solche radikalen Veränderungen nicht gut auf die evolutionären Modifikationsschemata geschäftskritischer Kundensysteme ausgerichtet sind. Folglich ist ein risikofreier Ansatz erforderlich, um Unternehmen die Nutzung der Vorteile von In-Memory-Technologie zu ermöglichen, ohne dass es zum Bruch mit ihrer bestehenden Unternehmenssoftware kommt.

Wir schlagen einen Übergangsprozess vor, der die Kunden von der In-Memory-Technologie profitieren lässt, ohne dass sie ihr laufendes System grundlegend verändern müssen. Schritt für Schritt hilft dieser Prozess, die traditionell getrennten operativen und analytischen Systeme nahtlos in ein Zielsystem zu überführen, was unserer Meinung nach die Zukunft für Unternehmensanwendungen darstellt: Eine einzige Hauptspeicherdatenbank für die Verarbeitung von sowohl transaktionalen als auch analytischen Workloads.

Im ersten Schritt der Übergangsphase läuft eine Hauptspeicherdatenbank parallel zur traditionellen Datenbank, und die Daten werden in beiden Systemen abgelegt. Anschließend können im nächsten Schritt neue Anwendungen entwickelt werden, die parallel zu den bestehenden betrieben werden und die transaktionalen Daten des ERP-Systems mit den Performancevorteilen der In-Memory-Datenbank nutzen. Im dritten Schritt kann ein neues Data-Warehouse (DW) eingeführt werden, das in der Lage ist, flexible ad-hoc-Abfragen zu beantworten ohne auf materialisierte Views zurückzugreifen, wobei alle notwendigen Informationen on-the-fly aus den transaktionalen Daten berechnet werden. Komplexe ETL-Prozesse werden damit in ihrer bisherigen Form nicht mehr benötigt. Schließlich kann die traditionelle, festplattenbasierte Datenbank des ERP-Systems durch eine spaltenorientierte Wörterbuch-codierte Hauptspeicherdatenbank ersetzt werden. Die Schritte dieses Übergangs werden im folgenden Abschnitt im Detail beschrieben.

34.1 Übergangsschritte im Detail

Zunächst beginnen wir mit der allgemein üblichen Architektur einer bestehenden Unternehmenslösung, wie sie in Abb. 34.1 dargestellt ist. Typischerweise besteht sie aus mehreren OLTP- und OLAP-Systemen, die jeweils auf separaten Datenbanken laufen. Das OLAP-System konsolidiert Daten aus mehreren OLTP-Systemen und externen Datenquellen. Ein

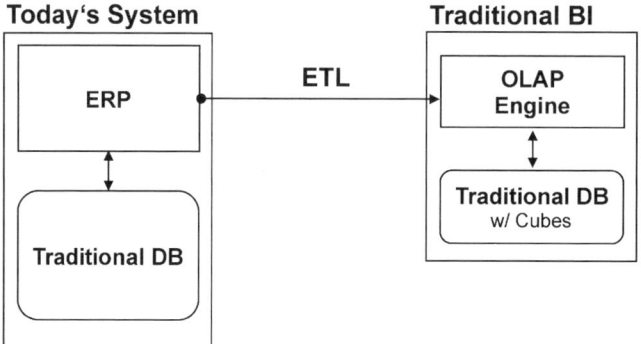

Abb. 34.1 Architektur im Ausgangszustand

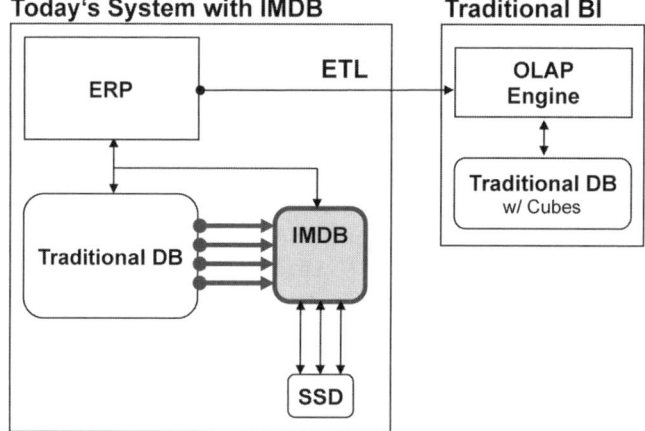

Abb. 34.2 Replikation der Daten für den Parallelbetrieb der IMDB

kostspieliger und zeitaufwendiger ETL-Prozess zwischen den OLTP- und OLAP-Systemen wird verwendet, um Daten für das OLAP-System vorab zu aggregieren. Aufbauend auf dieser Architektur wurde von uns der Plan für einen nahtlosen Übergang entwickelt, den wir als „Bypass-Lösung" bezeichnen.

Im ersten Schritt dieses Ansatzes (siehe Abb. 34.2) wird die In-Memory-Datenbank (IMDB) installiert und mit der traditionellen Datenbank verbunden. Der einzige Unterschied liegt in der spaltenorientierten Repräsentation der Daten. Ein initiales Laden in die IMDB erzeugt ein Abbild des bestehenden Systemzustands. Trotz der riesigen Datenmengen, die reproduziert werden müssen, haben erste Versuche mit massiv parallelem Laden (*bulk load*) von Kundendaten gezeigt, dass selbst in großen Konzernen diese einmalige Initialisierung in nur wenigen Stunden durchgeführt werden kann.

Nach dem initialen Laden werden die zwei Datenbanken parallel betrieben, wobei jedes Dokument und jede Veränderung an einem Business-Objekt in beiden Datenbanken gespeichert wird. Zu diesem Zweck werden etablierte Replikationstechniken verwendet. Indem wir

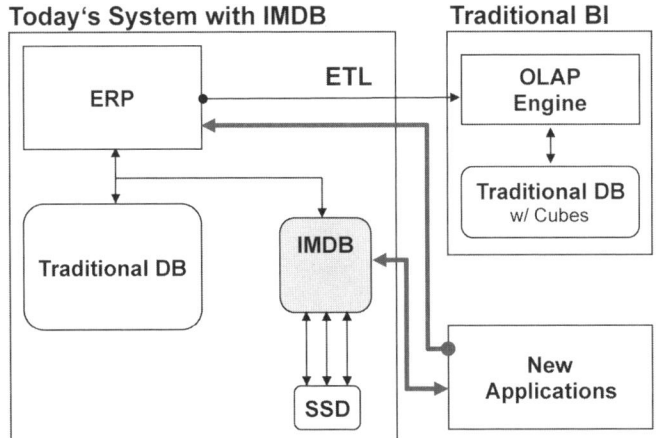

Abb. 34.3 Bereitstellen neuer Anwendungen

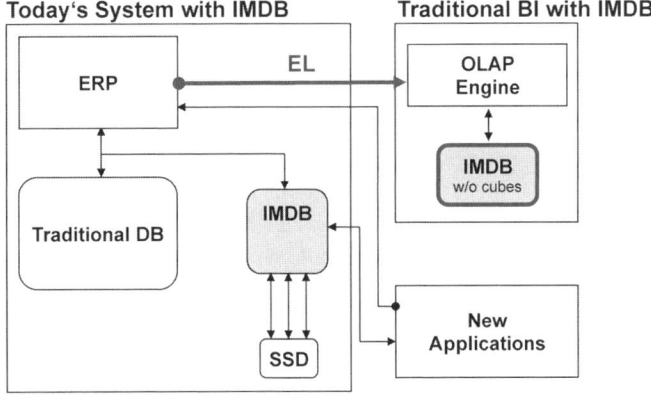

Abb. 34.4 Traditionelles Data-Warehouse auf Basis einer IMDB

die parallele Installation der IMDB nutzen, können wir die Vorteile für Performance und Speicherverbrauch dieser Architektur bei konkreten Geschäftsfällen abschätzen und zeigen, dass der Systemwechsel auf die neue Datenspeichertechnik sinnvoll ist.

In einem zweiten Schritt können neue Anwendungen entwickelt werden, welche die Potenziale der neuen Technologie ausnutzen (siehe Abb. 34.3). Diese Anwendungen lesen ausschließlich die in der Hauptspeicherdatenbank replizierten Daten. Wenn sie Daten schreiben wollen, verwenden sie entweder die bestehenden Schnittstellen des ERP-Systems oder, wenn sie zusätzliche Daten speichern wollen, ein separates Segment in der In-Memory-Datenbank. Von Anfang an sind auf diesem Weg Wertschöpfungen durch neue revolutionäre Anwendungen möglich.

In einem dritten Schritt, der parallel zu den vorhergehenden erfolgen kann, wird das Data-Warehouse-System auf die IMDB portiert (siehe Abb. 34.4). Dies trägt dazu bei, einen weiteren Leistungsgewinn im Vergleich zum festplattenbasierten OLAP-System zu erreichen.

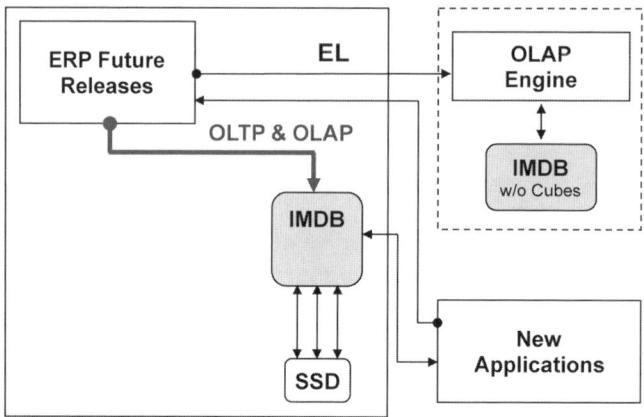

Abb. 34.5 Betrieb von OLTP und OLAP auf der IMDB

Der Unterschied zu einem traditionellen System liegt darin, dass alle materialisierten Data Cubes und Aggregate entfernt werden können. Stattdessen werden Aggregate on-the-fly berechnet, und alle datenintensiven Operationen werden auf Datenbankebene durchgeführt. Verglichen mit dem Speichern aller materialisierten Aggregate und Indizes verringert sich dabei die Menge des Speichers, der für das OLAP-System notwendig ist. Dieses Vorgehen führt sofort zu einigen Vorteilen. Die Data Cubes in einem traditionellen BI-System werden in der Regel nur wöchentlich oder sogar noch seltener aktualisiert. Allerdings verlangen Führungskräfte, Management und andere Entscheidungsträger oft den neusten Stand der Informationen. Indem die OLTP- und OLAP-Systeme auf derselben IMDB-Plattform betrieben werden, können diese Informationen in Echtzeit zur Verfügung gestellt werden. Ein weiterer Vorteil liegt darin, dass der ETL-Prozess radikal vereinfacht wird, da auf eine komplexe Berechnung der Aggregate verzichtet werden kann.

Der ETL-Prozess lässt sich teilweise durch den gleichen Replikationsmechanismus ersetzen, der zwischen der traditionellen ERP-Datenbank und der Parallel-Installation der In-Memory-Datenbank verwendet wird. Deshalb haben wir die Replikation in Abb. 34.4 einfach nur als EL bezeichnet, da jetzt keine Transformation mehr stattfindet, sondern nur noch Extraktion und Laden verbleiben. Darüber hinaus wird das auf dem Data-Warehouse aufsetzende Business-Intelligence-System (BI) flexibler, da auf komplexes Data Cube-Management und Wartung verzichtet werden kann, und sich die Komplexität dadurch reduziert.

In den meisten Fällen kann die Migration auf das hauptspeicherbasierte BI-System automatisch durchgeführt werden. Dieser Vorgang ist relativ einfach, weil bestehende materialisierte Views von nicht-materialisierten Views ersetzt werden. Analytische Abfragen können unter Verwendung von Code-Generatoren automatisch angepasst bzw. neu generiert werden.

In komplexen Migrationsszenarien können jedoch Faktoren, wie unterschiedliche SQL-Dialekte, Datenstrukturen oder Teile von Software, die auf zusätzliche Daten in proprietären Formaten angewiesen sind, ein Hindernis darstellen und manuelle Eingriffe erforderlich machen.

Der letzte Schritt der von uns vorgeschlagenen Lösung kann ausgeführt werden, wenn der Kunde genügend Erfahrung mit der parallelen In-Memory-Lösung gesammelt hat. In diesem Schritt wird die traditionelle OLTP-Datenbank abgeschaltet. Von diesem Zeitpunkt an arbeitet der Kunde nur noch mit dem konsolidierten In-Memory-Enterprise-System, das sowohl für transaktionale als auch für analytische Abfragen (siehe Abb. 34.5) verwendet wird.

Das Data-Warehouse-System könnte bei einem Setup mit nur einer Hauptspeicherdatenbank theoretisch vollständig in das transaktionale System integriert werden. In der Realität zeigt sich aber, dass viele OLTP-Systeme existieren, und externe Daten in das analytische System integriert werden müssen. Zu diesem Zweck wird das traditionelle Data-Warehouse-System als Daten-Plattform zur Konsolidierung von Daten aus diesen OLTP-Systemen und externen Quellen beibehalten.

Während sich das System entwickelt, sind zusätzlich neue Erweiterungen des Datenmodells möglich. Den im Column Store vorhandenen Tabellen können neue Tabellen und neue Attribute on-the-fly hinzugefügt werden. Dies beschleunigt die Release-Zyklen deutlich.

34.2 Bypass-Lösung: Fazit

Wie oben beschrieben, bietet die von uns vorgeschlagene Bypass-Lösung einen risikofreien und nahtlosen Übergang in die Hauptspeicherdatenbank-Technologie. Wie wichtig dieser Übergang ist, belegen einige ausgewählte Beispiele von Kunden.

Für einen großen Finanzdienstleister konnte die Analyse von 33 Millionen Kunden-Datensätzen von 45 Minuten auf einem traditionellen DBMS auf fünf Sekunden auf einer IMDB reduziert werden. Dieses gesteigerte Tempo verändert die Möglichkeiten des Unternehmens beim Customer-Relationship-Management, bei der Promotionplanung und beim Cross-Selling grundlegend.

Bei einem ähnlichen Anwendungsfall setzt ein großer Anbieter in der Bauindustrie die IMDB ein, um seine neun Millionen Datensätze von Kunden zu analysieren und Kontaktlisten für bestimmte Regionen, Vertriebsorganisationen und Niederlassungen zu erstellen. Die Analyse und Auflistung von Kundenkontakten ist derzeit ein IT-Prozess, der zwei bis drei Tage dauern kann. Zuerst muss ein Auftrag an die IT-Abteilung geschickt werden. Diese muss dann einen Verarbeitungsprozess mit einer Dauer von ca. 30 Minuten auf ihren Systemen einplanen, bevor die Ergebnisse manuell zum Auftragsteller zurückgesendet werden. Mit einer IMDB können die Vertriebsmitarbeiter das Live-System direkt abfragen und in weniger als 10 Sekunden Kundenlisten in jedem gewünschten Format erstellen.

Abschließend ist zu sagen, dass die Verwendung von In-Memory-Technologie zu einer qualitativen Veränderung in den Geschäftsprozessen eines Unternehmens führen kann. Eine Transaktion, die mit den herkömmlichen Verfahren Tage dauerte, kann nun direkt auf Anfrage durchgeführt werden. Dies verändert grundlegend den Umgang mit Daten und eröffnet daher neben einer Optimierung vieler bestehender Geschäftsprozesse in Unternehmen potenziell auch völlig neue Möglichkeiten.

34.3 Selbsttest-Frage

1. **Übergang zu IMDB-Technologie**
   Was bedeutet der Übergang zu In-Memory-Datenbank-Technologie für Unternehmensanwendungen?

   (a) Die Datenorganisation und -verarbeitung wird sich radikal verändern und Unterneh-
       mensanwendungen müssen angepasst werden.
   (b) Die Datenorganisation verändert sich nicht, doch der Quellcode der Anwendungen
       muss angepasst werden.
   (c) Er wird keinen Einfluss auf Unternehmensanwendungen haben.
   (d) Alle Unternehmensanwendungen werden ohne Anpassungen deutlich beschleunigt.

Lösungen zu den Selbsttest-Fragen

Kapitel 1: Einführung

Nutzung von Festplatten

Ist eine In-Memory-Datenbank noch auf Festplatten angewiesen?

(a) Ja, denn eine Festplatte ist bei komplexen Berechnungen schneller als der Hauptspeicher.
(b) Nein, die Daten werden nur im Hauptspeicher vorgehalten.
(c) Ja, weil manche Operationen nur auf der Festplatte durchgeführt werden können.
(d) Ja, für die Archivierung, Sicherung und Wiederherstellung.

Richtige Antwort: (d)

Erläuterung: Logs, die für Archivierungszwecke verwendet werden, müssen auf einem persistenten Speichermedium gespeichert werden, das die Aufbewahrung des Inhalts über längere Zeitspannen hinweg ermöglicht. Weil der Hauptspeicher alle Informationen verliert, wenn das System ausgeschaltet wird, müssen daher andere, persistente Speichermedien, wie Festplatten oder SSDs für Recovery (Wiederherstellung) und Archivierung verwendet werden.

Kapitel 2: Neue Anforderungen an Enterprise Computing

Datenexplosion

Betrachten Sie das folgende Tracking-Beispiel für Formel-1-Rennwagen: Jeder Rennwagen hat 512 Sensoren, jeder Sensor zeichnet 32 Ereignisse pro Sekunde auf, wobei jedes Ereignis 64 Byte groß ist.
Wie viele Daten werden von einem F1-Team produziert, wenn ein Team zwei Autos im Rennen hat und das Rennen 2 h dauert?

1.000 Byte = 1 kB,
1.000 kB = 1 MB,
1.000 MB = 1 GB.

(a) 14 GB
(b) 15.1 GB
(c) 32 GB
(d) 7.7 GB

Richtige Antwort: (b)

Erläuterung: Gesamtzeit: 2 h = 2 · 60 · 60 s = 7.200 s
Anzahl Ereignisse pro Fahrzeug: 7.200 s · 512 Sensoren · 32 Ereignisse/Sekunde/Sensor
= 117.964.800 Ereignisse
Gesamte Anzahl Ereignisse pro Team: (2 · Gesamtereignisse pro Fahrzeug = 235.929.600
Ereignisse
Gesamte Datenmenge pro Team: 64 Byte/Ereignis · 235.929.600 Ereignisse
= 15.099.494.400 Byte ≈ 15.1 GB

Kapitel 3: Merkmale von Unternehmensanwendungen

Gründe für die Trennung von OLTP und OLAP
Warum wurden OLAP und OLTP getrennt?

(a) aufgrund von Leistungsproblemen
(b) aus Archivierungsgründen; OLAP ist für Bandarchivierung besser geeignet.
(c) aufgrund von Sicherheitsbedenken
(d) weil einige Kunden ausschließlich OLTP- oder OLAP-Systeme wollten, und nicht bereit
    waren, für beides zu bezahlen

Richtige Antwort: (a)

Erläuterung: Die Laufzeiten von analytischen Abfragen sind deutlich höher als die von transaktionalen Abfragen. Aufgrund dieser Eigenschaft beeinflusste die Verarbeitung analytischer Abfragen das Tagesgeschäft negativ, vor allem in Bezug auf eine verzögerte Verkaufsabwicklung. Die Trennung der analytischen von den transaktionalen Anfragen auf unterschiedliche Maschinen war eine unvermeidliche Folge der Beschränkungen, die für Hardware und Datenbanken zu dieser Zeit galten.

Kapitel 4: Hardware im Wandel

1. **Geschwindigkeit pro Kern**
   Wie hoch ist die Geschwindigkeit eines einzelnen Kerns bei der Verarbeitung einer einfachen Scan-Operation (unter optimalen Bedingungen)?

   (a) 2 GB/ms/Kern
   (b) 2 MB/ms/Kern
   (c) 2 MB/s/Kern
   (d) 200 MB/s/Kern

   Richtige Antwort: (b)

   Erläuterung: Bei der Programmausführung arbeiten heutige CPUs zu mehr als 95 % auf Daten aus ihren Caches, ohne dass ein Cache-Miss auftritt.
   Wir gehen davon aus, dass sich alle Daten, auf die wir zugreifen wollen, im Level-1-Cache befinden, und ignorieren weitere Verzögerungen, die sich aus dem Abruf der Daten in den Level 1-Cache ergeben. Aus dem Level-1-Cache benötigen wir etwa 0,5 ns,

um ein Byte zu laden. Somit konnten wir in einer Millisekunde über 2.000.000 Byte laden, was 2 MB (1.000.000 ns/0.5 ns pro Byte = 2.000.000 Byte) sind.

2. **Latenzzeiten von Festplatten und Hauptspeicher**
Welche Aussage über Latenzzeiten ist falsch?

(a) Die Latenzzeit des Hauptspeichers beträgt etwa 100 ns.
(b) Ein Suchvorgang auf einer Festplatte dauert durchschnittlich 0,5 ms.
(c) Ein Zugriff auf den Hauptspeicher ist etwa 100.000-mal schneller als ein Suchvorgang auf einer Festplatte.
(d) 10 ms ist eine gute Schätzung für einen Suchvorgang auf einer Festplatte.

Richtig Antwort: (b)

Erläuterung: Bitte werfen Sie einen Blick auf Tabelle 4.1 des Kapitels 4.

Kapitel 5: SanssouciDB – ein Entwurf für eine In-Memory Datenbank

1. **Der nächste Flaschenhals**
Was ist der nächste Flaschenhals, für den der Datenzugriff von SanssouciDB optimiert werden sollte?

(a) Festplatte
(b) ETL-Prozess
(c) Hauptspeicher
(d) CPU

Richtige Antwort: (c)

Erläuterung: Der Zugriff auf den Hauptspeicher ist der neue Flaschenhals, da die CPU-Busse die Datenübertragung begrenzen. Die CPU-Geschwindigkeit hat sich nach Moores Gesetz (in Bezug auf Parallelität) deutlich erhöht und übertrifft inzwischen die Bus-Geschwindigkeit bei Weitem. Festplatten werden von SanssouciDB nur für Backup und Archivierung verwendet und sind daher für den produktiven Einsatz nicht von Interesse. ETL-Prozesse stellen auch kein Problem dar, da alle Abfragen auf transaktionalen Daten in einem einzigen System sowohl für Online Transaction Processing als auch für Online Analytical Processing laufen.

2. **Indizes**
Können in SanssouciDB weiterhin Indizes verwendet werden?

(a) Nein, weil jede Spalte als Index genutzt werden kann.
(b) Ja, sie können immer noch verwendet werden, um die Leistung zu steigern.
(c) Ja, aber nur, weil die Daten komprimiert sind.
(d) Nein, sie sind in spaltenorientierten Datenbanken überhaupt nicht möglich.

Richtige Antwort: (b)

Erläuterung: Indizes stellen eine zulässige Möglichkeit zur Optimierung der Leistungsfähigkeit von SanssouciDB dar. Das Index-Konzept beruht nicht auf Kompression.

Kapitel 6: Wörterbuch-Codierung

1. **Verlustfreie Kompression**
   Wie kann die Wörterbuch-Codierung bei einer Spalte mit wenigen einmaligen Werten die erforderliche Menge an Speicher ohne Informationsverlust deutlich reduzieren?

   (a) Durch die Zuordnung der Werte zu Integer-Werten. Dabei wird lediglich die minimale Anzahl an Bits genutzt, die notwendig ist, um die gegebene Anzahl der einmaligen Werte darzustellen.
   (b) Indem alles in vollständige String-Werte umgewandelt wird. Dies ermöglicht bessere Kompressionstechniken, da alle Werte dasselbe Datenformat verwenden.
   (c) Indem nur jeder zweite Wert gespeichert wird.
   (d) Indem das aufeinanderfolgende Auftreten desselben Wertes nur einmal gespeichert wird.

   Richtige Antwort: (a)

   Erläuterung: Die richtige Antwort beschreibt das Hauptprinzip der Wörterbuch-Codierung, das automatisch zu einer verlustfreien Kompression führt, wenn Werte häufiger als einmal auftreten. Die Speicherung nur jedes zweiten Wertes ist offensichtlich. Das gleiche gilt, wenn man das aufeinanderfolgende Auftreten des gleichen Wertes nur einmal speichert, falls die Häufigkeit des Auftretens nicht ebenfalls gespeichert wird. Darüber hinaus beschreibt dies nicht Wörterbuch-Codierung, sondern Run-Length Encoding. Die Umwandlung von Zahlen und anderen Werten in Text-Werte erhöht das Datenvolumen, da jeder Buchstabe einen Speicherbedarf von mindestens 1 Byte hat, um die Darstellung des gesamten Alphabets zu erlauben. Zahlendarstellungen sind in der Regel auf bestimmte Obergrenzen beschränkt und erzielen weitaus kompaktere Datenvolumina.

2. **Kompressionsfaktor für die gesamte Tabelle**
   Gegeben ist eine Bevölkerungstabelle (50 Millionen Zeilen) mit den folgenden Spalten:

   - Name (49 Bytes, 20.000 einmalige Werte)
   - Nachname (49 Bytes, 100.000 einmalige Werte)
   - Alter (1 Byte, 128 einmalige Werte)
   - Geschlecht (1 Byte, 2 einmalige Werte)

   Wie groß ist der Kompressionsfaktor (unkomprimierte Größe / komprimierte Größe) bei der Anwendung von Wörterbuch-Codierung?

   (a) ~ 20
   (b) ~ 90
   (c) ~ 10
   (d) ~ 5

   Korrekte Antwort: (a)

   Erläuterung: Berechnung ohne Wörterbuch-Codierung:
   Gesamte Größe pro Zeile: 49 + 49 + 1 + 1 (Byte) = 100 Byte
   Gesamte Größe: 100 Byte · 50 Millionen Zeilen = 5.000 MB
   Berechnung mit Wörterbuch-Codierung: Anzahl der Bits, die für die Attribute benötigt werden:

- Name: $\log_2(20.000) < 15$
- Nachname: $\log_2(100.000) < 17$
- Alter: $\log_2(128) <\ = 7$
- Geschlecht: $\log_2(2) <\ = 1$

Größe der Attribut-Vektoren:
- 50 Millionen Zeilen · (15 + 17 + 7 + 1) Bit = 2.000 Millionen Bit = 250 MB

Größe der Wörterbücher:
- Name: 20.000 · 49 Byte = 980 KB
- Nachname: 100.000 · 49 Byte = 4,9 MB
- Alter: 128 · 7 Byte = 896 Byte
- Geschlecht: 2 · 1 Byte = 2 Byte

Größe des gesamten Wörterbuches: 4,9 MB + 980 KB + 896 Byte + 2 Byte ≈ 5 MB
Gesamtgröße: Größe der Attribut-Vektoren + Größe der Wörterbücher = 250 MB + 5 MB = 255 MB

Kompressionsrate:
5.000 MB / 255 MB = 19,6 ≈ 20

3. Information im Wörterbuch

Welche Informationen werden in einem Wörterbuch in Bezug auf die Wörterbuch-Codierung gespeichert?

(a) Kardinalität eines Wertes
(b) alle einmaligen Werte
(c) Hash eines Wertes aller einmaligen Werte
(d) Größe eines Wertes in Byte

Richtige Antwort: (b)

Erläuterung: Das Wörterbuch wird zum Codieren der Werte einer Spalte verwendet. Daher enthält es eine Liste aller einmaligen Werte, die codiert werden sollen, sowie die daraus erzeugten codierten Werte (in den meisten Fällen aufsteigende Zahlenwerte). Die einmaligen Werte werden verwendet, um die Attribute von Benutzerabfragen während Lookups zu codieren und die von den Abfrageergebnissen zurückgegebenen Zahlen wieder in aussagekräftige, für Menschen lesbare Werte zu decodieren.

4. Vorteile durch Wörterbuch-Codierung

Was ist ein Vorteil der Wörterbuch-Codierung?

(a) Sequentielles Schreiben von Daten in die Datenbank wird beschleunigt.
(b) Aggregatfunktionen werden beschleunigt.
(c) Die physikalische Übertragungsgeschwindigkeit zwischen Applikations- und Datenbankserver für Daten wird erhöht.
(d) INSERT-Operationen werden vereinfacht.

Richtige Antwort: (b)

Erläuterung: Aggregatfunktionen werden beschleunigt, wenn Wörterbuch-Codierung verwendet wird, da weniger Daten vom Hauptspeicher zur CPU übertragen werden müssen. Die Übertragungsgeschwindigkeit der Rohdaten zwischen der Anwendung und dem Datenbankserver wird nicht erhöht. Diese wird durch die physische Hardware bestimmt und maximal ausgenutzt. Insert-Operationen erleiden Nachteile durch den Einsatz Wörterbuch-Codierung, weil neue Werte, die bisher noch nicht im Wörterbuch vorhanden sind, dem Wörterbuch hinzugefügt werden müssen und vielleicht eine Neusortierung des zugehörigen Attribut-Vektors erforderlich machen. Aufgrund dessen wird das sequentielle Schreiben von Daten in der Datenbank ebenfalls nicht beschleunigt.

5. **Entropie**
   Was ist Entropie?

   (a) Entropie begrenzt die Menge an Einträgen, die in eine Datenbank eingefügt werden können. Systemspezifikationen beeinflussen diesen wichtigen Schlüsselindikator stark.
   (b) Entropie repräsentiert die Menge an Informationen in einem gegebenen Datensatz. Sie kann als die Anzahl der einmaligen Werte in einer Spalte (Spalten-Kardinalität) dividiert durch die Anzahl der Tabellenzeilen (Tabellen-Kardinalität) berechnet werden.
   (c) Entropie bestimmt die Lebensdauer eines Tupels. Sie wird berechnet als die Anzahl der Duplikate dividiert durch die Anzahl der einmaligen Werte in einer Spalte (Spalten-Kardinalität).
   (d) Entropie begrenzt die Größen von Attributen. Sie wird berechnet als die Größe eines Wertes in Bits dividiert durch die Anzahl der einmaligen Werte in einer Spalte (Spalten-Kardinalität).

   Richtige Antwort: (b)

   Erklärung: Wie in der Informationstheorie so bestimmt auch in diesem Zusammenhang die Entropie die Menge an Informationsgehalt, die durch Auswertung einer bestimmten Nachricht erhalten werden kann – im vorliegenden Fall also, welche Menge an Informationsgehalt aus dem Datensatz gewonnen werden kann.

Kapitel 7: Kompression

1. **Sortieren komprimierter Tabellen**
   Welche der folgenden Aussagen ist richtig?

   (a) Wenn Sie eine Tabelle nach der Datenmenge in einer Zeile sortieren, erreichen Sie schnelleren Lesezugriff.
   (b) Die Sortierung hat keinen Einfluss auf mögliche Kompressions-Algorithmen.
   (c) Sie können eine Tabelle problemlos nach mehreren Spalten gleichzeitig sortieren.
   (d) Sie können eine Tabelle nur nach einer Spalte sortieren.

   Richtige Antwort: (d)

   Erläuterung: Einige Kompressionsverfahren erzielen eine bessere Kompressionsrate, wenn sie auf eine sortierte Tabelle angewendet werden, wie z. B. Indirect-Encoding. Darüber hinaus kann eine Tabelle nicht gleichzeitig nach mehreren Spalten sortiert werden, sodass die Antwort richtig ist, dass eine Tabelle nur nach einer Spalte sortiert werden kann. Eine mögliche Verbesserung liegt darin, eine zusätzliche kaskadierende Sortierung der Tabelle vorzunehmen (d.h. zuerst nach Land sortieren, dann die daraus erzeugten Gruppen nach Stadt sortieren, ...), welche zu einem gewissen Grad die Zugriffe auf die Spalte verbessert, die als sekundäres Sortierungs-Attribut verwendet wird.

2. Kompression und OLAP/OLTP

Was müssen Sie bedenken, wenn Sie OLAP- und OLTP-Systeme zusammenbringen wollen?

(a) Sie sollten keine Kompressionsverfahren nutzen, weil sie die CPU-Last erhöhen.

(b) Sie sollten keine Kompressionsverfahren mit direktem Zugriff nutzen, weil sie große Sicherheitsprobleme verursachen.

(c) Gesetzliche Vorgaben können es untersagen, bestimmte OLTP- und OLAP-Datensätze zusammenzuführen, sodass alle Einträge überprüft werden müssen.

(d) Sie sollten Kompressionsverfahren nutzen, die direkten positionsgenauen Zugriff erlauben, da indirekter Zugriff zu langsam ist.

Richtige Antwort: (d)

Erläuterung: Direkter positionsgenauer Zugriff ist immer günstig. Er verursacht keinen Unterschied hinsichtlicher der Datensicherheit. Außerdem beeinträchtigen gesetzliche Vorgaben die OLTP- und OLAP-Datensätze nicht, da alle OLAP-Daten aus OLTP-Daten heraus erzeugt werden. Die erhöhte CPU-Last, die bei der Verwendung von Kompression auftritt, wird geduldet, weil die Kompression zu geringeren Datengrößen führt, aus denen sich in der Regel eine bessere Nutzung der Caches und schnellere Reaktionszeiten ergeben.

3. Kompressionsverfahren für Wörterbücher

Welche der folgenden Kompressionsverfahren können verwendet werden, um die Größe eines sortierten Wörterbuches zu verringern?

(a) Cluster-Encoding
(b) Präfix-Encoding
(c) Run-Length-Encoding
(d) Delta-Encoding

Richtige Antwort: (d)

Erläuterung: Delta-Encoding für Wörterbücher wird im Detail in Abschnitt 7.5 erläutert. Cluster-Encoding, Run-Length-Encoding und Präfix-Encoding können nicht auf Wörterbücher angewendet werden, da jeder Wörterbuch-Eintrag nur einmal auftritt.

4. Kompressionsbeispiel Präfix-Encoding

Angenommen, es existiert eine Tabelle, in der alle 80 Millionen Einwohner Deutschlands ihren Städten zugeordnet sind. In Deutschland gibt es ca. 12.200 Städte. Somit wird die WertID im Wörterbuch durch 14 Bit dargestellt. Daraus ergibt sich, dass der Attribut-Vektor der Städte eine Größe von 140 MB hat. Wir komprimieren diesen Attribut-Vektor mit Präfix-Encoding und nutzen Berlin, mit fast 4 Millionen Einwohnern, als Präfixwert. Wie groß ist der komprimierte Attribut-Vektor?

Wir nehmen dabei an, dass der Speicherplatz, der benötigt wird, um die Menge von Präfixwerten und den Präfixwert selbst zu speichern, vernachlässigbar ist. Denn der Präfixwert belegt nur 22 Bit, um die Einwohnerzahl Berlins darzustellen, und weitere 14 Bit, um einmalig den Schlüssel für Berlin zu speichern.

Weiter gelten folgende Umwandlungen: 1 MB = 1.000 kB, 1 kB = 1.000 B

(a) 0,1 MB

(b) 133 MB

(c) 63 MB

(d) 90 MB

Richtige Antwort: (b)

Erklärung: Weil wir Präfix-Encoding für diesen Attribut-Vektor verwenden, müssen wir die WertID für Berlin nicht 4 Millionen Mal speichern, um die Einwohner in der Stadt-Spalte darzustellen. Stattdessen sortieren wir die Tabelle so neu, dass alle Menschen, die in Berlin leben, am Beginn aufgeführt werden. Im Attribut-Vektor speichern wir die WertID für Berlin und die Anzahl, wie oft diese WertID auftritt.
Danach folgen die WertIDs für die verbleibenden 76 Millionen Menschen aus Deutschland. Somit ergibt sich die neue Größe des Attribut-Vektors aus der Größe der WertID für Berlin (14 Bit), der Größe, die benötigt wird, um zu speichern, wie oft Berlin vorkommt (22 Bit), und der Größe der verbleibenden Einträge. Die fehlenden Zahlenwerte können auf folgende Weise berechnet werden: Von 80 Millionen Menschen in Deutschland sind noch 76 Millionen zu speichern. Jeder Eintrag benötigt 14 Bit für die WertID der jeweiligen Stadt. Somit ergibt sich die Größe der verbleibenden Einträge zu 76 Mio. Euro · 14 bit = 1.064.000.000 Bit. Demzufolge ist die Größe des Attribut-Vektors 14 Bit + 22 Bit + 1.064.000.000 Bit = 1.064.000.036 Bit, was in etwa 133 Mbyte (8 Bit = 1 Byte) entspricht.

5. **Kompressionsbeispiel Run-Length-Encoding für Deutschland**
Angenommen, es existiert eine Tabelle, in der alle 80 Millionen Einwohner Deutschlands ihren Städten zugeordnet sind. Die Tabelle ist nach Städten sortiert. In Deutschland gibt es ca. 12.200 Städte (dargestellt durch 14 Bit). Wie groß ist der komprimierte Stadt-Vektor unter Verwendung von Run-Length-Encoding mit einem Startpositions-Vektor? Verwenden Sie immer die minimale Anzahl von Bits, die für jeden der Werte, den Sie wählen müssen, erforderlich sind.

Es gelten die folgenden Umwandlungen: 1 MB = 1.000 kB, 1 kB = 1.000 B
(a) 1,2 MB
(b) 127 MB
(c) 5,2 KB
(d) 62,5 kB

Richtige Antwort: (d)

Erklärung: Wir müssen (a) die Größe des Wert-Arrays und (b) die Größe des Startpositions-Arrays berechnen. Die Größe von (a) ist die Anzahl, wie oft eine Stadt einmalig auftritt (12.200), multipliziert mit der Größe jedes Feldes des Wert-Arrays ($\log_2(12.200)$). Die Größe von (b) ist die Anzahl der Einträge im Wörterbuch (12.200) multipliziert mit der Anzahl an Bits, die erforderlich sind, um die größtmögliche Zahl von Einwohnern zu codieren ($\log_2(80.000.000)$). Das Ergebnis ist somit 14 Bit mal 12.200 (170.800) plus 27 Bit mal 12.200 (329.400), was sich zu insgesamt 500.200 Bit (oder 62,5 kB) summiert.

6. **Kompressionsbeispiel Cluster-Encoding**

Gegeben sei die Weltbevölkerungstabelle mit 8 Mrd. Einträgen. Diese Tabelle ist nach Ländern sortiert. Es gibt etwa 200 Länder in der Welt.

Wie groß ist der Attribut-Vektor für Länder, wenn Sie Cluster-Encoding mit 1.024 Elementen pro Block verwenden, unter der Voraussetzung, dass ein Block pro Land nicht komprimiert werden kann? Verwenden Sie die minimal erforderliche Anzahl von Bits für die Werte. Weiterhin gelten die folgenden Umwandlungen: 1 MB = 1.000 kB, 1 kB = 1.000 B

(a) $\approx$ 9 MB
(b) $\approx$ 4 MB
(c) $\approx$ 0,5 MB
(d) $\approx$ 110 MB

Richtige Antwort: (a)

Erläuterung: Um die 200 Städte darzustellen, werden 8 Bit für die WertID benötigt, da $\log_2(200) = 8$ ist. Mit einer Cluster-Größe von 1.024 Elementen beträgt die Anzahl der Blöcke 7.812.500 (8 Mrd. Einträge / 1.024 Elemente pro Block). Da jedes Land einen unkomprimierbaren Block hat, gibt es somit 200 solche Blöcke. Die Größe eines unkomprimierbaren Blocks ergibt sich aus der Anzahl der Elemente pro Block (1.024) mal der Größe einer WertID (8 Bit). Das Ergebnis ist 8.192 Bit. Demzufolge beträgt die Größe, die für die 200 Blöcke erforderlich ist, 200 · 8.192 Bit = 1.638.400 Bit. Für die verbleibenden 7.812.300 komprimierbaren Blöcke ist es nur notwendig, eine WertID für jeden Block zu speichern. Daher ergibt sich die Größe der komprimierbaren Blöcke zu 62.498.400 Bit (7.812.300 · 8 Bit). Schließlich gibt es noch den Bit-Vektor, der ukomprimierbare und unkomprimierbare Blöcke kennzeichnet. Er erfordert 1 Bit pro Block, wodurch er eine Größe von 7.812.500 Bit hat.

Die Größe des gesamten komprimierten Attribut-Vektors ist die Summe aus der Größe der komprimierten und unkomprimierten Blöcke und dem Bit-Vektor. Die gesamte Größe ist also 1.638.400 Bit + 62.498.400 Bit + 7.812.500 Bit = 71.949.300 Bit. Das sind etwa 9 MB, was die richtige Antwort ist.

7. **Bestes Kompressionsverfahren für die Beispieltabelle**

Finden Sie das beste Kompressionsverfahren für die Namensspalte in der folgenden Tabelle. Die Tabelle listet die Namen aller Einwohner Deutschlands und ihre Städte auf, d. h. es gibt zwei Spalten: Vorname und Stadt. Deutschland hat etwa 80 Millionen Einwohner und 12.200 Städte. Die Tabelle ist nach der Stadtspalte sortiert. Nehmen Sie an, dass jede Teilmenge von 1.024 Bürgern höchstens 200 verschiedene Vornamen enthält.

(a) Run-Length-Encoding
(b) Indirect-Encoding
(c) Präfix-Encoding
(d) Cluster-Encoding

Richtige Antwort: (b)

Erläuterung: Um Präfix-Encoding oder Run-Length-Encoding zum Komprimieren einer Spalte zu verwenden,, muss eine Tabelle nach dieser bestimmten Spalte sortiert werden. In diesem Beispiel wollen wir die „first_name"-Spalte komprimieren, doch die Tabelle ist nach der Stadt-Spalte sortiert. Deshalb können wir diese zwei Kompressionsverfahren nicht effizient einsetzen. Cluster-Encoding ist in der Regel möglich, und wir könnten hohe Kompressionsraten erzielen. Doch leider unterstützt Cluster-Encoding keinen direkten Zugriff. Somit würde die Wahl von Cluster-Encoding den direkten Zugriff unmöglich machen. Damit würden wir viel Leistung verlieren. So ist schließlich Indirect-Encoding das beste Kompressionsverfahren für diese Spalte, weil es mit einer guten Kompressionsrate arbeitet und dabei weiterhin einen direkten Zugriff ermöglicht.

Kapitel 8: Datenlayout im Hauptspeicher

1. Wenn der zufällige Zugriff auf DRAM prinzipiell immer gleich viel kostet, warum sind aufeinanderfolgende Zugriffe in der Regel schneller als Zugriffe mit einer festgelegten Schrittweite?

  (a) Bei aufeinanderfolgenden Speicherstellen ist die Wahrscheinlichkeit, dass die nächste angeforderte Speicherstelle bereits in der Cache-Line geladen ist, höher als bei zufälligem/schrittweitengesteuertem Zugriff. Außerdem befindet sich die Speicherseite von aufeinanderfolgenden Zugriffen wahrscheinlich bereits im TLB.
  (b) Je größer die Größe der Schrittweite ist, desto größer ist die Wahrscheinlichkeit, dass sich beide Werte in einer Cache-Line befinden.
  (c) Das Laden aufeinanderfolgender Speicherstellen ist nicht schneller, da die CPU im Umgang mit Prefetching zufälliger Speicherstellen leistungsstärker ist als im Umgang mit Prefetching aufeinanderfolgender Speicherstellen.
  (d) Durch moderne CPU-Technologien, wie TLBs, Caches und Prefetching erreichen alle drei Zugriffsmethoden die gleiche Leistung.

Richtige Antwort: (a)

Erklärung: Wenn immer der gleiche Abstand zwischen den Adressen liegt, auf die zugegriffen wird, ist es dem Prefetcher möglich, die richtigen Speicherstellen, die geladen werden müssen, vorherzusagen. Für Adressen, auf die zufällig zugegriffen wird, ist dies natürlich nicht möglich. Darüber hinaus nutzen Schrittweiten mit der Länge Null, – was für aufeinanderfolgende Zugriffe auf Attribute, bei denen Spalten-Layout verwendet wird, der Fall ist, – Caches in hohem Maße aus, da nur die benötigten Speicherstellen geladen werden. Zusammenfassend lässt sich sagen, dass zufällige Speicherzugriffe zwar generell die gleichen Kosten für das Laden aus dem Hauptspeicher haben. Da jedoch die CPU mehr Daten in die Caches lädt als notwendig, und die Prefetcher gewollt zusätzlich benachbarte Daten laden, können insbesondere Datenmengen mit einer hohen Informationsdichte (Entropie) bei sequentiellem Zugriff schneller verarbeitet werden.

Kapitel 9: Partitionierung

1. Partitionierungsstrategien
Welche Partitionierungsart existiert wirklich und wird im Kurs erwähnt?

(a) Selektive Partitionierung
(b) Syntaktische Partitionierung
(c) Range Partitionierung
(d) Block Partitionierung

Richtige Antwort: (c)

Erläuterung: Range Partitionierung ist die einzige Antwort, die wirklich existiert. Sie ist ein Sub-Typ der horizontalen Partitionierung und teilt Tabellen mithilfe eines vordefinierten Partitionierungsschlüssels, der bestimmt, wie die einzelnen Datenzeilen auf verschiedene Partitionen zu verteilen sind, in Partitionen auf.

2. Partitionierungstyp für eine gegebene Abfrage
Welcher Partitionierungstyp passt am besten für die Spalte „birthday" in der Weltbevölkerungstabelle, wenn wir annehmen, dass der Hauptworkload von Abfragen verursacht wird wie: „SELECT first_name, last_name FROM population WHERE birthday > 01.01.1990 AND birthday < 31.12.2010 AND country = 'England'"? Nehmen Sie ein nicht-paralleles Setting an, d. h. Partitionen werden nicht parallel gescannt. Der einzige Parameter, der in der Abfrage geändert wird, ist das Land.

(a) Round-Robin-Partitionierung
(b) Alle Partitionierungstypen zeigen die gleiche Leistung.
(c) Range-Partitionierung
(d) Hash-basierte Partitionierung

Richtige Antwort: (c)

Erläuterung: Range-Partitionierung teilt Tabellen nach einem vordefinierten Schlüssel in Partitionen auf. Im Beispiel würde das zu einer Verteilung führen, bei der sich alle erforderlichen Tupel in der gleichen Partition (oder in der minimalen Anzahl von Partitionen, die den abgefragten Bereich abdecken) befinden, und unsere Abfrage müsste nur noch auf diese zugreifen. Round-Robin-Partitionierung wäre kein guter Partitionierungstyp für dieses Beispiel, weil sie Tupel nacheinander jeder Partition zuweist, sodass die Daten auf viele verschiedene Partitionen aufgeteilt sind, auf die zugegriffen werden muss. Hash-Partitionierung verwendet eine Hash-Funktion, um die Zuordnung der Partition für jede Zeile zu spezifizieren, sodass die Daten wahrscheinlich auch auf viele verschiedene Partitionen aufgeteilt sind.

3. Partitionierungsstrategie für Load Balancing
Welcher Partitionierungstyp ist am besten geeignet, um ein faires Load-Balancing zu erreichen, wenn die Werte einer Spalte ungleichmäßig verteilt sind?

(a) eine Partitionierung, die auf der Anzahl von Attributen modulo der Anzahl von verwendeten Systemen basiert

(b) Range Partitionierung

(c) Round-Robin-Partitionierung

(d) Alle Partitionierungstypen zeigen die gleiche Leistung.

Richtige Antwort: (c)

Erläuterung: Round-Robin-Partitionierung verteilt die Tupel nacheinander auf jede Partition, sodass alle Partitionen fast die gleiche Anzahl von Tupeln besitzen. Im Gegensatz dazu weist Range Partitionierung die Einträge in der Tabelle durch einen vordefinierten Partitionierungsschlüssel zu. Da die Werte, die als Partitionierungsschlüssel verwendet werden, normalerweise ungleichmäßig verteilt sind, ist es schwierig oder sogar unmöglich, einen Schlüssel zu finden, der die Tabelle in Abschnitte gleicher Größe aufteilt. Folglich ist Round-Robin-Partitionierung die beste Strategie für eine faire Lastverteilung, wenn die Werte der Spalte ungleichmäßig verteilt sind.

Kapitel 10: Löschen von Daten: DELETE

1. **Umsetzungen des Löschbefehls**
   Welche zwei möglichen Umsetzungen des Löschbefehls werden im vorangehenden Kapitel erwähnt?

   (a) White-Box- und Black-Box-Löschen

   (b) Physisches und logisches Löschen

   (c) Shifted- und Liquid-Löschen

   (d) Spalten- und Zeilen-Löschen

   Richtige Antwort: (b)

   Erläuterung: Ein physischer Löschen löscht den Inhalt des Tupels komplett aus dem Speicher, sodass es nicht mehr vorhanden ist. Ein logisches Löschen kennzeichnet das Tupel nur als ungültig. Es kann jedoch immer noch für die Verfolgung seiner Änderungshistorie abgefragt werden.

2. **Scan von Arrays für eine bestimmte Abfrage mit Wörterbuch-Encoding**
   Wie viele logische Datenstrukturen in der IMDB werden bei Anwendung eines Löschbefehls mit zwei Prädikaten, z. B. firstname = 'John' AND lastname = 'Smith' zur Ermittlung der zu löschenden Tupel (alle Spalten sind Wörterbuch-codiert) durchsucht?

   (a) 1

   (b) 2

   (c) 4

   (d) 8

   Richtige Antwort: (c)

   Erklärung: Zuerst werden die beiden Wörterbücher für Vorname und Nachname durchsucht, um die entsprechenden WertIDs festzustellen, und dann werden die beiden Attribut-Vektoren durchsucht, um die Positionen (RecordIDs) zu erhalten.

3. Ausführung von schnellem Löschen

Stellen Sie sich eine physische Umsetzung des Löschens und die folgenden zwei SQL-Anweisungen für unsere Weltbevölkerungstabelle vor:

(A) DELETE FROM world_population WHERE country = 'China';
(B) DELETE FROM world_population WHERE country = 'Ireland';

Welche Abfrage wird schneller ausgeführt? Bitte berücksichtigen Sie nur die bisher erlernten Konzepte.

(a) gleiche Ausführungszeit
(b) A
(c) abhängig von der Sortierung des Wörterbuchs
(d) B

Richtige Antwort: (d)

Erläuterung: Auf Grundlage der tatsächlichen Positionen der verwendeten logischen Blöcke bei einer physischen Implementierung der Lösch-Operation wird die Bewegung der Speicherblöcke die meiste Zeit in Anspruch nehmen. Daher ist die Anzahl der Löschvorgänge ausschlaggebend für die Laufzeit. Da China eine viel größere Bevölkerung als Irland hat, wird Abfrage B schneller sein.

Kapitel 11: Einfügen von Daten: INSERT

1. Reihenfolge des Zugriffs auf Strukturen während des Einfügens
Auf welche Entität wird beim Einfügen zuerst zugegriffen?

(a) Attribut-Vektor
(b) Wörterbuch
(c) Für das Einfügen wird kein Zugriff auf eine der Entitäten benötigt.
(d) Auf beide wird parallel zugegriffen, um den Prozess zu beschleunigen.

Richtige Antwort: (b)

Erläuterung: Zunächst wird das Wörterbuch gescannt, um herauszufinden, ob der Wert, der eingefügt werden soll, bereits Teil des Wörterbuchs ist oder hinzugefügt werden muss.

2. Neuer Eintrag im Wörterbuch
Gegeben seien die folgenden Entitäten:
Altes Wörterbuch: Affe, Dachs, Elefant, Giraffe
Alter Attribut-Vektor: 0, 3, 0, 1, 2, 3, 3
Neuer Eintrag: Lamm
Mit welchem Wert wird Lamm im neuen Attribut-Vektor abgebildet?

(a) 1
(b) 2
(c) 3
(d) 4

Richtige Antwort: (d)

Erklärung: „Lamm" beginnt mit dem Buchstaben „l" und gehört daher alphabetisch hinter den Eintrag „Giraffe". „Giraffe" war der letzte Eintrag mit der logischen Nummer 3 (vierter Eintrag) im alten Wörterbuch, daher erhält „Lamm" im neuen Wörterbuch die Nummer 4.

3. Leistungsveränderung des Einfügens im zeitlichen Verlauf
Warum erreichen Column Stores im Produktiveinsatz im Laufe der Zeit oft eine Steigerung der Geschwindigkeit von Einfügeoperationen?

(a) Weil das Wörterbuch einen Zustand der Sättigung erreicht, und somit ein Umschreiben des Attribut-Vektors unwahrscheinlicher geworden ist.
(b) Weil die Hardware nach einiger Eingewöhnungszeit schneller läuft.
(c) Weil die Spalte bereits in den Hauptspeicher geladen ist und nicht von der Festplatte geladen werden muss.
(d) Eine Steigerung der Einfüge-Leistung ist nicht zu erwarten.

Richtige Antwort: (a)

Erläuterung: Betrachten Sie zum Beispiel eine Datenbank für die Weltbevölkerung. Wahrscheinlich sind die meisten Vornamen bereits nach dem Schreiben der Daten von einem Drittel der Weltbevölkerung im Wörterbuch enthalten. Künftige Einfügeoperationen lassen sich ein wenig schneller durchführen, da weniger Schritte erforderlich sind, wenn die Werte bereits im entsprechenden Wörterbuch vorhanden sind.

4. Rückgriff auf das Spalten-Wörterbuch
Betrachten wir einen Wörterbuch-codierten Column Store (ohne Differential Buffer) und die folgenden SQL-Anweisungen für eine anfänglich leere Tabelle:
INSERT INTO students VALUES('Daniel', 'Bones', 'USA');
INSERT INTO students VALUES('Brad', 'Davis', 'USA');
INSERT INTO students VALUES('Hans', 'Pohlmann', 'GER');
INSERT INTO students VALUES('Martin', 'Moore', 'USA');

Wie viele komplette Aktualisierungen des Attribut-Vektors sind notwendig?

(a) 2
(b) 3
(c) 4
(d) 5

Richtige Antwort: (b)

Erläuterung: Jede Spalte muss separat betrachtet werden. Ein Attribut-Vektor wird immer umgeschrieben, wenn das Wörterbuch neu sortiert wurde.

- Vorname: 'Daniel' wird eingefügt. Es ist der erste Wörterbuch-Eintrag. Wenn 'Brad' dem Wörterbuch hinzugefügt wird, muss es neu sortiert werden, und deshalb muss der Attribut-Vektor umgeschrieben werden. 'Hans' und 'Martin' werden jedes Mal einfach an das Ende des Wörterbuches angehängt. Das ergibt insgesamt ein einmaliges Umschreiben des Vornamens.
  Für die anderen Attribute ist das Verfahren gleich. Daher werden die Aktionen nur kurz beschrieben:

- Nachname: Bones, Davis, Pohlmann, Moore → umschreiben
- Land: USA, USA → bereits vorhanden, GER → umschreiben, USA → bereits vorhanden

Insgesamt ist dreimaliges Umschreiben erforderlich.

5. Performance

Welche der folgenden Anwendungsfälle haben die schlechteste Performance beim Einfügen, wenn alle Werte Wörterbuch-codiert werden?

(a) eine Einwohner-Datenbank, die die Namen aller Einwohner einer Stadt speichert
(b) eine Datenbank für Fahrzeugwartungsdaten, die Fehler, Fehlercodes und durchgeführte Reparaturen speichert
(c) eine Passwort-Datenbank, die Passwort-Hashes speichert
(d) eine Inventar-Datenbank eines Unternehmens, welche die Einrichtungsgegenstände für jeden Raum speichert

Richtige Antwort: (c)

Erläuterung: Inserts nehmen besonders viel Zeit in Anspruch, wenn neue einzigartige Einträge in das Wörterbuch eingefügt werden. Dies wird höchstwahrscheinlich für Zeitstempel und Passwort-Hashes der Fall sein.

Kapitel 12: Aktualisieren von Einträgen – UPDATE

1. Realisierung des Status-Update

Wie sollten Status-Updates für binäre Status-Variablen realisiert werden, um möglichst viel Information, auch hinsichtlich der Änderungshistorie, bei möglichst geringen Kosten zu speichern?

(a) Mit einem Status-Feld: „falsch" bedeutet Zustand 1, „richtig" bedeutet Zustand 2.
(b) Mit zwei Status-Feldern: „richtig/falsch" bedeutet Zustand 1, „falsch/richtig" bedeutet Zustand 2.
(c) Mit einem Status-Feld: „null" bedeutet Zustand 1, ein Zeitstempel bedeutet Übergang in den Zustand 2.
(d) Mit einem Status-Feld: Zeitstempel 1 bedeutet Zustand 1, Zeitstempel 2 bedeutet Zustand 2.

Richtige Antwort: (c)

Erläuterung: Durch die Verwendung von „null" für Zustand 1 und einem Zeitstempel für den Übergang in Zustand 2 wird die maximale Dichte der benötigten Informationen erreicht. Da ein binärer Status vorliegt, ist der Erstellungszeitpunkt des ursprünglichen Status aus dem Zeitstempel der Erstellung des kompletten Tupel ersichtlich und muss nicht erneut gespeichert werden. Wenn die binäre Information auf den anderen Status gesetzt wird, sichert der "Update"-Zeitstempel alle notwendigen Informationen in der beschriebenen Weise.
Bei einem einfachen Speichern von "wahr" oder "falsch" würden diese Informationen verloren gehen.

2. Wert-Updates

Was ist ein „Wert-Update"?

(a) das Ändern des Wertes eines Attributs
(b) das Ändern des Wertes eines materialisierten Aggregats
(c) das Hinzufügen einer neuen Spalte
(d) das Ändern des Wertes einer Status-Variablen

Richtige Antwort: (a)

Erläuterung: In typischen Unternehmensanwendungen kann man drei verschiedene Arten von Updates finden. Aggregat-Updates ändern den Wert eines materialisierten Aggregates, Status-Updates ändern den Wert einer Status-Variablen und Wert-Updates ändern den Wert eines Attributes. Das Hinzufügen einer neuen, leeren Spalte wird generell nicht als Update eines Tupels gewertet, weil es die ganze Relation über das Datenbank-Schema manipuliert.

3. Umschreiben des Attribut-Vektors nach Updates

Betrachten wir die Weltbevölkerungstabelle (Vorname, Nachname), die Informationen über alle Menschen in der Welt beinhaltet: Angela Müller heiratet Friedrich Schulze und erhält den Namen Angela Schulze. Sollte der komplette Attribut-Vektor für die Nachnamenspalte umgeschrieben werden?

(a) Nein, denn „Schulze" ist bereits im Wörterbuch und nur die WertID in der jeweiligen Zeile muss ersetzt werden.
(b) Ja, weil „Schulze" an eine andere Position im Wörterbuch bewegt wird.
(c) Es hängt von der Position ab: Alle Werte nach der aktualisierten Zeile müssen umgeschrieben werden.
(d) Ja, denn nach jedem Update werden alle betroffenen Attribut-Vektoren umgeschrieben.

Richtige Antwort: (a)

Erläuterung: Da der Eintrag ‚Schulze' bereits im Wörterbuch vorhanden ist, hat er in Bezug auf die Sortierung implizit die richtige Position und muss nicht bewegt werden. Außerdem hat jeder Eintrag im Attribut-Vektor eine feste Größe, sodass jeder Eintrag im Wörterbuch referenziert werden kann, ohne die Position der benachbarten Einträge im Speicherbereich verändern zu müssen. Aufgrund dieser beiden Tatsachen ergibt sich die Antwort, dass der Attribut-Vektor nicht umgeschrieben werden muss.

Kapitel 13: Tupel-Rekonstruktion

1. Performance der Tupel-Rekonstruktion für das Zeilen-Layout:

Gegeben sei eine Tabelle mit den folgenden Eigenschaften:

- Physische Speicherung in Zeilen
- Die Größe jedes Feldes beträgt 34 Byte.
- Die Anzahl der Attribute beträgt 9.
- Eine Cache-Line umfasst 64 Byte.
- Die CPU verarbeitet 2 MB pro Millisekunde.

Berechnen Sie die erforderliche Zeit für die Rekonstruktion eines vollständigen Tupels. Bitte verwenden Sie die folgenden Umwandlungen: 1 MB = 1.000 kB, 1 kB = 1.000 B

(a) $\approx$ 0,1 µs
(b) $\approx$ 0,275 µs
(c) $\approx$ 0,16 µs
(d) $\approx$ 0,416 µs

Richtige Antwort: (c)

Erläuterung: Für 9 Attribute mit jeweils 34 Byte müssen insgesamt 306 Byte pro Zeile werden. Bei einer Cache-Line-Größe von 64 Byte müssen 5 Cache-Lines gefüllt werden: 5 · 64 Byte = 320 Byte;

Insgesamt benötigte Zeit: Größe der zu lesenden Daten / Verarbeitungsgeschwindigkeit = 320 Byte / 2.000.000 Byte/ms / core = 0,16 µs

2. **Performance der Tupel-Rekonstruktion für das Spalten-Layout**
Gegeben sei eine Tabelle mit den folgenden Eigenschaften:

- Physische Speicherung in Spalten.
- Die Größe jedes Feldes beträgt 34 Byte.
- Die Anzahl der Attribute beträgt 9.
- Eine Cache-Line umfasst 64 Byte.
- Die CPU verarbeitet 2 MB pro Millisekunde.

Berechnen Sie die erforderliche Zeit für die Rekonstruktion eines vollständigen Tupels. Bitte verwenden Sie die folgenden Umwandlungen: 1 MB = 1.000 kB, 1 kB = 1.000 B

(a) $\approx$ 0,16 µs
(b) $\approx$ 0,145 µs
(c) $\approx$ 0,288 µs
(d) $\approx$ 0,225 µs

Richtige Antwort: (c)

Erläuterung: Größe der zu lesenden Daten: Anzahl der Attribute · Größe der Cache-Line = 9 · 64 = 576 Byte
Insgesamt benötigte Zeit: Größe der zu lesenden Daten / Verarbeitungsgeschwindigkeit = 576 Byte / 2.000.000 Byte/ms / Kern = 0,288 µs

3. **Tupel-Rekonstruktion im hybriden Layout**
Eine Tabelle mit Informationen über Lagerbestände hat die folgenden Attribute:

Warehouse (4 Byte); Produkt-ID (4 Byte); Produktbezeichnung kurz (20 Byte); Produktbezeichnung lang (40 Byte); Eigenproduktion (1 Byte); Produktionsanlage (4 Byte); Produktgruppe (4 Byte); Sector (4 Byte); Lagerbestand (8 Byte); Maßeinheit (3 Byte); Preis (8 Byte); Währung (3 Byte); Wert des Gesamtbestandes (8 Byte); Lager-Währung (3 Byte)

- Der Speicherbedarf eines vollständigen Tupels ist 114 Byte.
- Eine Cache-Line umfasst 64 Byte.

Die Tabelle ist im Hauptspeicher im Hybrid-Layout gespeichert. Folgende Felder werden zusammen gespeichert:

- Lagerbestand und Maßeinheit
- Preis und Währung
- Wert des Gesamtbestandes und Lager-Währung

Alle anderen Felder werden spaltenweise gespeichert.

Berechnen und wählen Sie aus der folgenden Liste die Zeitspanne, die für eine vollständige Tupel-Rekonstruktion mit einem einzigen CPU-Kern benötigt wird. Bitte verwenden Sie die folgenden Umwandlungen:

1 MB = 1.000 kB; 1 kB =1.000 B

(a) ≈ 0,352 µs
(b) ≈ 0,020 µs
(c) ≈ 0,061 µs
(d) ≈ 0,427 µs

Richtige Antwort: (a)

Erläuterung: Zur Lösung der Aufgabe wird zuerst die Anzahl der Cache-Lines, auf die zugegriffen werden muss, berechnet. Attribute, die zusammen gespeichert sind, können in einem Zugriff gelesen werden, wenn die gesamte Bit-Größe, die abgerufen werden soll, nicht die Größe einer Cache-Line übersteigt.

Lagerbestand und Maßeinheit: 8 Byte + 3 Byte < 64 Byte → 1 Cache-Line

Preis und Währung: 8 Byte + 3 Byte < 64 Byte → 1 Cache-Line

Wert des Gesamtbestandes und Lager-Währung: 8 Byte + 3 Byte < 64 Byte → 1 Cache-Line

Alle weiteren 8 Attribute sind spaltenweise gespeichert, wodurch ein Cache-Zugriff pro Attribut erforderlich ist, was zu zusätzlichen Cache-Zugriffen führt.

Die Gesamtmenge der zu lesenden Daten ist daher: 11 (Cache-Zeilen) · 64 Byte = 704 Byte

704 Byte /(2.000.000 Byte / ms / Kern) · 1 Kern = 0,352 µs

4. Leistungsvergleich von Tupel-Rekonstruktionen für unterschiedliche Layouts

Eine Tabelle mit Informationen über Lagerbestände hat die folgenden Attribute:

Warehouse (4 Byte); Produkt-ID (4 Byte); Produktbezeichnung kurz (20 Byte); Produktbezeichnung lang (40 Byte); Eigenproduktion (1 Byte); Produktionsanlage (4 Byte); Produktgruppe (4 Byte); Sector (4 Byte); Lagerbestand (8 Byte); Maßeinheit (3 Byte); Preis (8 Byte); Währung (3 Byte); Wert des Gesamtbestandes (8 Byte); Lager-Währung (3 Byte)

- Der Speicherbedarf eines vollständigen Tupels beträgt 114 Byte.
- Eine Cache-Line umfasst 64 Byte.

Welche der folgenden Aussagen ist wahr?

(a) Wenn die Tabelle physisch in einem Spalten-Layout gespeichert ist, benötigt die Rekonstruktion eines einzigen vollständigen Tupels ~0,192 µs, wenn ein einziger CPU-Kern genutzt wird.

(b) Wenn die Tabelle physisch in einem Zeilen-Layout gespeichert ist, benötigt die Rekonstruktion eines einzigen vollständigen Tupels ~128 ns, wenn ein einziger CPU-Kern genutzt wird.

(c) Wenn die Tabelle physisch in einem Spalten-Layout gespeichert ist, benötigt die Rekonstruktion eines einzigen vollständigen Tupels ~448 ns, wenn ein einziger CPU-Kern genutzt wird.

(d) Wenn die Tabelle physisch in einem Zeilen-Layout gespeichert ist, benötigt die Rekonstruktion eines einzigen vollständigen Tupels ~0,64 µs, wenn ein einziger CPU-Kern genutzt wird.

Richtige Antwort: (c)

Erläuterung: Um ein vollständiges Tupel aus dem Zeilen-Layout zu rekonstruieren, müssen wir zunächst die Anzahl der Cache-Zugriffe berechnen. Bei einer Größe von 114 Byte benötigen wir 2 Cache-Zugriffe (114 Byte / 64 Byte pro Cache-Line = 1:78 → 2), um ein ganzes Tupel aus dem Hauptspeicher zu lesen. Mit zwei Cache-Zugriffe, von denen jeder 64 Byte lädt, lesen wir 128 Byte aus dem Hauptspeicher. Wie bei den vorherigen Fragen gehen wir davon aus, dass die Lesegeschwindigkeit unseres Systems 2 Megabyte pro Millisekunde pro Kern beträgt. Jetzt teilen wir 128 Byte durch 2 Megabyte pro Millisekunde pro Kern und erhalten ein Ergebnis von 0.000064 ms (0,064 µs). Somit sind die Antworten ≈0,64 µs und ≈128 ns für einen Kern, wenn die Tabelle im Zeilen-Layout gespeichert ist, beide falsch.

Im Spalten-Layout müssen wir jeden Wert einzeln aus dem Hauptspeicher lesen, weil die Werte nicht in einer Zeile (fortlaufender Speicherbereich), sondern in unterschiedlichen Attribut-Vektoren gespeichert sind. In diesem Beispiel haben wir 14 Attribute, also benötigen wir 14 Cache-Zugriffe, die jeweils 64 Bytes lesen. Demzufolge muss die CPU 14 · 64 Byte lesen = 896 Byte aus dem Hauptspeicher. Wie zuvor gehen wir davon aus, dass die Lesegeschwindigkeit 2 MB pro Millisekunde pro Kern beträgt. Indem wir 896 Byte durch 2 MB / ms / Kern teilen, erhalten wir die Zeit, die ein CPU-Kern benötigt, um ein vollständiges Tupel zu rekonstruieren. Das Ergebnis ist 0.000448 ms (448 Nanosekunden). Also ist ≈448 ns bei Verwendung eines Kerns beim gegebenen Spalten-Layout die richtige Antwort.

Kapitel 14: Scan-Leistung

1. **Laden von Tupeln aus einem Wörterbuch-codierten zeilenorientierten Layout**
   Betrachten Sie das in Abschnitt 14.2 vorgestellte Beispiel nun mit Wörterbuch-codierten Attributen. Jede der 8 Milliarden Zeilen habe eine Gesamtgröße von 32 Byte. Wie viel Zeit benötigt ein Single-Core-Prozessor, um die gesamte Weltbevölkerungstabelle zu scannen, wenn alle Daten in einem Wörterbuch-codierten Zeilen-Layout gespeichert sind?

   (a) 128 s
   (b) 256 s
   (c) 64 s
   (d) 96 s

   Richtige Antwort: (a)

   Erläuterung: Das Datenvolumen, auf das zugegriffen wird, besteht aus 8 Mrd. Tupeln · je 32 Byte ≈256 GB. Daher beträgt die zu erwartende Antwortzeit 256 GB / (2 MB/ms / Kern · 1 Kern) = 128 s.

Kapitel 15: Abfragen von Einträgen – SELECT

1. **Tabellen-Größe**
   Wie groß ist die Tabelle, wenn sie 8 Mrd. Tupel enthält und jedes Tupel eine Gesamtgröße von 200 Byte hat?

   (a) $\approx$ 12,8 TB
   (b) $\approx$ 12,8 GB
   (c) $\approx$ 2 TB
   (d) $\approx$ 1,6 TB

   Richtige Antwort: (d)

   Erläuterung: Die Gesamtgröße der Tabelle beträgt 8.000.000.000 $\cdot$ 200 Byte = 1.600.000.000.000 Bytes = 1,6 TB.

2. **Optimierung der SELECT-Anweisung**
   Wie wird die Leistung von SELECT-Anweisungen, z. B. durch den Query-Optimierer, verbessert?

   (a) durch Reduzierung der Anzahl von Indizes
   (b) mit dem Schlüsselwort FAST SELECT
   (c) durch Anordnen mehrerer aufeinanderfolgender Selektionen von niedrigerer Selektivität zu hoher Selektivität
   (d) Optimierer versuchen Zwischenergebnismengen groß zu halten, um eine maximale Flexibilität bei der Bearbeitung von Abfragen zu gewährleisten.

   Richtige Antwort: (c)

   Erläuterung: Während der Ausführung der SELECT-Anweisung müssen wir die gesamten Daten der Datenbank nach Einträgen mit den geforderten Selektions-Attributen durchsuchen. Durch die Anordnung der Auswahlkriterien von niedriger/starker (viele Zeilen werden herausgefiltert) hin zu hoher/schwacher Selektivität (wenige Zeilen werden herausgefiltert) reduzieren wir die Menge der Daten, die wir in den folgenden Schritten durchgehen müssen. Das führt zu einer kürzeren Ausführungszeit für die gesamte SELECT-Anweisung.

3. **Reihenfolge der Ausführung einer Selektion**
   Gegeben sei eine Abfrage, die die Namen aller deutschen Frauen, die nach dem 1. Januar 1990 geboren sind, aus der Weltbevölkerungstabelle zurückgibt. In welcher Reihenfolge sollte der Abfrage-Optimierer die Selektion durchführen? Gehen Sie von einem sequentiellen Abfrageausführungsplan aus.

   (a) erstens Land, zweitens Geburtstag, zuletzt Geschlecht
   (b) erstens Land, zweitens Geschlecht, zuletzt Geburtstag
   (c) erstens Geschlecht, zweitens Land, zuletzt Geburtstag
   (d) erstens Geburtstag, zweitens Geschlecht, zuletzt Land

   Richtige Antwort: (a)

Erläuterung: Um die Geschwindigkeit der sequentiellen Selektionen zu optimieren, müssen die restriktivsten zuerst ausgeführt werden.

Während die Beschränkung auf das Geschlecht die Datenmenge (8 Milliarden) auf die Hälfte (4 Milliarden) reduzieren würde, würde die Beschränkung auf den Geburtstag rund 1,6 Milliarden Tupel und die Beschränkung auf das Land (Deutschland) rund 80 Millionen Tupel zurückliefern. Demzufolge sollte der Abfrage-Optimierer zuerst die Abfrage auf das Land beschränken, gefolgt von der Beschränkung auf den Geburtstag, die zusätzlich 80 % der 80 Millionen Deutschen herausfiltert. Die Beschränkung auf das Geschlecht filtert dann die letzten ≈50 % der Einträge heraus.

4. **Berechnung der Selektivität**

Gegeben sei eine Abfrage, welche die Namen aller deutschen Männer, die nach dem 1. Januar 1990 und vor dem 31. Dezember 2010 geboren sind, aus der Weltbevölkerungstabelle (8 Milliarden Menschen) auswählt. Berechnen Sie die Selektivität.

Selektivität = Anzahl der ausgewählten Tupel/Anzahl der Tupel in der Tabelle

Annahmen:
- Es gibt etwa 80 Millionen Deutsche in der Tabelle.
- Männer und Frauen sind in jedem Land gleichmäßig verteilt (50/50).
- Es gibt eine gleiche Verteilung über alle Generationen hinweg von 1910 bis 2010.

(a) 0,001
(b) 0,005
(c) 0,1
(d) 1

Richtige Antwort: (a)

Erläuterung: Berechnung:

- 80 Millionen Deutsche
- 80 Millionen Deutsche · 50 % = 40 Millionen deutsche Männer
- 40 Millionen (deutsche Männer) · 20% = 8 Millionen deutsche Männer zwischen 1990 und 2010
- 8 Mio. (deutsche Männer zwischen 1990 und 2010) / 8 Mrd. = 0,001

Die erste Selektion basiert auf der Annahme, dass Männer und Frauen in der Bevölkerung gleich stark vertreten sind. Die zweite Selektion basiert auf der Annahme, dass die Bevölkerung über die Generationen hinweg gleich verteilt ist, sodass die Auswahl einer Zeitspanne von 20 Jahren aus 100 Jahren im Endeffekt einem Fünftel oder 20 % entspricht. Die Selektivität wird dann über: Anzahl der ausgewählten Tupel / Anzahl aller Tupel = 8 Mio. / 8 Mrd. = 0,001 berechnet.

5. **Abfrageausführungspläne**

Für jede beliebige SELECT-Anweisung ...

(a) gibt es stets genau zwei Abfrageausführungspläne, die sich in jeglicher Hinsicht identisch verhalten.
(b) existiert genau ein Abfrageausführungsplan.

(c) können mehrere Abfrageausführungspläne mit der gleichen Ergebnismenge, aber unterschiedlicher Performance existieren.

(d) können mehrere Abfrageausführungspläne existieren, die unterschiedliche Ergebnismengen liefern.

Richtige Antwort: (c)

Erläuterung: Für jede SELECT-Anweisung können mehrere Abfrageausführungspläne mit der gleichen Ergebnismenge, aber unterschiedlicher Laufzeit existieren. Als Beispiel wollen wir alle Menschen aus der Weltbevölkerungstabelle auswählen, die in Italien leben. Der Abfrageoptimierer kann in diesem Fall zwischen drei verschiedenen Abfrageausführungsplänen auswählen . Wir könnten zuerst das Geschlecht „männlich" und dann im Zwischenergebnis das Land „Italien" abfragen, oder wir beginnen mit der Selektion nach „Italien" und grenzen das Zwischenergebnis auf nur männliche Einwohner ein, oder wir könnten die beiden Selektionen nach „männlich" und „Italien" in parallelen Abfragen durchführen, wobei beide auf dem vollen Datensatz laufen, und dann die Schnittmenge beider Teilergebnisse erstellen. Alle drei Abfrageausführungspläne erstellen dieselbe Ergebnismenge, benötigen aber unterschiedliche Laufzeiten. Beispielsweise ist es schneller, zuerst nach „Italien" und dann nach „männlich" abzufragen, weil in diesem Fall zunächst aus den 8 Mrd. Einträgen (alle Einträge) die resultierenden 60 Millionen Einträge (alle Italiener) ausgewählt werden und dann lediglich die verhältnismäßig kleine Menge auf das Geschlechtsattribut überprüft werden muss. Wenn Sie mit der Abfrage nach „männlich" beginnen und dann die Abfrage auf „Italien" eingrenzen, müssen im ersten Schritt 8 Mrd. Einträge gescannt werden und im zweiten Schritt die etwa 4 Mrd. Männer auf ihr Herkunftsland überprüft werden.

Kapitel 16: Materialisierungsstrategien

1. **Welche Strategie ist schneller?**
   Welche Materialisierungsstrategie – späte oder frühe Materialisierung – bietet die bessere Leistung?

   (a) frühe Materialisierung
   (b) späte Materialisierung
   (c) abhängig von den Eigenschaften der ausgeführten Abfrage
   (d) Späte und frühe Materialisierung bieten immer die gleiche Leistung.

   Richtige Antwort: (c)

   Erläuterung: Die Frage, welche Materialisierungsstrategie zu verwenden ist, hängt von mehreren Faktoren ab. Dazu gehören z. B. die Selektivität von Abfragen und die Ausführungsstrategie (Pipeline- oder Parallel-Materialisierung). Im Allgemeinen ist späte Materialisierung überlegen, wenn die Abfrage eine geringe Selektivität hat und die abgefragte Tabelle Kompression verwendet.

2. **Nachteile der frühen Materialisierung**
   Welche der folgenden Aussagen ist wahr?

   (a) Die Ausführung eines Abfrageplans mit früher Materialisierung kann nicht parallelisiert werden.

(b) Ob frühe oder späte Materialisierung verwendet wird, wird durch die Systemuhr bestimmt.

(c) Frühe Materialisierung erfordert ein Nachschlagen im Wörterbuch, was sehr teuer sein kann und nicht erforderlich ist, wenn späte Materialisierung eingesetzt wird.

(d) Je nach den Werttypen einer Spalte kann der Gebrauch von Positionsinformationen anstelle der tatsächlichen Werte von Vorteil sein (z. B. in Bezug auf die Cache-Nutzung oder SIMD-Ausführung).

Richtige Antwort: (d)

Erläuterung: Die Arbeit mit Zwischenergebnissen bietet Vorteile hinsichtlich der Cache-Nutzung und der parallelen Ausführung, da Positionsinformationen in der Regel einen kleineren Umfang haben als die tatsächlichen Werte. Folglich passen mehr Elemente in eine Cache-Line. Zusätzlich ermöglichen Cache-Lines aufgrund Ihrer festen Länge parallele SIMD-Operationen. Die Frage des Lockings und der Parallelisierung ist in der Regel unabhängig von der Materialisierungsstrategie.

Kapitel 17: Parallele Datenverarbeitung

1. Amdahls Gesetz

Amdahls Gesetz besagt, dass ...

(a) sich die Anzahl der CPUs jedes Jahr verdoppelt.

(b) der Grad der Parallelisierung nicht höher als die Anzahl der verfügbaren CPUs sein kann.

(c) der Speedup der Parallelisierung durch die für die sequentiellen Anteile des Programms benötigte Zeit begrenzt wird.

(d) sich die Menge des verfügbaren Speichers jedes Jahr verdoppelt.

Richtige Antwort: (c)

Erläuterung: Während die Ausführungszeit der parallelisierbaren Codesegmente durch den Einsatz mehrerer Kerne verkürzt werden kann, kann die Laufzeit des sequenziellen Anteils nicht verringert werden, weil er nur durch einen CPU-Kern ausgeführt werden kann. Da diese Zeit konstant ist, ist die Ausführungszeit des gesamten Programmcodes mindestens so lang wie die Laufzeit des sequenziellen Code-Segments, unabhängig davon, wie viele Kerne verwendet werden. Dieses Grundprinzip wurde zuerst von Amdahl beschrieben und nach ihm benannt. Der Anstieg der Integrationsdichte von CPUs um einen Faktor von 2 alle 18–24 Monate wird als „Moores Gesetz" bezeichnet. Die beiden anderen möglichen Antworten sind falsch.

2. Shared Memory

Wodurch wird die Verwendung von Shared Memory begrenzt?

(a) durch die Anzahl der Threads, die sich die gleichen Ressourcen und den begrenzten Arbeitsspeicher teilen

(b) durch die Caches der CPU

(c) durch die Taktrate des Prozessors

(d) durch die Verwendung von SSE-Befehlen

Korrekte Antwort: (a)

Erläuterung: Standardmäßig ist einem Hauptspeicherbereich immer genau ein Prozess zugewiesen. Alle anderen Prozesse können nicht auf den reservierten Speicherbereich zugreifen. Wenn sich mehrere Prozesse ein Speichersegment teilen und dieses Segment voll ist, wird zusätzlicher geteilter Speicher (Shared Memory) benötigt, welcher vom Betriebssystem angefordert werden muss. Die Größe des Speicherbereichs ist daher ein limitierender Faktor. Aber noch wichtiger ist die Tatsache, dass sich mehrere Worker (dies können Threads, Prozesse etc. sein) die gleichen Ressourcen teilen. Um Inkonsistenzen zu vermeiden, müssen Maßnahmen getroffen werden, z. B. Locking oder MVCC (Multiversion Concurrency Control). Obwohl diese Maßnahmen bei einer geringe Anzahl von Workern keine spürbaren negativen Konsequenzen hinsichtlich der Laufzeit nach sich ziehen, wird jedes Locking jedoch automatisch ein Problem, sobald die Anzahl der Worker einen bestimmten Grenzwert erreicht. Wenn diese Grenze erreicht ist, verringert sich die Laufzeit stark, da sich die Worker-Threads durch das Sperren der jeweils von anderen Threads benötigten Ressourcen gegenseitig stören.

Kapitel 18: Indizes

1. Index-Merkmale
Die Einführung eines Index ...

(a) verringert den Speicherverbrauch.
(b) erhöht den Speicherverbrauch.
(c) beschleunigt Insert-Operationen.
(d) verlangsamt Suchabfragen.

Richtige Antwort: (b)

Erläuterung: Der Index ist eine zusätzliche Datenstruktur und belegt daher Speicher. Er dient der Leistungssteigerung von Scan-Operationen.

2. Invertierter Index
Was ist ein invertierter Index?

(a) eine Struktur, die einmalige Werte des Wörterbuchs in umgekehrter Reihenfolge enthält
(b) eine Liste von Texteinträgen, die entschlüsselt werden müssen; sie wird für erhöhte Sicherheit verwendet.
(c) eine Struktur, die den Unterschied jedes Eintrags im Vergleich zu dem größten Wert enthält
(d) eine Struktur, die jeden einmaligen Wert auf eine Positionsliste abbildet. Diese Positionsliste enthält alle Positionen, an denen der Wert in der Spalte gefunden werden kann.

Richtige Antwort: (d)

Erläuterung: Der invertierte Index besteht aus dem Index-Offset-Vektor und dem Index-Positions-Vektor. Der Index-Offset-Vektor speichert einen Verweis auf die Reihenfolge der Positionen jedes Wörterbuch-Eintrags im Index-Positions-Vektor. Der Index-Positions-Vektor enthält die Positionen (d. h. alle Vorkommen) für jeden Wert im Attribut-Vektor. Somit ist der invertierte Index eine Struktur, die jeden einmaligen Wert einer Positionsliste zuordnet, die alle Positionen enthält, an denen der Wert in der Spalte gefunden werden kann.

Kapitel 19: JOIN

1. **Komplexität des Hash-Joins**

   Welche Komplexität hat der Hash-Join?

   (a) $O(n + m)$
   (b) $O(n^2/m^2)$
   (c) $O(n \cdot m)$
   (d) $O(n \cdot \log(n) + m + \log(m))$

   Richtige Antwort: (a)

   Erläuterung: Es seien m und n die Kardinalitäten der Eingaberelationen M und N mit m <= n. Die in der ersten Phase eines Hash-Joins verwendete Hash-Funktion wird auf die kleinere Eingaberelation angewandt und ordnet in konstanter Zeit einen Wert von variabler Länge einem Wert fester Länge zu. Dafür werden m Operationen benötigt. In der zweiten Phase wird mit dem Attribut-Vektor der größeren Relation die im ersten Schritt erzeugte Hash-Tabelle sondiert. Wieder wird die Hash-Funktion angewandt, und n Operationen mit konstantem Zeitbedarf finden statt. Zusammenfassend hat der Hash-Join eine Komplexität von $O(n + m)$.

2. **Komplexität des Sort-Merge-Joins**

   Welche Komplexität hat der Sort-Merge-Join?

   (a) $O(n+m)$
   (b) $O(n^2/m^2)$
   (c) $O(n \cdot m)$
   (d) $O(n \cdot \log(n) + m \cdot \log(m))$

   Richtige Antwort: (d)

   Erläuterung: Es seien m und n die Kardinalität der Eingaberelationen M und N mit m <= n. Die Laufzeit des Sort-Merge-Joins wird durch den Aufwand bestimmt, beide Eingaberelationen zu sortieren. Als Sortieralgorithmus wird „Merge-Sort" verwendet, der eine Laufzeitkomplexität von $O(n \cdot \log(n))$ für die Eingaberelation N hat. Diese ist dadurch bedingt, dass der Merge-Sort Algorithmus rekursiv arbeitet und die Eingabe in zwei Teile aufteilt, die sortiert und anschließend kombiniert werden. Die tatsächliche Anzahl von Schritten wird durch die Anzahl der Rekursionsebenen bestimmt. Die sich daraus ergebende Gleichung für n Elemente kann nach dem Master-Theorem durch den Term $n \cdot \log(n)$ abgeschätzt werden. Daher hat der Sort-Merge-Join eine Komplexität von $O(m \cdot \log(m) + n \cdot \log(n))$.

3. **Join-Algorithmus bei kleinen Datensätzen**

   Gegeben ist ein extrem kleiner Datensatz. Welchen Join-Algorithmus würden Sie wählen, um die beste Leistung zu erhalten?

   (a) Alle Join-Algorithmen haben die gleiche Leistung.
   (b) Nested-Loop-Join
   (c) Sort-Merge-Join
   (d) Hash-Join

   Richtige Antwort: (b)

Erklärung: Auch wenn der Nested-Loop Join eine wesentlich schlechtere Komplexität hat als die anderen Join-Algorithmen, ermöglicht es dieser Algorithmus, einen Join der Eingaberelationen ohne zusätzliche Datenstrukturen durchzuführen. Daher ist keine Initialisierung von Datenstrukturen erforderlich. Im Falle sehr kleiner Relationen ergibt sich dadurch eine enorme Laufzeiteinsparung.

4. Join-Algorithmus bei großen Datensätzen

Stellen Sie sich einen großen Datensatz mit einem Index vor. Welchen Join-Algorithmus würden Sie wählen, um die beste Leistung zu erhalten?

(a) Nested-Loop-Join
(b) Sort-Merge-Join
(c) Alle Join-Algorithmen haben die gleiche Leistung.
(d) Hash-Join

Richtige Antwort: (d)

Erläuterung: Der Nested-Loop Join ist nicht für große Datenmengen geeignet, weil seine Komplexität viel schlechter ist als die Komplexität der beiden anderen Algorithmen. Der Sort-Merge-Join hat eine schlechtere Laufzeitkomplexität als der Hash-Join, weil potentiell eine Sortierung vorgenommen werden muss, bevor der eigentliche Merge-Prozess stattfinden kann. Allerdings erfordert der Sort-Merge-Join keine Erstellung einer zusätzlichen Hash-Struktur, die je nach Umständen kompliziert und zeitaufwendig sein kann. In diesem Fall kann der Hash-Join den vorhandenen Index verwenden, um den Aufbau der Hash-Map zu beschleunigen, sodass das einzig mögliche Hindernis hier nicht ins Gewicht fällt. Demzufolge ist der Hash-Join der geeignetste Algorithmus, um die Performance für große Datenmengen mit einem Index zu maximieren.

5. Equi-Join

Was ist ein Equi-Join?

(a) Wenn Tupel aus beiden Relationen selektiert werden, wird nur die Hälfte der Join-Relation verwendet, die andere Hälfte der Tabelle wird verworfen.
(b) Wenn Tupel aus beiden Relationen selektiert werden, werden diejenigen Tupel verwendet, die sich durch ein zuvor festgelegtes Gleichheitsprädikat qualifizieren.
(c) Er ist ein Join-Algorithmus, der gewährleistet, dass das Ergebnis aus gleich großen Anteilen der beiden Eingaberelationen besteht.
(d) Er ist ein Join-Algorithmus, um Informationen abzurufen, die möglicherweise nicht vorhanden sind. Wenn also ein Tupel aus einer Relation selektiert wird und dieses Tupel kein passendes Tupel in der anderen Relation hat, werden für die fehlenden Werte sog. NULL-Werte einfügen.

Richtige Antwort: (b)

Erläuterung: Es gibt zwei allgemeine Kategorien von Joins: Inner-Joins und Outer-Joins. Inner-Joins erstellen eine Ergebnistabelle, die Tupel nur aus beiden Eingabetabellen kombiniert, wenn beide gerade betrachteten Tupel die spezifische Join-Bedingung erfüllen. Auf Grundlage eines Join-Prädikats wird jedes Tupel aus der ersten Tabelle mit jedem Tupel der zweiten Tabelle kombiniert, das resultierende Kreuzprodukt wird nach der

Join-Bedingung gefiltert (ähnlich wie bei einer SELECT-Anweisung). Outer-Joins hingegen unterliegen nicht so strengen Bedingungen, um Tupel aufzunehmen. Wenn ein Tupel kein passendes Tupel in der anderen Relation hat, fügt der Outer-Join NULL-Werte für die fehlenden Attribute in das Ergebnis ein und schließt die sich daraus ergebende Kombination mit ein. Weitere Spezialisierungen der beiden Join-Typen sind beispielsweise der Semi-Join, der nur die Attribute des linken Join-Partners zurückgibt, wenn das Join-Prädikat zutrifft. Eine andere Spezialisierung ist der Equi-Join. Er ermöglicht den Abruf von Tupeln, die ein gegebenes Gleichheitsprädikat für beide Seiten der Tabellen, die einen Join bilden, erfüllen. Das kombinierte Ergebnis enthält zweimal das gleiche Attribut, einmal aus der linken und einmal aus der rechten Relation. Der sogenannte Natural-Join ähnelt dem Equi-Join, außer dass er eine der beiden redundanten Spalte ausblendet.

6. **Eins-zu-Eins-Beziehung**

   Was ist eine Eins-zu-Eins-Beziehung?

   (a) Eine Eins-zu-Eins-Beziehung zwischen zwei Objekten bedeutet, dass sich für jedes Objekt auf der linken Seite ein oder mehrere Objekte auf der rechten Seite der durch einen Join verbundenen Tabelle befinden, und jedes Objekt auf der rechten Seite genau einen Join-Partner auf der linken Seite hat.

   (b) Eine Eins-zu-Eins-Beziehung zwischen zwei Objekten bedeutet, dass für genau ein Objekt auf der linken Seite des Joins höchstens ein Objekt auf der rechten Seite existiert und umgekehrt.

   (c) Eine Eins-zu-Eins-Beziehung zwischen zwei Objekten bedeutet, dass jedes Objekt auf der linken Seite mit einem oder mehreren Objekten auf der rechten Seite der Tabelle durch einen Join verbunden ist, und umgekehrt jedes Objekt auf der rechten Seite einen oder mehrere Join-Partner auf der linken Seite der Tabelle hat.

   (d) Jede Abfrage, die genau einen Join zwischen genau zwei Tabellen hat, wird Eins-zu-Eins-Beziehung genannt, weil eine Tabelle genau mit einer anderen Tabelle verknüpft wird.

   Richtige Antwort: (b)

   Erläuterung: Es existieren drei verschiedene Arten von Beziehungen zwischen zwei Tabellen. Dies sind die Eins-zu-Eins-, Eins-zu-Viele- und Viele-zu-Viele-Beziehung. Bei einer Viele-zu-Viele-Beziehung kann sich jedes Tupel aus der ersten Beziehung auf mehrere Tupel aus der zweiten Beziehung und umgekehrt beziehen. In einer Eins-zu-Viele-Beziehung kann sich jedes Tupel der ersten Tabelle auf mehrere Tupel aus der zweiten Tabelle beziehen, aber jedes Tupel aus der zweiten Beziehung bezieht sich nur auf genau ein Tupel aus der ersten Beziehung. Folglich verbindet eine Eins-zu-Eins-Beziehung jedes Tupel der ersten Beziehung mit keinem oder genau einem Tupel aus der zweiten Beziehung.

Kapitel 20: Aggregatfunktionen

1. **Definition der Aggregatfunktion**

   Was sind Aggregatfunktionen?

   (a) eine Menge von Funktionen, die Werte von einem Datentyp in einen anderen Datentyp transformieren
   (b) eine Menge von Indizes, welche die Bearbeitung eines bestimmten Reports beschleunigen
   (c) eine Menge von Tupeln, die entsprechend spezifischer Anforderungen zusammen gruppiert werden
   (d) eine bestimmte Menge von Funktionen, die mehrere Werte aus einem Eingabedatensatz zusammenfassen und für diese einen Ausgabewert liefern

   Richtige Antwort: (d)

   Erläuterung: Manchmal ist es notwendig eine Zusammenfassung von Werten einer Datenmenge zu erhalten, wie den Durchschnitt, das Minimum oder die Anzahl der Einträge. Datenbanken stellen spezielle Funktionen für diese Aufgaben zu Verfügung, die als Aggregatfunktionen bezeichnet werden. Diese Aggregatfunktionen verwenden mehrere Zeilen als Eingabe, um daraus eine aggregierte Ausgabe zu erstellen. Diese Funktionen arbeiten nicht auf einzelnen Tupeln, sondern operieren auf Gruppen von Tupeln die anhand der spezifizierten Gruppierungsattribute erzeugt werden.

2. **Aggregatfunktionen**

   Welches der folgenden Schlüsselwörter bezeichnet eine Aggregatfunktion?

   (a) HAVING
   (b) MINIMUM
   (c) SORT
   (d) GROUP BY

   Richtige Antwort: (b)

   Erläuterung: MINIMUM (oft als MIN bezeichnet) ist die einzige hier aufgeführte Aggregatfunktion. HAVING wird in SQL-Abfragen verwendet, um die erzeugten aggregierten Werten zusätzlich zu filtern. GROUP BY wird verwendet, um die Spalten, auf denen die Aggregationen durchgeführt werden sollen, zu spezifizieren (alle Tupel mit gleichen Werten in diesen Spalten werden gruppiert; falls mehrere Spalten spezifiziert werden, wird ein Ergebnis pro einzigartiger Attribut-Kombination berechnet). SORT ist überhaupt kein gültiger SQL-Ausdruck.

Kapitel 21: Paralleles SELECT

1. **Abfrageausführungspläne von parallelisierten SELECTs**
   Wenn ein SELECT-Statement parallel ausgeführt wird, ...

   (a) werden alle anderen SELECT-Statements angehalten.
   (b) wird sein Abfrageausführungsplan im Vergleich zu sequentieller Ausführung um vieles einfacher.
   (c) wird sein Abfrageausführungsplan entsprechend angepasst.
   (d) wird sein Abfrageausführungsplan überhaupt nicht verändert.

   Richtige Antwort: (c)

   Erklärung: Wenn Spalten in Chunks aufgeteilt sind, können Scans von Attribut-Vektoren mit einem Thread pro Chunk parallel ausgeführt werden. Alle Ergebnisse für die Chunks derselben Spalte müssen anschließend durch eine UNION-Operation kombiniert werden. Wenn mehr als eine Spalte gescannt wird, muss zusätzlich eine positionale AND-Operation durchgeführt werden. Um diese Operation ebenfalls parallel auszuführen, müssen die betroffenen Spalten in gleiche Teile partitioniert werden. Demzufolge ändert eine Parallelisierung der positionalen AND-Operation den Ausführungsplan, und somit ist Antwort c) korrekt.

Kapitel 22: Workload-Management und Scheduling

1. **Ressourcenkonflikte**
   Welche drei Hardware-Ressourcen werden in der Regel vom Scheduler in einem verteilten In-Memory-Datenbank-Setup berücksichtigt?

   (a) CPU-Rechenleistung, Hauptspeicher, Netzwerkbandbreite
   (b) Hauptspeicher, Festplatte, Bandlaufwerk
   (c) CPU-Rechenleistung, Grafikkarte, Monitor
   (d) Netzwerkbandbreite, Netzteil, Hauptspeicher

   Richtige Antwort: (a)

   Erläuterung: Bei der Planung von Abfragen in einer In-Memory-Datenbank haben Speichermöglichkeiten außerhalb des Hauptspeichers keine Bedeutung. Darüber hinaus sind Grafikhardware und Peripheriegeräte in der Regel kein Leistungsindikator für Datenbank-Systeme.

2. **Scheduling-Strategie für das Workload-Management**
   Warum könnte eine komplexe Workload-Scheduling-Strategie im Vergleich zu einer einfachen Ressourcenzuteilung auf Basis von Heuristiken oder einer gleichmäßigen Verteilung, z. B. Round Robin, Nachteile aufweisen?

   (a) Die Ausführung einer Scheduling-Strategie selbst verbraucht mehr Ressourcen als ein einfacher Schedulingansatz. Eine Strategie ist in der Regel für einen bestimmten Workload optimiert, und wenn dieser Workload sich abrupt ändert, könnte die Scheduling-Strategie zu schlechteren Ergebnissen führen als eine gleichmäßige Verteilung.
   (b) Heuristiken sind immer besser als komplexe Scheduling-Strategien.

(c) Eine Scheduling-Strategie basiert auf allgemeinen Workloads und kann deswegen möglicherweise, im Vergleich zu Heuristiken oder einer gleichmäßigen Verteilung, nicht die beste Leistung für bestimmte Workloads erreichen.

(d) Round-Robin ist in der Regel die beste Scheduling-Strategie.

Richtige Antwort: (a)

Erläuterung: Scheduling-Strategien erreichen einen Punkt, an dem jede weitere Optimierung auf einem bestimmten Workload basiert. Wenn man anhand der vergangenen Workloads die zukünftigen vorhersagen kann, kann der Scheduler die Abfragen so verteilen, dass sie eine maximale Performance für dieses Szenario erreichen. Wenn sich jedoch der Workload unvorhersehbar ändert, bringen spezielle Strategien keinen Gewinn. Unter diesen Umständen sind spezielle Optimierungen eher ein unnötiger Overhead, da sie eventuell zusätzliche Zeit für das Scheduling, weitere Datenstrukturen oder zusätzliche Ressourcen benötigen.

3. **Analytische Abfragen im Workload-Management**
   Analytische Abfragen sind typischerweise ...

   (a) lange laufend mit geringen Zeitrestriktionen.
   (b) kurz laufend mit geringen Zeitrestriktionen.
   (c) kurz laufend mit strengen Zeitrestriktionen.
   (d) lange laufend mit strengen Zeitrestriktionen.

   Richtige Antwort: (a)

   Erläuterung: Analytische Workloads bestehen aus komplexen und rechenintensiven Abfragen. Daher haben analytische Abfragen in der Regel eine lange Ausführungszeit. Während eine gewisse Antwortzeit für transaktionale Abfragen sichergestellt werden muss, ist dies für analytische Abfragen nicht der Fall. Obwohl sie so kurz wie möglich sein sollten, werden Geschäftsprozesse nicht abgebrochen, wenn eine analytische Abfrage 3 statt 2 s dauert. Deshalb haben analytische Abfragen im Vergleich zu transaktionalen Abfragen geringe Zeitrestriktionen.

4. **Abfrageantwortzeiten**
   Abfrageantwortzeiten ...

   (a) können erhöht werden, sodass ein Anwender so viele Aufgaben wie möglich parallel durchführen kann, weil Kontext-Wechsel billig sind.
   (b) müssen so kurz wie möglich gehalten werden, sodass der Anwender auf die anstehende Aufgabe konzentriert bleiben kann.
   (c) sollten niemals verringert werden, weil die Anwender mit einem solchem Verhalten des Systems nicht vertraut sind und sonst frustriert werden.
   (d) haben keinen Einfluss auf die Arbeitsweise eines Anwenders.

   Richtige Antwort: (b)

   Erläuterung: Antwortzeiten für Abfragen haben einen enormen Einfluss auf die Arbeitsweise des Anwender. Wenn ein Vorgang zu lange dauert, neigt man dazu, sich anderen Themen als der ursprünglichen Aufgabe zuzuwenden. Sich erneut auf die Aufgabe konzentrieren zu müssen, ist sehr anstrengend, und daher sollten Wartezeiten vermieden werden, um eine angenehme Erfahrung im Umgang mit der Anwendung zu garantieren und menschliche Irrtümer zu reduzieren.

Kapitel 23: Paralleler Join

1. **Parallelisierung des Hash-Joins**

   Welchen Nachteil bringt es mit sich, wenn die Sondierungsphase eines Join-Algorithmus parallelisiert wird, aber die Hashing-Phase sequenziell durchgeführt wird?

   (a) Die sequenzielle Durchführung der Hashing-Phase führt zu Inkonsistenzen innerhalb der erzeugten Hash-Map.

   (b) Der Algorithmus hat weiterhin einen großen sequenziellen Anteil, der sein Skalierungspotenzial begrenzt.

   (c) Die sequenzielle Hashing-Phase läuft aufgrund der großen Ressourcenauslastung der parallelen Sondierungsphase langsamer ab.

   (d) Die Tabelle muss in kleinere Teile aufgeteilt werden, sodass jeder Kern, der die Sondierung durchführt, seine Aufgabe beenden kann.

   Richtige Antwort: (b)

   Erläuterung: Mit Amdahls Gesetz im Hinterkopf ist klar, dass der Hash-Join nur so schnell sein kann wie die Summe aller sequenziellen Teile des Algorithmus. Eine Parallelisierung der Sondierungsphase verkürzt zwar die benötigte Zeit, hat aber keinen Einfluss auf die Hash-Phase, die weiterhin sequenziell durchgeführt wird. Somit liegt immer noch ein großer Teil des Algorithmus vor, der nicht parallelisiert werden kann.

Kapitel 24: Parallele Aggregation

1. **Aggregation – GROUP BY**

   Gegeben sei die folgende Abfrage, welche die Anzahl der Einwohner jedes Landes berechnet:

   SELECT country, COUNT(*)
   FROM world_population
   GROUP BY country;

   Die GROUP BY-Klausel wird verwendet, um auszudrücken, ...

   (a) welches Grafikformat für die Darstellung der Suchergebnisse verwendet werden soll.

   (b) ob ein zusätzliches Filterkriterium auf Basis der Aggregatfunktion verwendet werden soll.

   (c) dass die Aggregatfunktion für jeden einmaligen Wert eines Landes berechnet werden soll.

   (d) in welcher Reihenfolge die Länder in der Ergebnismenge sortiert werden sollen.

   Richtige Antwort: (c)

   Erläuterung: Im Allgemeinen wird die GROUP BY-Klausel verwendet, um auszudrücken, dass alle verwendeten Aggregatfunktionen für jeden einmaligen Wert (oder Wert-Kombinationen) der spezifizierten Attribute berechnet werden sollen. In diesem Fall ist nur ein Attribut spezifiziert, sodass nur Datensätze, die einmalige Werte für das Land enthalten, aggregiert werden. Die Sortierreihenfolge wird in der ORDER BY-Klausel spezifiziert; mit der HAVING-Klausel können den aggregierten Werten zusätzliche Filterkriterien hinzugefügt werden.

2. Anzahl der Threads

Wie viele Threads werden in der zweiten Phase des beschriebenen parallelen Aggregations-Algorithmus verwendet, wenn die Tabelle in 20 Teile aufgeteilt wird und das GROUP BY-Attribut sechs einmalige Werte umfasst?

(a) genau 20 Threads
(b) höchstens 6 Threads
(c) mindestens 10 Threads
(d) höchstens 20 Threads

Richtige Antwort: (b)

Erläuterung: In der Aggregationsphase werden die gepufferten Hash-Tabellen durch sogenannte Merger-Threads einem Merge-Prozess unterworfen. Jeder Thread ist für einen bestimmten Bereich des GROUP BY-Attributes verantwortlich. Wenn also das GROUP BY-Attribut 6 einmalige Werte umfasst, gibt es maximal eine Anzahl von 6 Threads. Wenn es mehr als 6 Threads gibt, werden die überzähligen Threads keine ausstehenden Werte erhalten und werden daher nicht genutzt.

Kapitel 25: Differential Buffer

1. Der Differential Buffer

Was ist ein Differential Buffer?

(a) Ein Buffer, in dem Ausnahme- und Fehlermeldungen gespeichert werden.
(b) Ein Buffer, in dem unterschiedliche Zwischenergebnisse für ein und dieselbe Abfrage für eine spätere Nutzung gespeichert werden.
(c) Ein dedizierter Speicherbereich in der Datenbank, in dem INSERTs, UPDATEs und DELETEs zwischengespeichert werden.
(d) Ein Buffer, in dem Abfragen zwischengespeichert werden, bis eine ungenutzte CPU zur Verfügung steht, die eine neue Aufgabe übernehmen kann.

Richtige Antwort: (c)

Erläuterung: Der Main Store ist für Lesevorgänge optimiert. Mit großer Wahrscheinlichkeit erzwingt das Einfügen eines Tupels eine Umstrukturierung des Attribut-Vektors des Main Stores. Um dies zu vermeiden, haben wir den Differential Buffer eingeführt. Dies ist ein zusätzlicher Speicherbereich, in dem alle Datenänderungen wie Einfügungs-, Aktualisierungs- und Löschvorgänge durchgeführt und gepuffert werden, bis sie in den Main Store integriert werden. Dies führt dazu, dass wir einen leseoptimierten Main Store und einen schreiboptimierten Differential Buffer vorliegen haben. In Kombination dazu werden sowohl Update-Operationen als auch Lesevorgänge durch optimale Speicher-Strukturen unterstützt, die zu einer erhöhten Gesamtleistung führen.

2. Leistung eines Differential Buffers

Warum könnte sich die Leistung von Leseabfragen durch die Einführung des Differential Buffers verschlechtern?

(a) weil mit dem Differential Buffer nur eine Abfrage auf einmal beantwortet werden kann

(b) weil Leseabfragen sowohl an die Hauptpartition als auch an den schreiboptimierten Differential Buffer gerichtet werden müssen

(c) weil alle Inserts im Differential Buffer gesammelten werden, muss bei jeder Lese-Abfrage der vollständige Merge-Prozess durchgeführt werden

(d) weil die CPU die Abfrage nicht durchführen kann, bevor der Differential Buffer gefüllt ist

Richtige Antwort: (b)

Erläuterung: Neue Tupel werden zuerst in den Differential Buffer eingefügt, bevor sie in den Main Store integriert werden. Um Inserts so stark wie möglich zu beschleunigen, ist der Differential Buffer auf das Schreiben von Tupeln anstatt auf Leseabfragen optimiert. Leseabfragen über die gesamten Daten hinweg müssen auch an den Differential Buffer gestellt werden, was zu einer Verlangsamung führen kann. Um zu vermeiden, dass ein Benutzer diese Auswirkungen spürt, wird die Menge an Werten im Differential Buffer, verglichen mit der Menge an Werten im Main Store, gering gehalten. Durch Ausnutzung der Tatsache, dass der Main Store und der Differential Buffer parallel gescannt werden können, werden spürbare Geschwindigkeitseinbußen vermieden.

3. Abfragen des Differential Buffer

Wenn wir einen Differential Buffer verwenden, stehen wir vor dem Problem, dass mehrere Tupel, die zu einem realen Eintrag gehören, sowohl in der Hauptpartition als auch im Differential Buffer vorhanden sein können. Wie können wir dieses Problem lösen?

(a) Diese Aussage ist völlig falsch, weil niemals mehrere Versionen eines Tupel bestehen dürfen.

(b) Alle Attribute jedes doppelt vorkommenden Tupels werden im komprimierten Main Store auf den Wert NULL gesetzt.

(c) Wir führen ein Validitäts-Bit ein.

(d) Wir verwenden einen speziellen Garbage Collector, der bis auf den letzten Eintrag, alle anderen Einträge entfernt.

Richtige Antwort: (c)

Erläuterung: Indem wir dem Insert-Only-Ansatz folgen, löschen oder ändern wir keine bestehenden Attribute oder ganze Tupel in der Datenbank. Wenn wir Attribute eines vorhandenen Tupels ändern wollen, fügen wir dem Differential Buffer das aktualisierte Tupel sowohl mit den geänderten als auch den unveränderten Werten hinzu. Um das Problem zu lösen, dass mehrere Tupel zu einem realen Eintrag gehören und die jeweils gültigen Werte identifizierbar sein müssen, haben wir einen Validitäts-Vektor eingeführt, der anzeigt, ob ein Tupel gültig ist oder nicht.

Kapitel 26: Insert-Only

1. **Aussagen über Insert-Only**

   Welche der folgenden Aussagen ist wahr, wenn wir von einem Insert-Only-Ansatz ausgehen?

   (a) Wenn ein Differential Buffer verwendet wird, können historische Daten genutzt werden, um die Performance von Inserts zu beschleunigen.

   (b) Alte Daten werden gelöscht, weil sie nicht mehr benötigt werden.

   (c) Historische Daten müssen in einer separaten Datenbank gespeichert werden, um die Größe der Hauptspeicherdatenbank zu verkleinern.

   (d) Daten werden nicht gelöscht, sondern stattdessen für ungültig erklärt.

   Richtige Antwort: (d)

   Erläuterung: Bei einem Insert-Only-Ansatz werden Daten niemals gelöscht oder auf eine andere getrennte Datenbank ausgelagert. Außerdem ist, wenn ein Differential Buffer verwendet wird, die Insert-Leistung unabhängig von den bereits in der Datenbank gespeicherten Daten. Ohne einen Differential Buffer könnte eine große Menge von Daten, die bereits in der Tabelle abgelegt ist, in der Tat Einfüge-Operationen (Inserts) in sortierte Spalten beschleunigen, weil ein relativ gesättigtes und daher stabiles Wörterbuch den für eine Neusortierung notwendigen Mehraufwand verringern würde.

2. **Vorteile von historischen Daten**

   Welche der folgenden Aussagen ist KEIN Grund dafür, dass historische Daten von einem Unternehmen aufbewahrt werden?

   (a) Historische Daten können verwendet werden, um die Entwicklung des Unternehmens zu analysieren.

   (b) In vielen Ländern ist es gesetzlich vorgeschrieben, historische Daten zu speichern.

   (c) Historische Daten können für sog. Time-Travel-Abfragen genutzt werden.

   (d) Historische Daten können analysiert werden, um die Abfrageleistung in hohem Maß zu steigern.

   Richtige Antwort: (d)

   Erläuterung: Mit historischen Daten sind Time-Travel-Abfragen möglich. Sie erlauben Benutzern, Daten genau so zu sehen, wie sie zu einem beliebigen Zeitpunkt in der Vergangenheit ausgesehen haben. Dem Management eines Unternehmens hilft dieser einfache Zugriff auf historische Daten, die Geschichte und die Entwicklung des Unternehmens effizient zu analysieren. Darüber hinaus sind beispielsweise Unternehmen in Deutschland gesetzlich verpflichtet, bestimmte Geschäftsunterlagen für Steuerprüfungen zu speichern. Historische Daten verbessern jedoch nicht die Abfrage-Leistung in hohem Maße, was somit die richtige Antwort ist.

3. **Zugriffe bei Punkt-Repräsentation**

   Wie viele Tupel müssen überprüft werden, um das neuste Tupel zu finden, wenn wir von einer Tabelle mit Punkt-Repräsentation und einem Tupel, das fünf Mal invalidiert wurde, ausgehen?

   (a) fünf

   (b) zwei, das neueste und das vorhergehende

(c) nur eines, und zwar das erste, das eingefügt wurde

(d) sechs

Richtige Antwort: (d)

Erläuterung: Wenn Punkt-Repräsentation verwendet wird, müssen alle Tupel, die zu einem realen Eintrag gehören, überprüft werden, um das neueste Tupel zu bestimmen. Es reicht nicht aus, am Ende der Tabelle zu beginnen und den ersten Eintrag, der zum gewünschten realen Eintrag gehört, zu verwenden, weil die Tabelle in den meisten Fällen durch ein Attribut und nicht durch die Reihenfolge der Einfügungen sortiert ist. In diesem Fall müssen sechs Tupel geprüft werden: alle fünf ungültig gemachten und das aktuelle.

4. **Physisches Löschen statt Insert-Only**

Was wäre notwendig, um physisches Löschen von Tupeln in SanssouciDB umzusetzen?

(a) Wörterbuch-Bereinigung, was zu einem erneuten Schreiben des Attribut-Vektors führen würde

(b) Der letzte Snapshot muss nach dem Löschen neu geladen werden, um die Konsistenz der Daten zu erhalten.

(c) Löschen von Tupeln ist ein Teil von SanssouciDB.

(d) Sicherstellung der Kompatibilität zu anderen Datenbank-Management-Systemen

Richtige Antwort: (a)

Erläuterung: Das physische Löschen von Tupeln würden es in einigen Fällen notwendig machen, das Wörterbuch zu bereinigen, da Werte, die in der Tabelle nicht mehr vorhanden sind, entfernt werden müssen.

5. **Weitere Aussagen über Insert-Only**

Welche der folgenden Aussagen über Insert-Only ist wahr?

(a) Punkt-Repräsentation ermöglicht aufgrund ihrer geringeren Auswirkungen auf die Tupel-Größe schnellere Leseoperationen als Intervall-Repräsentation.

(b) Bei Verwendung der Intervall-Representation müssen vier Operationen ausgeführt werden, um ein Tupel für ungültig zu erklären.

(c) Intervall-Repräsentation ermöglicht effizientere Schreiboperationen als Punkt-Repräsentation.

(d) Punkt-Repräsentation ermöglicht effizientere Schreiboperationen als Intervall- Repräsentation.

Richtige Antwort: (d)

Erläuterung: Punkt-Repräsentation ist für Lesevorgänge, die nur das jüngste Tupel erfordern, weniger effizient. Um bei Punkt-Repräsentation das jüngste Tupel zu ermitteln, müssen alle Tupel dieses Eintrages überprüft werden. Ein positiver Aspekt zeigt sich durch die Tatsache, dass Punkt-Repräsentation im Vergleich zur Intervall-Repräsentation effizientere Schreibvorgänge ermöglicht. Denn bei jedem Update muss nur das Tupel mit den neuen Werten und dem aktuellen „Wert ab"-Datum eingefügt werden, die anderen Tupel brauchen nicht verändert zu werden. Das Einfügen des Tupels mit den neuen Einträgen könnte jedoch die Suche nach dem ehemaligen jüngsten Tupel erfordern, um alle unveränderten Werte abzurufen.

Kapitel 27: Der Merge-Prozess

1. Was ist der Merge-Prozess?

Der Merge-Prozess ...

(a) integriert die Daten des schreiboptimierten Differential Buffer in den leseoptimierten Main Store.
(b) verbindet den Main Store und den Differential Buffer, um die Parallelität zu erhöhen.
(c) führt die Spalten einer Tabelle in ein zeilenorientiertes Format zusammen.
(d) optimiert die Schreibleistung.

Richtige Antwort: (a)

Erklärung: Wenn wir einen Differential Buffer als zusätzliche Datenstruktur verwenden, um die Schreibleistung unserer Datenbank zu verbessern, müssen wir diese Daten periodisch in die komprimierte Hauptpartition integrieren, um die Vorteile in Bezug auf die Leseleistung aufrechtzuerhalten. Dieser Vorgang wird „Merge-Prozess" genannt.

2. Wann wird der Merge-Prozess ausgeführt?

Wann wird der Merge-Prozess ausgelöst?

(a) wenn die Anzahl der Tupel im Differential Buffer einen vorgegebenen Schwellenwert übersteigt
(b) wenn der Speicherplatz auf der Festplatte zur Neige geht und der Main Store weiter komprimiert werden muss
(c) vor jeder SELECT-Operation
(d) nach jeder INSERT-Operation

Richtige Antwort: (a)

Erläuterung: Wenn zu viele Tupel im Differential Buffer gehalten werden, verlangsamt das die Leseleistung von allen Daten. Daher ist es notwendig, einen bestimmten Schwellenwert zu definieren, von dem an der Merge-Prozess ausgelöst werden soll. Wenn das zu häufig geschieht (zum Beispiel nach jedem INSERT oder sogar vor jedem SELECT), wäre der Overhead des Merge-Prozesses größer als mögliche Einbußen für die gemeinsame Abfrage von sowohl Main Store als auch Differential Buffer.

Kapitel 28: Logging

1. Snapshot-Aussagen

Welche Aussage über Snapshots ist falsch?

(a) Der Wiederherstellungsprozess ist schneller, wenn ein Snapshot genutzt wird, weil nur Log-Dateien nach dem Snapshot wieder eingespielt werden müssen.
(b) Der Snapshot enthält den aktuellen leseoptimierten Store.
(c) Ein Snapshot ist ein exaktes Abbild von einem konsistenten Zustand der Datenbank zu einem bestimmten Zeitpunkt.
(d) Ein Snapshot wird idealerweise nach jeder Insert-Anweisung gemacht.

Richtige Antwort: (d)

Erläuterung: Ein Snapshot ist eine direkte Kopie des Main Stores. Aus diesem Grund müssen alle Daten der Datenbank im Main Store vorhanden sein, wenn ein Snapshot erstellt wird, damit der komplette Datensatz erfasst werden kann. Dies ist nur nach dem Merge-Prozess der Fall, nicht jedoch nach jedem Insert, denn Inserts werden in den Differential Buffer geschrieben und würden somit ausgelassen werden.

2. Wiederherstellungs-Merkmale
Welche der folgenden Möglichkeiten ist eine wünschenswerte Eigenschaft jedes Wiederherstellungs-Mechanismus´?

(a) Wiederherstellung nur der neuesten Daten
(b) die Rückgabe der Ergebnisse in der richtigen Sortierreihenfolge
(c) maximale Ausnutzung der Systemressourcen
(d) schnelle Wiederherstellung ohne Datenverlust

Richtige Antwort: (d)

Erläuterung: Natürlich ist es die beste Option, alle Daten mit so wenig Zeitaufwand wie möglich wiederherzustellen. Als Nebeneffekt kann sich eine hohe Ressourcenauslastung ergeben, das ist aber kein Muss.

3. Situationen für Wörterbuch-codiertes Logging
Wann ist Wörterbuch-codiertes Logging dem logischen Logging hinsichtlich des Speicherverbrauchs überlegen?

(a) Wenn Werte nur einmal eingefügt werden
(b) Wenn die Anzahl der einmaligen Werte hoch ist
(c) Wenn alle Werte unterschiedlich sind
(d) Wenn identische Werte mehrfach eingefügt werden

Richtige Antwort: (d)

Erläuterung: Wörterbuch-Codierung ersetzt potentiell große Werte variabler Länge durch eine minimale Anzahl von Bits, die auf den tatsächlichen Wert verweisen. Als verwendete Struktur benötigt das Wörterbuch jedoch grundlegend zusätzlichen Speicherplatz. Wenn Werte mehr als einmal erscheinen, sind im Gegenzug enorme Einsparungen möglich, denn ein großer Wert wird nur einmal gespeichert und dann immer durch den kleineren Schlüssel-Wert referenziert. Wenn der Anteil der einmaligen Werte an der Gesamtanzahl der Werte hoch oder sogar maximal ist (wenn alle Werte unterschiedlich sind), können die möglichen Verbesserungen nicht vollständig ausgenutzt werden.

4. Geringere Log-Größe
Welche Logging-Methode führt zur geringsten Log-Größe?

(a) gewöhnliches Logging
(b) Log-Größen unterscheiden sich nie.
(c) Wörterbuch-codiertes Logging
(d) logisches Logging

Richtige Antwort: (c)

Erläuterung: Gewöhnliches Logging ist falsch, weil es diese Form überhaupt nicht gibt. Logisches Logging schreibt alle Daten unkomprimiert auf die Festplatte. Im Gegensatz dazu speichert Wörterbuch-codiertes Logging die Daten mit Hilfe von Wörterbüchern, sodass die Größe der Daten implizit kleiner ist, weil wiederkehrende Werte komprimiert sind. Folglich hat von den genannten Logging-Varianten das Wörterbuch-codierte Logging die geringste Log-Größe.

5. Wörterbuch-codierte Log-Größe

Warum hat Wörterbuch-codiertes Logging im Vergleich zu logischem Logging die geringere Log-Größe?

(a) wegen der Interpolation
(b) weil es nur die Differenzen zwischen den vorhergesagten und den realen Werten speichert
(c) aufgrund der Verringerung von sich wiederholenden Werten
(d) weil aktuelle Log-Größen gleich sind und die kleinere Größe nur ein Konvertierungsfehler bei der Berechnung der Log-Größen ist

Richtige Antwort: (c)

Erläuterung: Wörterbuch-Codierung ist ein Kompressionsverfahren, das mithilfe eines Wörterbuches Werte mit variabler Länge durch kleinere Werte mit fester Länge codiert. Infolge dessen reduziert es die Größe der wiederholt auftretenden Werte.

Kapitel 29: Wiederherstellung

1. Wiederherstellung

Was wird als Wiederherstellung bezeichnet?

(a) Es ist der Prozess der Aufzeichnung aller Daten während der Laufzeit des Systems.
(b) Es ist der Prozess der Wiederherstellung auf den letzten konsistenten Zustand vor dem Absturz.
(c) Es ist der Prozess der Verbesserung des physischen Layouts von Datenbanktabellen, um Abfragen zu beschleunigen.
(d) Es ist der Prozess der Bereinigung des Hauptspeichers, der freien Raum „wiederherstellt".

Richtige Antwort: (b)

Erläuterung: Bei einem Ausfall des Datenbankservers muss das System neu gestartet und in einen konsistenten Zustand zurückgesetzt werden. Dies wird durch das Laden der im persistenten Speicher gespeicherten Backup-Daten in die In-Memory-Datenbank erreicht. Der gesamte Prozess wird als „Wiederherstellung" bezeichnet.

2. Server-Ausfall

Was passiert im Fall eines Server-Ausfalls?

(a) Wenn möglich muss das System neu gestartet und wiederhergestellt werden, während ein anderer Server den Workload übernimmt.

(b) Die Stromversorgung wird auf Notstromversorgung umgeschaltet, sodass die Daten im Hauptspeicher des Servers nicht verlorengehen.

(c) Der Ausfall eines Servers hat keinerlei Auswirkungen auf den Workload.

(d) Alle Daten werden im letzten Moment, bevor der Server sich abschaltet, auf dem persistenten Speicher gesichert.

Richtige Antwort: (a)

Erläuterung: Eine Notstromversorgung ist nur eine Lösung, wenn es zu einem Stromausfall kommt, aber wenn eine CPU oder ein Mainboard einen Fehler verursachen, ist eine Backup-Stromversorgung nutzlos. Nicht immer ist es im letzten Moment, bevor der Server heruntergefahren wird, möglich, Daten auf einen persistenten Speicher zu schreiben. Wenn es beispielsweise zu einem Stromausfall kommt und keine Notstromversorgung existiert oder wenn eine elektrische Komponente einen Kurzschluss verursacht und der Server sofort herunterfährt, um weitere Schäden zu verhindern, steht keine Zeit mehr zur Verfügung, um eine große Datenmenge auf die langsame Festplatte zu schreiben. Wenn ein Server heruntergefahren werden musste, sollten dennoch eingehende Abfragen ausgeführt werden können. Daher ist die richtige Antwort, dass der Server, wenn möglich, neu gestartet werden sollte, und die Daten so schnell wie möglich wiederhergestellt werden sollten. In der Zwischenzeit muss, falls andere Server verfügbar sind, der Workload auf diese verteilt werden.

Kapitel 30: On-the-Fly-Datenbankreorganisation

1. **Trennung von aktiven und passiven Daten**
   Wie sollte die Datentrennung in aktive und passive Daten vorgenommen werden?

   (a) zufällig, um eine effiziente Nutzung der Speicherbereiche sicherzustellen

   (b) round-Robin, um eine gleichmäßige Verteilung von Daten zwischen Speichern für aktive und passive Daten sicherzustellen

   (c) manuell, am Ende des Lebenszyklus´ eines Objekts

   (d) automatisch, in Abhängigkeit vom Status des Objekts in seinem Lebenszyklus

   Richtige Antwort: (d)

   Erläuterung: In Unternehmensanwendungen haben Business-Objekte ihre eigenen Lebenszyklen, die in aktive (hot) und passive (cold) Zustände getrennt werden können. Die Zustände werden durch eine Abfolge von eingetretenen Ereignissen definiert. Wenn ein Business-Objekt nicht mehr weiter verändert wird und selten darauf zugegriffen wird, wird es passiv und kann in den Speicherbereich für passive Daten verschoben werden, der eine langsamere und damit günstigere Speicherart als der Hauptspeicher sein kann.

2. **Datenreorganisation in Row Stores**
   Das Hinzufügen eines neuen Attributes innerhalb einer Tabelle, die in zeilenorientiertem Format gespeichert ist ...

   (a) ist nicht möglich.

   (b) ist eine teure Operation, weil die gesamte Tabelle neu aufgebaut werden muss, um in jeder Zeile Platz für das zusätzliche Attribut zu schaffen.

(c) ist on-the-fly möglich, ohne Einschränkungen auf nebenläufig ausgeführte Abfragen, welche die Tabelle nutzen.

(d) ist sehr günstig, da nur Metadaten angepasst werden müssen.

Richtige Antwort: (b)

Erläuterung: In zeilenorientierten Tabellen werden alle Attribute eines Tupels fortlaufend gespeichert. Wenn ein zusätzliches Attribut hinzugefügt wird, muss der Speicher für die gesamte Tabelle neu organisiert werden, da jede Zeile um die Menge an Speicherplatz, die das neu hinzugefügte Attribut erfordert, erweitert werden muss. Alle folgenden Zeilen müssen auf dahinterliegende Speicherbereiche verschoben werden. Natürlich kann die Verschiebung der Tupel in hintere Speicherbereiche parallelisiert werden, wenn die Größe des zusätzlichen Attributs bekannt ist und konstant gehalten werden kann. Dennoch ist die stückweise Verlagerung der ganzen Tabelle relativ teuer.

3. Passive Daten

Was sind passive Daten?

(a) Daten, die nicht länger verändert werden und auf die weniger häufig zugegriffen wird

(b) der Rest der Daten in der Datenbank, der nicht zu dem Ergebnis der aktuellen Abfrage gehört

(c) Daten, die in der Mehrzahl der Abfragen verwendet werden

(d) Daten, auf die noch häufig zugegriffen wird und von denen noch Updates erwartet werden

Richtige Antwort: (a)

Erläuterung: Um die Menge an Hauptspeicher zu reduzieren, die benötigt wird, um die gesamte Datenmenge einer Unternehmensanwendung zu speichern, werden die Daten in aktive (hot) und passive (cold) Daten aufgeteilt. Aktive Daten sind diejenigen Daten von Geschäftsprozessen, die noch nicht abgeschlossen sind und daher im Hauptspeicher gespeichert werden, um einen schnellen Zugriff zu ermöglichen. Im Gegensatz dazu sind passive Daten diejenigen Daten von Geschäftsprozessen, die abgeschlossen oder vollständig sind und nicht mehr verändert werden und somit zu einem langsameren Speichermedium wie SSDs verschoben werden können.

4. Datenreorganisation

Das Hinzufügen eines Attributs in den Column Store …

(a) verlangsamt die Antwortzeit von Anwendungen, die nur die Attribute anfordern, die sie von der Datenbank benötigen.

(b) beschleunigt die Antwortzeit von Anwendungen, die immer alle durch die Datenbank ermöglichten Attribute von dieser anfordern.

(c) hat keine Auswirkungen auf bestehende Anwendungen, wenn diese nur die Attribute verlangen, die sie von der Datenbank benötigen.

(d) hat keine Auswirkungen auf Anwendungen, die immer alle möglichen Attribute von der Tabelle anfordern.

Richtige Antwort: (c)

Erläuterung: In spaltenorientierten Tabellen wird jede Spalte unabhängig von den anderen Spalten in einem separaten Block gespeichert. Da ein neues Attribut einen neuen Speicherblock erfordert, gibt es keinen Einfluss auf die vorhandenen Spalten und deren Anordnung im Speicher. Es gibt daher auch keine Auswirkungen auf bestehende Anwendungen, die nur auf die benötigten Attribute zugreifen, die zuvor bereits vorhanden waren.

5. **Single-Tenancy**
   In einem Single-Tenant-System ...

   (a) werden alle Kunden auf einen Single-Shared-Server gelegt, und sie teilen sich auch eine einzelne Datenbankinstanz.
   (b) hat jeder Kunde seine eigene Datenbankinstanz auf einem Shared-Server.
   (c) ist der Energieverbrauch pro Kunde am besten und es sollte daher bevorzugt werden.
   (d) hat jeder Kunde seine eigene Datenbankinstanz auf einem physisch von den anderen getrennten Server.

   Richtige Antwort: (d)

   Erklärung: Wenn jeder Kunde über seine eigene Datenbank auf einem gemeinsam genutzten Server verfügt, ist dies die „Shared-Machine"-Implementierung eines Multi-Tenant-Systems. Wenn sich alle Kunden dieselbe Datenbank auf demselben Server teilen, wird diese Implementierung als „Shared-Database" bezeichnet. Ein „Single-Tenant"-System bietet jedem Nutzer eine eigene Datenbank auf einem physisch von anderen getrennten Server. Der Stromverbrauch pro Kunde ist bei dieser Implementierung eines Multi-Tenant-Systems nicht optimal, weil es nicht möglich ist, Hardware-Ressourcen gemeinsam zu nutzen. Gemeinsam genutzte Hardware-Ressourcen erlauben es, mehrere Kunden auf einem Rechner laufen zu lassen, um in optimaler Weise Nutzen aus den Ressourcen zu ziehen und Systeme dann abzuschalten, wenn sie vorübergehend nicht benötigt werden.

6. **Shared-Machine**
   Bei der Shared-Machine-Implementierung von Multi-Tenancy ...

   (a) hat jeder Kunde eine eigene, exklusive Maschine, aber alle Kunden teilen sich ihre Ressourcen (CPU, RAM) und ihre Daten über ein Netzwerk.
   (b) teilen sich alle Kunden einen Server, besitzen aber eigene Datenbank-Prozesse.
   (c) hat jeder Kunde eine eigene, exklusive Maschine, aber alle Kunden teilen sich ihre Ressourcen (CPU, RAM), nicht jedoch ihre Daten über ein Netzwerk.
   (d) teilen sich alle Kunden dieselbe physische Maschine, aber die CPU-Kerne werden ausschließlich den jeweiligen Kunden zugewiesen.

   Richtige Antwort: (b)

   Erläuterung: Shared-Machine bedeutet, dass sich mehrere Kunden einen Server (Machine) teilen, jedoch eigene Datenbank-Prozesse darauf ausführen. Eine ausführliche Beschreibung der anderen Implementierung befindet sich in Abschnitt 30.3.

7. Shared-Database-Instance

Bei der Shared-Database Instance-Implementierung von Multi-Tenancy ...

(a) wird das Risiko von Ausfällen minimiert, da mehr technisches Personal (von verschiedenen Kunden) einen Einblick in die gemeinsame Datenbank hat.

(b) teilen sich alle Kunden einen Server und einen Haupt-Datenbankprozess sowie die Tabellen.

(c) hat jeder Kunde seinen eigenen Server, aber die Kunden teilen sich die Datenbankinstanz über ein InfiniBand-Netzwerk.

(d) teilen sich alle Kunden einen Server und einen Haupt-Datenbankprozess, die Tabellen sind kundenexklusiv, Zugriffskontrolle wird innerhalb der Datenbank verwaltet.

Richtige Antwort: (d)

Erläuterung: Bitte lesen Sie Abschnitt. 30.3 .

Kapitel 31: Auswirkungen auf die Anwendungsentwicklung

1. Architektur einer Lösung für eine Bank

Gegenwärtige Finanzlösungen enthalten Basistabellen, Änderungshistorie, materialisierte Aggregate, Reporting Cubes, Indizes und materialisierte Views. Eine zukünftige Finanzlösung auf Basis der In-Memory-Technologie enthält ...

(a) nur Basistabellen, Reporting Cubes und die Änderungshistorie.

(b) nur Basistabellen, Algorithmen und einige Indizes.

(c) nur Basistabellen, materialisierte Aggregate und materialisierte Views.

(d) nur Indizes, Änderungshistorie und materialisierte Aggregate.

Richtige Antwort: (b)

Erklärung: Weil In-Memory-Datenbanken erheblich schneller sind als ihre auf Festplatten ausgerichteten Pendants, können alle Views und Aggregate on-the-fly berechnet werden. Auch kann auf eine Änderungshistorie verzichtet werden, wenn der Insert-Only-Ansatz verwendet wird. Da Hauptspeicherkapazität im Vergleich zur Festplattenkapazität relativ teuer ist, ist es wichtiger denn je, unnötige und redundante Daten loszuwerden. Die Basistabellen und die Algorithmen sind immer noch notwendig, da sie die wesentlichen atomaren Teile der Datenbank darstellen und Indizes die Leistung steigern, aber nur relativ wenig Speicherplatz benötigen.

2. Der Mahnlauf

Welches Kriterium gilt für den Versand von Mahnbriefen?

(a) schlechter Börsenkurs des eigenen Unternehmens

(b) negative Information über den Kunden von Bonitätsprüfagenturen

(c) Der zuständige Sachbearbeiter muss seine Vorgaben an Mahnbriefen erreichen.

(d) Die Zahlung eines Kundens ist überfällig.

Richtige Antwort: (d)

Erläuterung: Eine Mahnung wird verschickt, um einen Kunden daran zu erinnern, seine ausstehenden Rechnungen zu bezahlen. Wenn ein Kunde nicht innerhalb der Zahlungsfrist bezahlt, ist er überfällig. Dann muss das Unternehmen eine Mahnung schicken, um den Kunden zur Zahlung aufzufordern, bevor es Zinsen von ihm verlangen kann.

3. Hauptspeicherdatenbank für das Finanzwesen
Warum ist es von Vorteil, Hauptspeicherdatenbanken für Finanzsysteme zu verwenden?

(a) Finanzsysteme laufen in der Regel auf Mainframes. Es wird kein Speedup benötigt. Alle lang andauernden Vorgänge werden als Batch-Jobs durchgeführt.

(b) Vorgänge wie Mahnwesen können in viel kürzerer Zeit durchgeführt werden.

(c) Aufgrund der hohen Zuverlässigkeit von Daten im Hauptspeicher ist weniger Wartung erforderlich und die Arbeitskosten könnten reduziert werden.

(d) Die Verwendung einfacherer Algorithmen innerhalb der Anwendungen führt zu einer kürzeren Laufzeit und damit zu mehr Arbeit für den Endanwender. Die geschäftliche Effizienz wird verbessert.

Richtige Antwort: (b)

Erläuterung: Operationen wie das Mahnwesen sind sehr zeitaufwendige Aufgaben, weil sie Lesevorgänge von großen Mengen transaktionaler Daten enthalten. Wegen ihrer hohen Leseleistung reduzieren spaltenorientierte In-Memory-Datenbanken den zeitlichen Aufwand für Mahnläufe.

4. Sprachen für Stored Procedures
Sprachen für Stored Procedures sind ...

(a) in erster Linie gestaltet, um für Menschen lesbar zu sein. Sie folgen der englischen Grammatik so gut wie möglich.

(b) stark imperativ. Die Datenbank ist gezwungen, die Aufträge, die über die Prozedur ausgedrückt werden, genau zu erfüllen.

(c) in der Regel eine Mischung aus deklarativen und imperativen Konzepten.

(d) stark deklarativ. Sie beschreiben nur, wie die Ergebnismenge aussehen sollte. Alle Aggregationen und Join-Prädikate werden automatisch aus der Datenbank abgerufen, welche die Information dafür „gespeichert" hat.

Richtige Antwort: (c)

Erläuterung: Sprachen für gespeicherte Prozeduren unterstützen in der Regel deklarative, in SQL ausgedrückte Datenbankabfragen, imperative Kontrollsequenzen, wie Schleifen und Bedingungen und Konzepte, wie Variablen und Parameter. Daher unterstützen Sprachen für gespeicherte Prozeduren in der Regel eine Mischung aus deklarativen und imperativen Konzepten. Sie vereinen damit Eigenschaften aus beiden Programmier-Paradigmen und können dadurch sehr effizient sein.

Kapitel 32: Datenbank-Views

1. Platzierung von Views
Wo sollte eine logische View erstellt werden, um die beste Performance zu erhalten?

(a) In der Grafikkarte
(b) In einem dritten System
(c) In der Nähe der Daten in der Datenbank
(d) In der Nähe der Benutzerschnittstelle in der analytischen Anwendung

Richtige Antwort: (c)

Erläuterung: Eines der für SanssouciDB gewählten Prinzipien besteht darin, dass jede datenintensive Operation in der Datenbank selbst ausgeführt werden sollte, um sie zu beschleunigen. Folglich sollten Views, die sich auf einen bestimmten Aspekt der Daten konzentrieren und oft einige Berechnungen durchführen, um die Informationen in Bezug auf den gewünschten Aspekt auszuwerten, nahe bei den Daten gespeichert werden. In diesem Fall bedeutet dies, dass sie sich direkt in der Datenbank befinden sollten.

2. Views und Software-Qualität
Welche Aspekte in Bezug auf Software-Qualität werden durch die Einführung von Datenbank-Views verbessert?

(a) Zugänglichkeit und Verfügbarkeit
(b) rechtliche Verwertbarkeit und Sicherheit
(c) Zuverlässigkeit und Benutzerfreundlichkeit
(d) Wiederverwendbarkeit und Wartbarkeit

Richtige Antwort: (d)

Erläuterung: Die Einführung von Datenbank-Views ermöglicht eine Entkopplung des Anwendungs-Codes vom eigentlichen Daten-Schema. Dies verbessert die Wiederverwendbarkeit und Wartbarkeit, da Änderungen des Anwendungs-Codes möglich sind, ohne dass Änderungen am Daten-Schema erforderlich werden und umgekehrt. Darüber hinaus kann bestehender Anwendungs-Code für viele unterschiedliche Daten-Schemata verwendet werden, wenn mit Views eine Übersetzung der jeweiligen Schemata auf die im Code verwendete Schnittstelle erfolgt. Verfügbarkeit, Zuverlässigkeit und rechtliche Verwertbarkeit werden durch die Verwendung von Views nicht verbessert.

Kapitel 33: Umgang mit Business-Objekten

1. Business-Objekt-Mapping
Was ist Business-Objekt-Mapping?

(a) die Zusammenstellung aller verwendeten Business-Objekte in einem Diagramm. Es ähnelt einer Sitemap auf Webseiten.
(b) die Zuordnung von einem Business-Objekt zu einem Index bzw. die Speicherung des Objekts an der dem Index zugewiesenen Stelle im Speicher

(c) die Zuordnung und Darstellung jedes Elements eines Business-Objektes in einer Tabelle

(d) die Erstellung eines Hash-Wertes des Business-Objekts und das Speichern des Hash-Wertes anstelle des eigentlichen Objekts.

Richtige Antwort: (c)

Erläuterung: Ein Business-Objekt ist eine Entität, die in der Lage ist, Informationen und Zustände zu speichern. Es hat in der Regel eine baumähnliche Struktur mit Blättern, die Informationen über das Objekt selbst oder Verbindungen zu anderen Business-Objekten enthalten. Wenn Business-Objekte in einer Datenbank gespeichert werden, wird jedes ihrer Elemente in einer Tabelle abgebildet. Dies wird als Business-Objekt-Mapping bezeichnet.

2. **Verbindung zwischen Business-Objekt-Feldern und Spalten**

Wir nehmen an, dass „überfällig" im Business-Objekt eines Unternehmenssystems durch vier Felder ausgedrückt wird. Wie viele Spalten werden genutzt, um diese Information zu speichern?

(a) alle Spalten der Tabelle

(b) zwei Spalten

(c) vier Spalten

(d) eine Spalte

Erläuterung: Jedes Feld eines Business-Objekts ist ein eigenständiges Attribut und wird daher in einer separaten Spalte abgebildet. Da jedes dieser vier Felder benötigt wird, um die Information „überfällig" auszudrücken, müssen auch alle vier Spalten genutzt werden.

Kapitel 34: Bypass-Lösung

1. **Übergang zu IMDB-Technologie**

Was bedeutet der Übergang zu In-Memory-Datenbank-Technologie für Unternehmensanwendungen?

(a) Die Datenorganisation und -verarbeitung wird sich radikal verändern und Unternehmensanwendungen müssen angepasst werden.

(b) Die Datenorganisation verändert sich nicht, doch der Quellcode der Anwendungen muss angepasst werden.

(c) Er wird keinen Einfluss auf Unternehmensanwendungen haben.

(d) Alle Unternehmensanwendungen werden ohne Anpassungen deutlich beschleunigt.

Richtige Antwort: (a)

Erläuterung: Bei traditionellen Datenbanksystemen sind der operationale und der analytische Teil voneinander getrennt. Mit In-Memory-Datenbanken ist dies nicht mehr notwendig, weil sie schnell genug sind, um beide Teile zu kombinieren. Darüber hinaus speichert SanssouciDB die Daten in spaltenbasiertem Format, wohingegen die meisten traditionellen Datenbanken ein zeilenorientiertes Format verwenden. Aufgrund der Tatsache, dass alle Daten im Hauptspeicher vorliegen und Aggregationen mit Spalten-Orientierung schneller berechnet werden können, wird die Abfragegeschwindigkeit von Unternehmensanwendungen ohne jede Änderung am Programm-Code verbessert. Um in vollem Umfang die Potenziale der vorgestellten Konzepte ausschöpfen zu können, sind Anpassungen an den bestehenden Anwendungen notwendig. Denn erst durch diese Anpassungen wird es möglich, die Vorteile durch die Spalten-Orientierung und die Wiedervereinigung von OLTP und OLAP in Unternehmensanwendungen vollständig auszunutzen.

Glossar

Abfrage (Query)	Abfrage, die an ein Datenbankmanagementsystem geschickt wird, um Daten abzurufen, Daten zu manipulieren, eine Operation auszuführen oder die Datenbankstruktur zu ändern.
Absatzanalyse	Ein Prozess, der einen Überblick über historische Absatzzahlen liefert.
Absatzplanung	Abschätzung künftiger Umsätze durch die Kombination verschiedener Informationsquellen.
ACID	Eigenschaft eines Datenbankmanagementsystems, mit der Atomicity, Consistency, Isolation und Durability der Transaktionen sichergestellt werden. Im Deutschen auch als AKID bezeichnet, was für Atomarität, Konsistenz, Isoliertheit und Dauerhaftigkeit steht.
Aggregation	Eine Datenoperation, die ein zusammengefasstes Ergebnis erzeugt, z. B. Summe, Maximum, Durchschnitt usw. Aggregationsoperationen sind in Unternehmensanwendungen weit verbreitet.
Aktive Daten	Daten einer geschäftlichen Transaktion, die noch nicht abgeschlossen ist. Diese Daten werden immer im Hauptspeicher gehalten, um niedrige Latenzzeiten zu gewährleisten.
Analytische Verarbeitung	Methode, die unternehmerische Entscheidungen unterstützt, indem sie schnellen und intuitiven Zugriff auf große Mengen an Unternehmensdaten bietet.
Application Programming Interface (API)	Eine Schnittstelle für Anwendungsprogrammierer, mit der diese auf die Funktionalität eines Software-Systems zugreifen können.
Atomicity	Datenbankkonzept, das verlangt, dass entweder alle Operationen einer Transaktion ausgeführt werden oder keine.
Attribut	Eigenschaft einer Entität, die ein bestimmtes Detail der Entität beschreibt.
Ausführungsplan	Die Menge und Reihenfolge der einzelnen Datenbankoperationen, die vom Abfrage-Optimierer des Datenbankmanagementsystems festgelegt werden, um eine SQL-Abfrage zu beantworten.
Availability	Eigenschaft eines Systems, der Spezifikation entsprechend kontinuierlich zur Verfügung zu stehen. Sie wird

durch das Verhältnis der Zeit der Verfügbarkeit des Systems zur Gesamtzeit des betrachteten Zeitintervalls bemessen.

Available-to-Promise (ATP, Verfügbarkeitsprüfung)
Die Prüfung, ob ausreichende Mengen des gesuchten Produkts in aktuellen und geplanten Lagerbeständen zu einem gewünschten Termin zur Verfügung stehen. Auf Basis des ATP-Checks wird die Entscheidung getroffen, ob Bestellungen für dieses Produkt angenommen werden können.

Batch-Verarbeitung (Stapelverarbeitung)
Verfahren zur Durchführung einer größeren Anzahl von Operationen ohne manuellen Eingriff.

Benchmark
Eine definierte Menge an Operationen, die auf bestimmten Daten ausgeführt werden, um die Leistung eines Systems zu beurteilen.

Business Intelligence
Methoden und Verfahren, die Analysen und Vorhersagen auf Unternehmensdaten erlauben bzw. automatisch vom Management angeforderte Berichte erzeugen.

Business-Logik
Implementierung der Geschäftslogik eines Problembereichs in einem Software-System.

Business-Objekt
Darstellung einer realen Entität im Datenmodell, z. B. eines Kaufauftrags.

Cache
Ein schneller, aber eher kleiner Speicher, der als Zwischenspeicher für die darüberliegenden größeren, aber langsameren Speicherschichten dient.

Cache-Kohärenz
Zustand der Kohärenz zwischen den Versionen der Daten, die in den lokalen Caches eines CPU-Cache gespeichert sind.

Cache-Conscious-Algorithmus
Ein Algorithmus ist cache-conscious, wenn Programmvariablen, die abhängig von Hardware-Konfigurationsparametern (z. B. Cache-Größe und Länge der Cache-Zeile) sind, angepasst wurden, um die Anzahl der Cache-Misses zu minimieren.

Cache-Line
Kleinste Speichereinheit, die zwischen Hauptspeicher und Prozessor-Cache übertragen werden kann. Sie besitzt eine feste Größe, die vom jeweiligen Prozessor abhängt.

Cache-Miss
Ein Cache-Miss liegt vor, wenn eine Anforderung von Daten aus einem Cache fehlschlägt, weil die angeforderten Daten in diesem nicht enthalten sind.

Cache-Oblivious-Algorithmus
Ein Algorithmus ist cache-oblivious, wenn keine Programmvariablen, die abhängig von Hardware-Konfigurationsparametern (z. B. Cache-Größe und Länge der Cache-Line) sind, optimiert werden können, um die Anzahl der Cache-Misses zu minimieren.

Characteristic-Oriented Database System
Ein Datenbank-System, das auf die Eigenschaften der speziellen Anwendungsbereiche zugeschnitten ist. Bei-

	spiele sind Text-Mining, Stream Processing und Data Warehousing.
Cloud Computing	Ein IT-Service-Modell, bei dem die Erbringung von Dienstleistungen bzw. die elastische Bereitstellung von Ressourcen auf Anfrage über ein Netzwerk im Vordergrund steht.
Columnar Layout	Datenbank-Speicher-Layout, das jede Spalte (Attribut) einer Tabelle sequenziell in einem zusammenhängenden Bereich des Arbeitsspeichers ablegt.
Compression Rate	Siehe Kompressionsrate.
Concurrency Control	Technik, die die gleichzeitige und unabhängige Durchführung von Transaktionen in einem Datenbanksystem ermöglicht, ohne dass unerwünschte inkonsistente Zustände erzeugt werden.
Consistency	Siehe Konsistenz.
Consolidation	Siehe Konsolidierung.
Cube	Spezialisierte OLAP-Datenstruktur, die eine multidimensionale Analyse von Daten ermöglicht.
Customer Relationship Management (CRM)	Geschäftsprozesse und entsprechende Technologien, die von einem Unternehmen verwendet werden, um den Umgang mit seinen Kunden zu organisieren.
Data Aging	Siehe Datenalterung.
Data Layout	Siehe Daten-Layout.
Data Warehouse	Eine Datenbank, die Kopien von Daten aus operativen Datenbanken für Zwecke der analytischen Verarbeitung in Form von Data-Cubes vorhält.
Database Management System (DBMS)	Siehe Datenbankmanagementsystem.
Database Schema	Siehe Datenbankschema.
Datenalterung	Der Übergang von Daten vom Zustand aktiv zu passiv.
Datenbankmanagementsystem (DBMS)	Eine Reihe von Verwaltungsprogrammen zum Erstellen, Betreiben, Pflegen und Verwalten einer Datenbank.
Datenbankschema	Formale Beschreibung der logischen Struktur einer Datenbank.
Daten-Layout	Die Struktur, in der die Daten einer Datenbank organisiert sind, d. h. das physische Schema der Datenbank.
Demand Planning	Siehe Absatzplanung.
Design Thinking	Eine Methodik, die durch die Kombination von interdisziplinärer Zusammenarbeit, iterativen Verbesserungen und den Fokus auf die Endnutzer gekennzeichnet ist. Sie zielt auf die Schaffung wünschenswerter, benutzerfreundlicher und wirtschaftlich tragfähiger Problemlösungen ab.
Desirability	Hier verwendet im Bezug auf Design Thinking. Bezeichnet die Eigenschaft, ob ein Produkt den Bedarf eines Anwenders erfüllt und damit wünschenswert ist.
Dictionary	Siehe Wörterbuch.

Dictionary Encoding	Siehe Wörterbuch-Codierung.
Differential Buffer	Ein schreiboptimierter Zwischenspeicher zur Steigerung der Schreibleistung. Manchmal auch als Differential Store oder Delta Store bezeichnet.
Distributed System	Siehe Verteiltes System.
Drei-Schichten-Architektur	Architektur eines Software-Systems, das in eine Präsentationsschicht, eine Anwendungsschicht und eine Datenschicht unterteilt ist.
Dunning	Siehe Mahnlauf.
Durability (Dauerhaftigkeit)	Datenbankkonzept, das verlangt, dass alle Änderungen einer Transaktion an den Daten dauerhaft erhalten bleiben, nachdem diese Transaktion erfolgreich abgeschlossen wurde.
Echtzeit-Analyse	Analyse, für die alle Informationen sofort zur Verfügung stehen.
Enterprise Application	Siehe Unternehmensanwendung.
Enterprise Resource Planning (ERP)	Enterprise-Software, welche die Ressourcenplanungsprozesse im gesamten Unternehmen unterstützt.
Entropie	Durchschnittlicher Informationsgehalt eines Zeichensystems.
Extract-Transform-Load (ETL) Prozess	Ein Prozess, der Daten zur weiteren analytischen Verarbeitung aus verschiedenen Quellen extrahiert und sie bereinigt, damit diese anschließend im Format des Zielschemas in das Analysesystem geladen werden können.
Fault Toleranz	Siehe Fehlertoleranz.
Feasibility	Hier verwendet im Bezug auf Design Thinking. Kennzeichnet die technische Umsetzbarkeit einer möglichen Problemlösung.
Fehlertoleranz	Fähigkeit eines Systems, den Betrieb entsprechend seiner Spezifikation auch dann aufrechtzuerhalten, wenn Fehler auftreten.
Front Side Bus (FSB)	Datenbus, der den Prozessor mit dem Hauptspeicher verbindet.
Gemischter Workload	Datenbank-Workload, der sowohl aus transaktionalen als auch analytischen Abfragen besteht.
Hauptspeicher	Physischer Speicher, auf den direkt von der zentralen Recheneinheit (CPU) aus zugegriffen werden kann.
Horizontale Partitionierung	Die Aufteilung von Tabellen mit vielen Zeilen in mehrere Partitionen mit jeweils wenigen Zeilen.
Hybrid Store	Datenbank, welche die Datenhaltung in einer kombinierten spalten- und zeilenorientierten Form erlaubt.
In-Memory-Datenbank (IMDB)	Ein Datenbanksystem, das seine primären Daten immer vollständig im Hauptspeicher vorhält.
Index	Datenstruktur einer Datenbank, die verwendet wird, um Lesevorgänge zu optimieren.

Insert-Only	Konzept, bei dem neue und geänderte Einträge als eigene Tupel in die Datenbank eingefügt werden. Bereits bestehende veränderte und gelöschte Tupel werden als ungültig markiert, bleiben so aber für spezielle Abfragen erhalten.
Inter-Operator-Parallelität	Parallele Ausführung von unabhängigen Plan-Operatoren eines oder mehrerer Ausführungspläne.
Intra-Operator-Parallelität	Parallele Ausführung einer Planoperation unabhängig von jeder anderen Operation des Ausführungsplans.
Isolation	Datenbankkonzept, das verlangt, dass zwei beliebige, gleichzeitig ausgeführte Transaktionen sich hinsichtlich ihres Ergebnisses nicht beeinflussen.
Join	Datenbankoperation, die logisch gesehen das Kreuzprodukt von zwei oder mehreren Tabellen, gefolgt von einer Selektion, darstellt.
Kompressionsrate	Das Verhältnis des Speicherbedarfs von unkomprimierten Daten zu den zugehörigen komprimierten Daten. Eine Kompressionsrate von 5 bedeutet, dass die komprimierte Größe nur 20% der ursprünglichen Größe beträgt.
Konsistenz	Datenbankkonzept, das verlangt, dass auch während der Durchführung von Transaktionen nur korrekte Zustände der Datenbank für den Benutzer sichtbar sind.
Konsolidierung	Die Platzierung der Daten mehrerer Kunden auf einem einzigen Server, einer Datenbank oder einer Tabelle in einem Multi-Tenant-Setup.
Latency	Siehe Latenzzeit.
Latenzzeit	Die Zeit, die ein Medium zwischen dem Eingang einer Anfrage und dem Beginn der Datenübertragung benötigt.
Locking	Ein Verfahren, das Isolation ermöglicht, indem es den Zugang zu einer Ressource reguliert, die von mehreren Prozessen verwendet wird.
Logging (Protokollierung)	Verfahren, das Veränderungsinformationen dauerhaft in nicht-flüchtigem Speicher ablegt.
Mahnlauf (Dunning)	Geschäftsprozess, der offene Rechnungen scannt und die überfälligen identifiziert.
Main Memory	Siehe Hauptspeicher.
Main Store	Lese-optimierte und komprimierte Datenstruktur von SanssouciDB, die vollständig im Hauptspeicher liegt und auf der keine direkten Inserts erlaubt sind.
MapReduce	Ein Programmiermodell und Software-Framework für die Entwicklung von Anwendungen zur parallelen Verarbeitung großer Datenmengen auf einer großen Anzahl von Servern.
Materialized View	Ergebnismenge einer komplexen Abfrage, die in der Datenbank gespeichert und automatisch aktualisiert wird.

Merge-Prozess	Prozess in SanssouciDB, der regelmäßig Daten aus dem schreib-optimierten Differential Buffer in den Main Store überführt.
Metadaten	Daten, die die Struktur der Tupel in Datenbanktabellen und die Beziehungen zwischen ihnen in Bezug auf die physische Speicherung spezifizieren.
Multi-Core-Prozessor	Ein Mikroprozessor, der mehr als einen Kern aufweist.
Multi-Tenancy/Mandanten-fähigkeit	Die Konsolidierung von mehreren Kunden auf das operative System des gleichen Server-Rechners.
Multithreading	Parallele Ausführung mehrerer Threads auf demselben Prozessorkern.
Object Data Guide	Eine Datenbankoperator- und Index-Struktur, die eingeführt wurde, um Abfragen auf Business-Objekte zu ermöglichen.
Online Analytical Processing (OLAP)	Siehe analytische Verarbeitung.
Online Transaction Processing (OLTP)	Siehe transaktionale Verarbeitung.
Operational Data Store	Datenbank, die verwendet wird, um Daten aus mehreren operativen Quellen zu integrieren und operatives Reporting zu ermöglichen.
Object-Relational Mapping (ORM)	Eine Technik, mit der ein objektorientiertes Programm eine relationale Datenbank so verwenden kann, als ob es sich bei ihr um eine objektorientierte Datenbank handeln würde.
Padding	Ansatz, um Speicherstrukturen so zu allokieren, dass sie ein verbessertes Speicherzugriffsverhalten zeigen. Der Ansatz erfordert jedoch zusätzlichen Speicherverbrauch.
Passive Daten	Daten einer geschäftlichen Transaktion, die abgeschlossen ist und nicht mehr geändert wird. Bei SanssouciDB können passive Daten in den nicht-flüchtigen Speicher übertragen werden.
Prefetching	Eine Technik, die asynchron zusätzliche Cache-Zeilen aus dem Hauptspeicher in den CPU-Cache lädt, um die Auswirkungen der Speicherlatenz zu kompensieren.
Query	Siehe Abfrage.
Query Plan	Siehe Ausführungsplan.
Radio-Frequency Identification (RFID)	Technologie, welche die schnelle Ortung und Verfolgung von Waren ermöglicht. Die Waren werden durch Tags mit einer eindeutigen Kennung ausgestattet, die von Lesegeräten berührungslos ausgelesen werden können.
Real-Time Analytics	Siehe Echtzeit-Analyse.
Recovery	Siehe Wiederherstellung.
Relationale Datenbank	Eine Datenbank, die ihre Daten nach dem relationalen Modell in Relationen (Tabellen) als Mengen von Tupeln (Zeilen) organisiert. Die Tupel haben jeweils die gleichen Attribute (Spalten).

Row Layout	Datenbank-Speicher-Layout, das alle Attribute eines Tupels sequenziell speichert.
Sales Analysis	Siehe Absatzanalyse.
SanssouciDB	In-Memory-Datenbank, die in diesem Buch beschrieben wird.
Scalability	Siehe Skalierbarkeit.
Scale-out	Fähigkeit eines Systems, auch bei steigenden Workloads ein vorgegebenes Servicelevel zu erreichen, indem dem bestehenden Gesamtsystem weitere Computer hinzugefügt werden (horizontale Skalierung).
Scale-up	Fähigkeit eines Systems, auch bei steigenden Workloads ein vorgegebenes Servicelevel zu erreichen, indem zusätzliche Ressourcen zu einem bestimmten Computer hinzugefügt werden (vertikale Skalierung).
Scan	Datenbankoperation zur Auswertung eines einfachen Prädikats auf einer Spalte.
Scheduling	Möglichst optimale Zuteilung der zur Verfügung stehenden Ressourcen auf die anstehenden Aufgaben bzw. Prozesse.
Sequenzielles Lesen	Lesen eines bestimmten Speicherbereichs, Block für Block (ohne Sprünge).
Shared-Database-Instance (Gemeinsame Datenbank-Instanz)	Umsetzungsschema für Multi-Tenancy, bei dem jeder Kunde seine eigenen Tabellen hat und die gemeinsame Nutzung auf der Ebene der Datenbank-Instanzen erfolgt.
Shared-Machine	Umsetzungsschema für Multi-Tenancy, bei dem jeder Kunde seinen eigenen Datenbankprozess hat, und diese Prozesse auf der gleichen Maschine ausgeführt werden. Mehrere Kunden teilen sich also einen Server.
Shared-Table	Umsetzungsschema für Multi-Tenancy, bei dem die gemeinsame Nutzung auf der Ebene der Datenbanktabellen erfolgt. Daten von verschiedenen Kunden werden also in ein und derselben Tabelle gespeichert.
Shared-Memory	Speicherbereich im Hauptspeicher, auf den mehrere Prozesse Zugriff haben.
Shared-Nothing	Jeder Prozessor verfügt über einen eigenen Speicher und agiert unabhängig von den anderen Prozessoren des Systems.
Single Instruction Multiple Data (SIMD)	Multiprozessor-Anweisungen, welche die selbe Operation auf mehreren Datenregistern parallel ausführen.
Skalierbarkeit	Gewünschte Eigenschaft eines Systems, bei der eine effiziente Steigerung der Leistung durch das Hinzufügen von Ressourcen erreicht werden kann.
Software-as-a-Service (SaaS)	Bereitstellung von Anwendungen im Rahmen von Cloud-Computing über das Internet.

Solid-State-Drive (SSD)	Flash-basiertes, elektronisches Speichermedium zur persistenten Ablage von Daten.
Speedup	Bei paralleler Verarbeitung beschreibt der Speedup das Verhältnis der benötigten seriellen Ausführungszeit eines Programmteils zur parallelen Ausführungszeit. Ein Speedup von 2 bedeutet zum Beispiel, dass ein seriell ausgeführtes Programm bei der parallelen Ausführung mit den zur Verfügung stehenden Ressourcen in der Hälfte der Zeit terminiert.
Star-Schema	Einfachste Form eines Data-Warehouse-Schemas mit einer Faktentabelle und mehreren begleitenden Dimensionstabellen, die eine sternförmige Struktur bilden.
Stored Procedure	Gemischt deklarativ–prozedurale Programme die innerhalb des DBMS gespeichert und zugänglich sind.
Streaming SIMD Extensions (SSE)	Eine Intel-SIMD-Befehlssatz-Erweiterung für die x86-Prozessorarchitektur.
Structured Query Language (SQL)	Eine standardisierte deklarative Sprache zur Definition, Abfrage und Manipulation von Daten.
Supply Chain Management (SCM)	Geschäftsprozesse und entsprechende Technologien, die den Fluss von Inventar und Waren entlang der Supply Chain (Wertschöpfungskette) eines Unternehmens verwalten.
Tabelle	Eine Menge von Tupeln, die über die gleichen Attribute verfügen.
Tenant	(1) Eine Reihe von Tabellen oder Daten, die zu einem Kunden in einem Multi-Tenant-Setup gehören. (2) Eine Organisation mit mehreren Benutzern, die eine Reihe von Tabellen abfragen, die zu dieser Organisation in einem Multi-Tenant-Setup gehören.
Thread	Kleinste planbare Einheit der Ausführung eines Betriebssystems.
Three-tier Architecture	Siehe Drei-Schichten-Architektur.
Time Travel Query	Abfrage, die nur die Tupel einer Tabelle zurückgibt, die zum angegebenen Zeitpunkt gültig waren.
Total Cost of Ownership (TCO)	Kennwert, der die Kosten beschreibt, die über die gesamte Lebensdauer eines Produkts anfallen. Dies beinhaltet sowohl den Beschaffungswert als auch die Kosten für Betrieb des Produkts.
Transaktion	Eine Reihe von Operationen, die auf der Datenbank als eine Einheit entsprechend dem ACID-Konzept ausgeführt werden.
Translation Lookaside Buffer (TLB)	Ein Cache, der Teil einer CPU-Speicher-Management-Einheit ist und für eine schnelle Übersetzung einer virtuellen Speicheradresse verwendet wird.
Trigger	Auslöser von Aktionen, die innerhalb einer Datenbank ausgeführt werden, wenn ein bestimmtes Ereignis eintritt, z. B. wenn eine spezifische Modifikation stattfindet.

Tupel	Die Darstellung einer Entität aus der realen Welt als eine Menge von Attributen, die als Elemente in einer Relation gespeichert werden.
Unstrukturierte Daten	Daten ohne Datenmodell bzw. Daten, die ein Computerprogramm nicht leicht nutzen (d. h. ihren Inhalt erfassen) kann. Beispiele sind Grafiken oder Texte wie E-Mails.
Unternehmensanwendung (Enterprise Application)	Ein Software-System, das einer Organisation hilft, ihr Unternehmen zu führen. Ein wesentliches Merkmal einer Unternehmensanwendung ist die Fähigkeit, aktuelle Daten aus den verschiedensten Bereichen zu integrieren und zu verarbeiten, sodass eine ganzheitliche Echtzeit-Ansicht des gesamten Unternehmens möglich ist.
Verteiltes System	Ein System, das aus einer Anzahl von autonomen Computern besteht, die über ein Computernetzwerk kommunizieren.
Vertikale Partitionierung	Die Aufteilung der Attributmenge einer Datenbanktabelle und ihre Verteilung auf zwei (oder mehr) Tabellen.
Viability (Wirtschaftlichkeit)	Hier verwendet im Bezug auf Design Thinking. Kennzeichnet die ökonomische Umsetzbarkeit einer möglichen Problemlösung.
View	Virtuelle Tabelle in einer relationalen Datenbank, deren Inhalt durch eine gespeicherte Abfrage definiert ist.
Virtual Memory	Ein für ein Programm von einem Prozess des Betriebssystems angebotener logischer Adressraum, der unabhängig von der Größe des tatsächlichen Hauptspeichers ist.
Wiederherstellung (Recovery)	Prozess, mit dem der korrekte Zustand und Betrieb einer Datenbank gemäß ihrer Spezifikation wiederhergestellt wird, nachdem ein Fehler aufgetreten ist.
Wörterbuch	Im Rahmen dieses Buches ist damit eine sortierte und eventuell komprimierte Liste aller eindeutigen Datenwerte eines Attributs gemeint.
Wörterbuch-Codierung	Leichtgewichtige Kompressionstechnik, die Werte mit variabler Länge mithilfe eines Wörterbuchs durch Integer-Werte mit fester Länge ersetzt.